Spanneberg   **Elektrische Maschinen**

1000 Begriffe für den Praktiker

Elektrische Maschinen

Herausgeber
Oberlehrer Dipl.-Gwl. Horst Spanneberg

Dr. Alfred Hüthig Verlag Heidelberg

Autoren:
Oberlehrer Dipl.-Gwl. Horst Spanneberg, Halle
Ing. Rudolf Friedberg, Berlin
Dipl.-Ing. Rolf Müller, Berlin
Dipl.-Ing.-Päd. Ernst Neumann, Halle
Elektromaschinenbaumeister Ulrich Stummer, Halle

CIP-Kurztitelaufnahme der Deutschen Bibliothek

Elektrische Maschinen / Hrsg. Horst Spanneberg.
[Autoren: Horst Spanneberg ...] – Heidelberg:
Hüthig, 1985.
 (1000 [Tausend] Begriffe für den Praktiker; Bd. 6)
 ISBN: 3-7785-1078-9
NE: Spanneberg, Horst [Hrsg.]; GT

Ausgabe des Dr. Alfred Hüthig Verlag, Heidelberg, 1985
© VEB Verlag Technik, Berlin, 1985
Printed in the German Democratic Republic
Lichtsatz: Druckerei Neues Deutschland
Offsetdruck und Buchbinderei: Offizin Andersen Nexö, Graphischer Großbetrieb Leipzig
III/18/38

Vorwort

Industrie, Handwerk und Haushalte haben von der elektrischen Energie Besitz ergriffen. Sie nutzen in vielfältiger Weise elektrische Maschinen, die der Fachmann zu installieren, zu warten und instand zu setzen hat. Dazu benötigt er – besonders der noch lernende – schnell zugängliche Informationen. Die große Vielzahl elektrischer Maschinen jedoch erschwert es, den Überblick zu behalten. Hier will das Lexikon helfen, indem es – mit schnellem Zugriff – gestattet, Wissen über elektrische Maschinen rationell zu erwerben oder Entfallenes aufzufrischen. Unter 1 000 Stichwörtern behandelt es Aufbau, Wirkungsweise und Betriebsbedingungen, grundlegende Probleme der Schaltungstechnik sowie Fragen der Betriebssicherheit und des Schutzes.
Ein Anhang, der die wichtigsten zu den Themengebieten gehörenden Normen, VDE- und IEC-Bestimmungen enthält, beschließt das Lexikon. Der Nutzer wird durch Zahlen am Ende der Texte auf den Anhang verwiesen. Bei Bedarf kann er schnell zu den Originalquellen gelangen und dort wissenerweiternde Informationen einholen.

Herausgeber, Autoren und Verlag

Hinweise

- Das Lexikon enthält 1 000 Stichwörter in alphabetischer Folge. Der zum Stichwort gehörende Text gibt eine in sich geschlossene Information.
- Der Text besteht aus einer Definition und einem Ausführungsteil. Die Definition bestimmt in knappen Worten den Begriff des Stichworts.
  Der Ausführungsteil bringt in Wort und Bild dem Praktiker dienliche Erläuterungen.
- Verweispfeile machen deutlich, daß in dem Stichwort, auf das verwiesen wird, zusätzliche Informationen enthalten sind, die unter Umständen zum besseren Verständnis notwendig sein können.
- Die Stichwörter sind im Text abgekürzt. Es wird stets nur ihr Anfangsbuchstabe genannt.
  Grammatische Änderungen wurden wegen der besseren Lesbarkeit nicht berücksichtigt.
- Die am Ende vieler Texte zum Stichwort stehenden Verweise auf den Anhang machen deutlich, daß es Bestimmungen bzw. Vorschriften zu beachten gilt. Geradestehende Zahlen vor dem Schrägstrich führen zum Verzeichnis der Normen, VDE- und IEC-Bestimmungen; hinter dem Schrägstrich stehende schräge (kursive) Zahlen verweisen auf Standards.
- Bei der Arbeit mit den zitierten Quellen ist zu beachten, daß stets nur die mit dem neuesten Ausgabedatum versehenen Normen bzw. Bestimmungen verbindlich sind.

Abhängigkeitsschaltung
Zusammenschalten zweier oder mehrerer → Schaltschütze, deren Schaltfolge voneinander abhängig ist.
Die Art der A. wird von den zu schaltenden Betriebsmitteln und deren Zweck im Gesamtsystem bestimmt. Einfache A. sind standardisiert (→ Einschaltabhängigkeit, → Ausschaltabhängigkeit, → Verriegelung) und können bei Bedarf durch weitere Schaltelemente ergänzt werden. Umfangreiche A. müssen aus den Grundschaltungen für den Einzelfall abgeleitet werden. Für Wartungs- und Reparaturarbeiten können in vielen Fällen die Abhängigkeiten schaltungstechnisch aufgehoben werden (Entriegelung). – Anh.: 10, 11, 19, 42, 79 / 77, 90, 91.

Abnahmeprüfung
Prüfungsart für elektrische Maschinen bez. der Güte bei der Herstellung oder der Instandsetzung.
Aus wirtschaftlichen Gründen wird sie als Stückprüfung durchgeführt. Der Umfang der A. im Vergleich zur → Typenprüfung ist wesentlich geringer. Die Verwendung gleichen Materials und Einhalten der Fertigungstoleranzen garantieren jedoch für alle elektrischen Werte eine ausreichende Gleichmäßigkeit. – Anh.: 67, 73, 75, 76, / 1, 8, 27, 29, 44, 45, 57, 58, 95, 116, 118.

Abschaltstrom
→ Schutzerdung

Abschirmung, magnetische
→ Influenz, magnetische

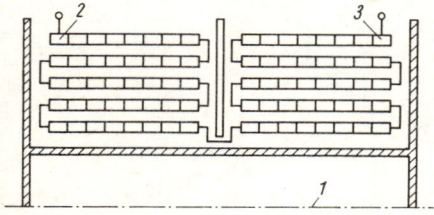

Abteilungsspule. *1* Wickelachse; *2* 1. Windung; *3* n-te Windung

Abteilungsspule
→ *Transformatorspule, die aus zwei fortlaufend gewickelten Halbspulen mit zueinander entgegengesetztem Wickelsinn bestehen.*
Die Spulenlänge beträgt nur einen Bruchteil der gesamten axialen Wicklungslänge (Bild). – Anh.: 68 / 65.

Ampere
Einheit der elektrischen → Stromstärke.
Kurzzeichen A
Die Einheit wird mit Hilfe der durch die magnetische Wirkung des Stroms entstehenden Kraft bestimmt. Das A. ist die Stärke des zeitlich unveränderlichen elektrischen Stroms durch zwei geradlinige, parallele, unendlich lange Leiter der relativen Permeabilität 1 (→ Permeabilität, magnetische) und von vernachlässigbarem Querschnitt, die den Abstand 1 m haben und zwischen denen die durch den Strom elektrodynamisch hervorgerufene Kraft im leeren Raum je 1 m Länge der Doppelleitung $2 \cdot 10^{-7}$ N beträgt.
Die Einheit wurde nach dem Physiker André Marie *Ampère* (1775–1836) benannt und als eine der sieben Basiseinheiten in das Internationale Einheitensystem (SI) übernommen. – Anh.: –/75, *101*.

Amplidyne
→ *Gleichstrom-Querfeldmaschine, die als Verstärker- oder Regelmaschine verwendet wird.*
Bei der A. ist im Unterschied zum Konstantstromgenerator die Rückwirkung des Läuferlängsfelds auf das Erregerfeld völlig unerwünscht und nachteilig. Sie wird daher durch eine zusätzliche Kompensationswicklung nahezu völlig beseitigt. Mit kleiner Erregerleistung von einigen Watt kann eine A. von 40 kW auf volle Spannung erregt werden.
Ständer und Läufer der A. entsprechen in ihrem Aufbau nahezu dem einer normalen Gleichstrommaschine. Wegen der schnellen Feldänderung wird der Ständer voll geblecht, wobei der Schnitt nicht nur den Ständerrücken, sondern auch die Haupt- und Wendepole einschließlich der Nuten für die Kompensationswicklung als Ganzes aus der Blechtafel herausschneidet (Bild a).
Bei modernen Maschinen ist jeweils ein Hauptpol in zwei Teile gleicher Polarität aufgeteilt. Von den vier Wendepolen einer zwei-

Amplidyne

poligen A. gehören die gegenüberliegenden zusammen: zwei Wendepole für den Kurzschlußkreis und zwei für den Arbeitskreis (Bild b).

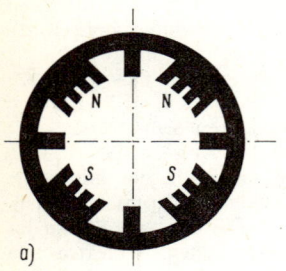

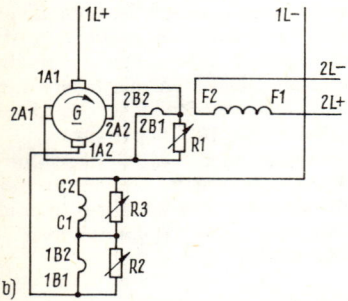

Amplidyne. a) Schnitt; b) vollständige Schaltung mit Klemmenbezeichnung

1A1 und 1A2	Teil der Läuferwicklung des Arbeitsstromkreises
1B1 und 1B2	Wendepolwicklung des Arbeitsstromkreises
C1 und C2	Kompensationswicklung des Arbeitsstromkreises
2A1 und 2A2	Teil der Läuferwicklung des Kurzschlußkreises
2B1 und 2B2	Wendepolwicklung des Kurzschlußkreises
F1 und F2	Erregerwicklung, auch als Steuerwicklung bezeichnet.

Die abgleichbaren Widerstände R1 und R2 dienen zum Einstellen der günstigsten Stromwendung, R3 zum Einstellen des Kompensationsgrads.

A. werden hauptsächlich bei elektrischen Gleichstromantrieben eingesetzt. Sie speisen meist die Erregerwicklung des Steuergenerators. Ihr Vorteil besteht darin, daß eine Änderung des Erregerstroms wesentlich schneller zu einer Änderung der induzierten Span-

nung an den Hauptbürsten 1A1 und 1A2 führt als bei normalen Gleichstromgeneratoren. Wird die A. zu Regelungszwecken eingesetzt, erhält sie mehrere Erregerwicklungen, um auf mehrere Störgrößen reagieren zu können.

Anker

Teil einer rotierenden elektrischen → Maschine, in dessen Wicklungen durch eine Relativbewegung zum magnetischen Feld elektrische Spannungen erzeugt werden. – Anh.: 20 / 14, 18.

Ankerquerfeld

→ Ankerrückwirkung

Ankerrückwirkung

Rückwirkung des Belastungsstroms auf das Erregerfeld in → Gleichstrommaschinen und → Synchronmaschinen.

● A. in Gleichstrommaschinen:
Das im Ständer gebildete magnetische Hauptfeld einer Gleichstrommaschine verläuft symmetrisch vom Nord- zum Südpol. Der stromdurchflossene Läufer (Anker) erzeugt ein zweites Magnetfeld, das trotz Drehung des Läufers seine Lage in der Maschine nicht ändert und senkrecht (quer) zum Hauptfeld verläuft (Bild a). Dieses Ankerquerfeld überlagert sich mit dem Hauptfeld zu einem resultierenden Feld (Bild b), dessen → neutrale Zone gegenüber der des Haupt-

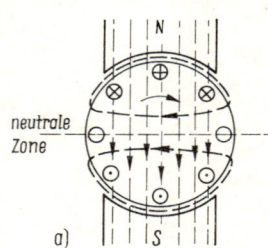

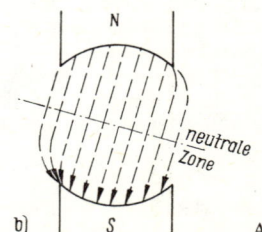

Ankerrückwirkung

Ankerrückwirkung

felds verschoben ist. Bei einer im Sättigungsbereich erregten Maschine ist weiterhin die Stärke des resultierenden Felds im Vergleich zum Hauptfeld geringer geworden. Die A. hat somit ein schädliches → Bürstenfeuer und eine Verringerung der induzierten Läuferspannung zur Folge. Das Ankerquerfeld wird deshalb bei größeren Maschinen zwischen den Hauptpolen durch das Feld der Wendepolwicklung und unmittelbar unter den Polschuhen der Hauptpole durch das der Kompensationswicklung beseitigt.

● A. in Synchronmaschinen:
Bei der Synchronmaschine als Innenpoltyp wird das umlaufende Erregerfeld durch die vom Gleichstrom durchflossene Läuferwicklung erzeugt. In der Drehstromwicklung des Ständers entsteht durch den Belastungsstrom ein Drehfeld. Da bei rotierenden Maschinen die Teile, in deren Wicklungen Spannungen induziert werden, auch als Anker bezeichnet werden können, entspricht dieses Drehfeld dem Anker(quer)feld der Gleichstrommaschine.
Die Richtung des Drehfelds ist von der Phasenverschiebung zwischen Belastungsstrom und Spannung abhängig, so daß Erreger- und Drehfeld, um einen entsprechenden Winkel verschoben, in der Maschine synchron umlaufen. Das sich bildende resultierende Feld ist dann in seiner Stärke von diesem Winkel abhängig. Ohmsche Belastung bewirkt eine geringe Abschwächung, induktive Belastung eine stärkere und kapazitive dagegen eine Verstärkung des resultierenden Felds. Das wirkt sich vor allem im Generatorbetrieb der Synchronmaschine aus. Der Betrag der induzierten Spannung, somit auch der der Klemmenspannung, ist von der Höhe und von der Art der Belastung abhängig.

Anlassen

Maßnahmen zur Verringerung des beim → Anlauf von Motoren fließenden Stroms.
Je nach Maschinenart werden Anlaßgeräte oder Anlaßschaltungen verwendet, die den Anlaßvorgang (Bild) bestimmen.
Im Moment des Zuschaltens (1. Schaltstufe) fließt der Anlaßspitzenstrom, der mit steigender Drehzahl auf den Schaltstrom absinkt. In der nächsten Schaltstufe wird der Anlaßwiderstand oder ein Teil abgeschaltet. Der Strom springt auf den höheren Wert I'_{Sp} und sinkt mit weiter steigender Drehzahl auf den der Belastung entsprechenden Strom I. Der Anlaßvorgang wird durch die Kriterien → Anlaufschwere, → Anlaßzeit, → Anlaßzahl und → Anlaßhäufigkeit bestimmt. – Anh.: 43, 67 / 128.

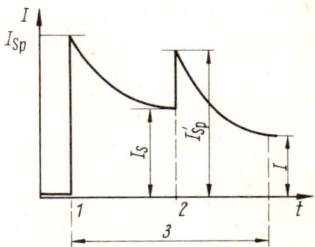

Anlassen. I Stromstärke; I_S Schaltstrom; I'_{Sp} Anlaßspitzenstrom; *1* 1. Anlaßstufe; *2* 2. Anlaßstufe; *3* Anlaßzeit

Anlasser

Stellbare → Widerstandsgeräte zur Strombegrenzung beim Anlassen von Motoren.
Je nach Bauart unterscheidet man Flachbahn-, Trommelbahn- und Walzenbahna. sowie eine Anzahl Sonderschaltungen mit Schaltschützen. Bei Gleichstrommotoren werden A. mit dem Anker in Reihe geschaltet, so daß der Widerstand des Ankerkreises vergrößert ist und mit dem Hochlaufen des Motors verringert werden kann. Bei Drehstrommotoren werden A. in den Läuferkreis von Schleifringläufermotoren geschaltet. Sie verringern den Ständerstrom und vergrößern wegen der Verbesserung des Leistungsfaktors gleichzeitig das Anzugsmoment. Bei Kurzschlußläufermotoren großer Leistung werden in die Zuleitung oder anstatt der Sternschaltungsverbindung Ständera. eingeschaltet. Während des Anlaßvorgangs wird im A. elektrische Energie in Wärme umgesetzt. Die Bemessung des A. richtet sich nach der Leistung des Motors, nach der → Anlaßhäufigkeit und der → Anlaßschwere. – Anh.: 43, 67 / 128.

Anlaßhäufigkeit

Anzahl der Anlaßzyklen während einer bestimmten Zeitdauer.
Durch die hohe Stromaufnahme während des Anlaßvorgangs und die damit verbundene Erwärmung entstehen für den Motor Abkühlungsprobleme. Die A. bestimmt wesentlich die Motorauswahl für ein Antriebs-

Anlaßhäufigkeit

system. In extremen Fällen muß der Motor überdimensioniert werden oder eine elektromagnetisch schaltbare → Kupplung die Trennung von Antriebs- und Arbeitsmaschine vornehmen. Die A. ist auch bei der Auswahl von Schaltern und Anlassern zu berücksichtigen.

Anlaßschwere
Kenngröße zur Motorauswahl bei Antriebssystemen.
Die A. wird vom → Widerstandsmoment der Antriebsmaschine bestimmt. Beim Hochlaufen von Antriebssystemen mit großen Trägheitsmomenten und in den Fällen, bei denen vom Motor große Massen zu bewegen sind, liegt Schweranlauf vor (bei Bahnen, Schwungmassen u. ä.). Bis zum Erreichen der Betriebsdrehzahl nimmt der Motor eine Stromstärke auf, die den Nennstrom um ein Vielfaches übersteigt. Als Folge davon erwärmt sich der Motor, und in der Zuleitung treten hohe Spannungsverluste auf. Es ist deshalb anzustreben, daß der Motor im Leerlauf seine Drehzahl erreicht und die Arbeitsmaschine danach durch elektromagnetisch schaltbare → Kupplungen mit der Antriebswelle verbunden wird.

Anlaßstrom, mittlerer
Geometrischer Mittelwert aus Anlaßspitzenstrom I_{Sp} und Schaltstrom I_S (→ Anlassen).
$I_m = \sqrt{I_{Sp} \cdot I_S}$
Der m. A. kennzeichnet die → Anlaßschwere eines elektromotorischen Antriebs.

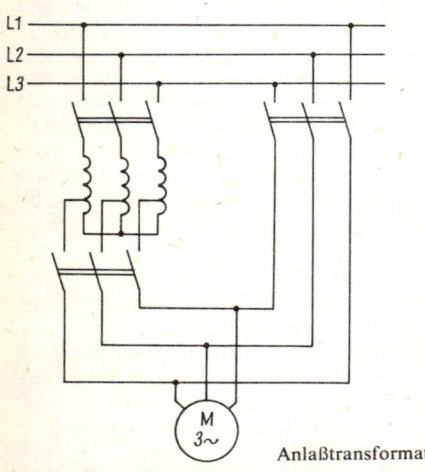
Anlaßtransformator

Anlaßtransformator
Transformator zum Anlassen von → Käfigläufermotoren größerer Leistung, die häufig angelassen werden müssen.
Als A. werden meistens → Spartransformatoren verwendet, die der Ständerwicklung eine reduzierte Netzspannung liefern. Dadurch sinken der Anlaufstrom und das Anlaufmoment mit dem Quadrat der Spannung. Der A. kann ein- oder mehrstufig ausgelegt werden. Nach Umschalten auf volle Netzspannung wird der A. abgeschaltet (Bild). – Anh.: 43, 67 / 128.

Anlaßvorgang
→ Anlassen

Anlaßzahl
Anzahl der Anlaßvorgänge (→ Anlassen) eines elektromotorischen Antriebs, die mit je einer Pause von der doppelten → Anlaßzeit bis zum Erreichen der zulässigen Höchsttemperatur vorgenommen werden können.

Anlaßzeit
Zeit für den Anlaßvorgang von Motoren (→ Anlassen).
Mit hinreichender Genauigkeit kann die A. eines Motors ohne Arbeitsmaschine nach folgender Gleichung berechnet werden:
$t = 4 + 2 \cdot \sqrt{P}$, P Motornennleistung.

Anlauf
Nichtstationärer → Betrieb eines Motors, der durch das Zuschalten des Netzes aus dem Stillstand auf seine Leerlaufdrehzahl (→ Motorleerlauf) oder auf eine der Belastung entsprechende Drehzahl (→ Motorbelastung) beschleunigt wird.
Im Moment des Zuschaltens der Spannung fließt bei selbstanlaufenden Motoren ein Anlaufstrom oder Anzugstrom, der ein Vielfaches des Nennstroms ist und auf den im Leerlauf bzw. auf den bei Belastung fließenden Strom abklingt. Die Höhe des A.stroms entspricht der Stromaufnahme eines Motors, wenn dieser bis zum Stillstand überlastet werden würde. Diese kurzzeitige Überlastung des Netzes erfordert je nach Maschinenart bestimmte Maßnahmen für das → Anlassen.

Anlauf, asynchroner
→ Synchronmotor

Anlaufkondensator

Anlaufkondensator
→ Kondensatormotor

Anlaufmoment
Drehmoment eines Motors, das er im Moment des Anlaufs entwickelt.
Das A. des → Asynchronmotors und des → Gleichstrom-Nebenschlußmotors ist etwa ein- bis zweimal größer als sein Nennmoment. Das A. des → Gleichstrom-Reihenschlußmotors ist etwa zwei- bis viermal größer als sein Nennmoment (→ Drehmomentenkurve).

Anlaufschwere
Merkmal des Anlaßvorgangs (→ Anlassen) bei elektromotorischen Antrieben.
Die A. ist als Verhältnis des mittleren → Anlaßstroms I_m zum Nennstrom I_n des Motors definiert und kann zur Berechnung des erforderlichen Anlaßwiderstands verwendet werden.

Anlaufschwere einiger elektromotorischer Antriebe

Antrieb	Anlaufschwere
Ventilator	0,6 ... 1,0
Kreis- und Bandsäge	0,75 ... 1,25
Transportband	1,25 ... 1,75
Zentrifuge	1,75 ... 2,0

Anlaufstrom
→ Anlauf; → Anlaufverhalten

Anlaufverhalten
Typisches Verhalten eines Elektromotors beim Anlauf (→ Drehmomentenkurve).
● A. eines → Käfigläufermotors:
Er entwickelt nur ein relativ kleines → Anlaufmoment, nimmt aber beim Einschalten das Vier- bis Zwölffache des Nennstroms auf. Der hohe Anlaufstrom kann durch verschiedene Anlaßverfahren herabgesetzt werden. Eine Anlaufstromsenkung bei gleichzeitiger Anlaufmomenterhöhung ist durch den Einsatz von → Stromverdrängungsläufern oder → Schleifringläufern möglich.
● A. eines → Gleichstrom-Reihenschlußmotors:
Er entwickelt beim Anlauf ein sehr hohes Drehmoment und zieht auch unter Nennlast sicher durch (→ Anlaufmoment). Bei größeren Motoren wird der unzulässig hohe Anlaufstrom durch einen Anlasser herabgesetzt.
● A. eines → Gleichstrom-Nebenschlußmotors:
Er entwickelt beim Anlauf ein größeres Drehmoment als das anstehende Lastmoment. Der Anlaufstrom ist aufgrund fehlender Gegenspannung hoch. Er wird bei größeren Motoren durch einen Anlasser herabgesetzt.

Anlaufzeit
Zeitdauer, in der ein Motor aus dem Stillstand bis zu seiner Nenndrehzahl beschleunigt (→ Anlaufverhalten).
Die A. ist von der Nennleistung des Motors, dem Anlaßverfahren und der Schwere des Antriebs abhängig. Je nach den Antriebsbedingungen muß der Motor über einen bestimmten Drehmomentüberschuß verfügen.

Anschlußplan
● → *Schaltplan zum Darstellen der Anschlußstellen von Bauteilen, Baugruppen und Geräten sowie der äußeren Verbindungen zwischen diesen.*
Er ist eine Fertigungsunterlage zum Herstellen der Verbindungen zwischen den Anschlußstellen. Bauteile und Baugruppen werden als Rechtecke annähernd lagerichtig gezeichnet; dafür sind auch Schaltzeichen zulässig.
In A. sind folgende Eintragungen vorzunehmen:
→ Anschlußstellenbezeichnung, Typ, Leiternennquerschnitt und Aderzahl von Leitungen und Kabeln.
Die listenmäßige Darstellung des A. wird als Anschlußliste bezeichnet. – Anh.: 8, 9, 10, 11, 12, 13 / *81, 83, 84, 85, 86, 87, 88, 89, 90, 92, 93, 94.*

Anschlußstellenbezeichnung
Genormte Bezeichnung der Anschlußstellen eines elektrotechnischen Betriebsmittels, z. B. eines Bauteils oder Geräts oder einer Anlage. Sie erfolgt unter Anwendung alphanumerischer Bezeichnungen oder → Schaltzeichen.
Die Hauptanschlüsse von Bauteilen und Geräten werden mit aufeinanderfolgenden Zahlen bezeichnet. Buchstaben sind für Gleichstromgeräte aus der ersten Hälfte und für Wechselstromgeräte vorzugsweise aus der

Anschlußstellenbezeichnung

zweiten Hälfte des lateinischen Alphabets zu verwenden. Es sind nur große Buchstaben zulässig; I und O sollen möglichst nicht verwendet werden.
Die A. für → Schutzleiter-, → Erdungs- und Potentialausgleichleitungen erfolgt mit den dafür genormten Schaltzeichen. − Anh.: 21, 24, 30, 68, 75 / *13, 54, 87.*

Ansprechkennlinie
Grafische Darstellung der Grenzen des Ansprechbereichs von Schutzgeräten.
Die A. zeigen die Abhängigkeit der Auslösegröße von der Fehlergröße, bei → Schmelzsicherungen z. B. die Abschmelzverzögerung von der Höhe des Überstroms, ähnlich bei Bimetallauslösern. Aus der A. können Rückschlüsse für das Einschalten von Relais und Auslösern gezogen werden, sowie auf das Einstellen von Staffelungen bei hintereinanderliegenden Schutzeinrichtungen. − Anh.: 46, 64, 82 / *63, 104.*

Ansprechverzugszeit
→ Gesamteinschaltzeit

Ansprechzeit
In der Relaisschutztechnik Zeitspanne vom Auftreten der Wirkungsgröße bis zum Erreichen der neuen Wirkungsstellung.
Die A. sollen i. allg. so kurz wie möglich sein, um die von Fehlerströmen und -spannungen belasteten Anlagenteile den auftretenden Überbeanspruchungen so wenig wie möglich auszusetzen. In vermaschten Netzen wird die A. künstlich verlängert, damit Fehlerart und -ort durch die Schutzgeräte erfaßt werden können. Bei einfachen Anlagen beginnt die A. bei Fehlereintritt (Kurzschluß) und endet mit dem Verlöschen des Schaltlichtbogens, also mit dem endgültigen Unterbrechen des Stroms. Sie wird wesentlich von der Ausschaltmechanik des Schalters bestimmt, wenn auch die Lichtbogenlöschzeit, vor allem bei hohen Spannungen und in Gleichstromanlagen, eine Rolle spielt. → Bimetallauslöser haben wegen der im Fehlerfall notwendigen Erwärmung des Schutzgeräts eine lange A. − Anh.: 82 / *100, 104.*

Antrieb, örtlicher
Antrieb vor Ort. Betätigung von Schaltgeräten, die üblicherweise durch Fernantrieb geschaltet werden, am Einbauort.
Der ö. A. ist Ersatzantrieb bei Ausfall der Hilfsenergie und bei Wartungs- und Instandsetzungsarbeiten zur Sichtkontrolle nach Reparaturen. Der Antrieb erfolgt von Hand oder mit Kurbeln und Gestängen (→ Fernantrieb).

Antriebssystem
Gesamtheit und Zusammenwirken der Teile eines motorischen Antriebs.
Das A. besteht aus Antriebsmaschine, Arbeitsmaschine, Übertragungsgliedern, das sind Wellen und Lager, auch Kupplungen (→ Kupplung, mechanisch oder elektromagnetisch schaltbar), Getriebe, Gestänge, Schwungmasse sowie Stell- und Regeleinrichtungen, auch Anlaß- und Schutzeinrichtungen für den Antriebsmotor.

Antrieb vor Ort
→ Antrieb, örtlicher

Anzugstrom
→ Anlauf

Arbeit, elektrische
Physikalische Größe, die die Umwandlung der kinetischen elektrischen Energie (→ Energie, elektrische) in andere Energieformen kennzeichnet.
Formelzeichen W
Einheit J (→ Joule)
Der Energiebetrag ΔW wird durch die fließende Ladungsmenge ΔQ und den Spannungsabfall U bestimmt. $\Delta W = \Delta Q \cdot U$. Sind Spannung U und Stromstärke I von der Zeit t unabhängig, gilt $W = U \cdot I \cdot t$.
$1 \text{ J} = 1 \text{ W} \cdot \text{s} = 1 \text{ V} \cdot \text{A} \cdot \text{s}$. Gebräuchliche Einheiten sind Wattstunde (Wh) und Kilowattstunde (kWh); $1 \text{ W} \cdot \text{h} = 3{,}6 \cdot 10^3 \text{ W} \cdot \text{s}$; $1 \text{ kWh} = 3{,}6 \cdot 10^6 \text{ W} \cdot \text{s}$. − Anh.: 41 / *75, 101.*

Arbeitspunkt
Schnittpunkt der Kennlinien von Motor und Arbeitsmaschine in einer Drehzahl-Drehmomenten-Kennlinie (Bild).
Mit steigender Belastung des Motors verringert sich dessen Drehzahl, während bei der Arbeitsmaschine mit steigender Drehzahl auch das erforderliche Drehmoment ansteigt. Im Schnittpunkt beider Kurven, dem A., für eine bestimmte Drehzahl das vom Motor aufgebrachte Drehmoment gleich dem von der Arbeitsmaschine geforderten, und das

Arbeitspunkt

Antriebssystem befindet sich im stationären Zustand. Verändert sich das Lastmoment der Arbeitsmaschine durch Be- oder Entlastung, dann verändert sich der Anstieg der Belastungskennlinie. Es treten Drehzahl- und Momentendifferenzen auf, und über einen nichtstationären → Betrieb stellt sich das Antriebssystem auf einen neuen A. ein. Der gleiche Vorgang läuft ab, wenn sich das Antriebsmoment durch Erhöhen der Netzspannung oder der Frequenz ändert.

Betriebsverhalten stehen als Nachteile Drehzahlabfall von 10 bis 20 % und zusätzliche Verluste über dem Läuferwiderstand gegenüber.

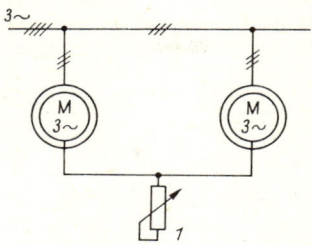

Arbeitswelle. *1* Schlupfwiderstand

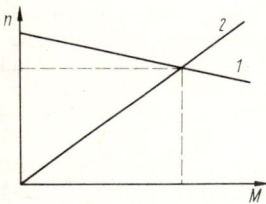

Arbeitspunkt. *n* Drehzahl; *M* Drehmoment; *1* Drehzahlkennlinie des Motors; *2* Belastungskennlinie der Arbeitsmaschine

Arbeitsweise
Art der Energieumwandlung in elektrischen Maschinen.
Eine rotierende elektrische Maschine arbeitet als → Generator, wenn die mechanische Energie des antreibenden Systems, z. B. Turbine, in elektrische Energie umgewandelt wird; sie arbeitet ohne konstruktive Änderung als → Motor, wenn die Energie des elektrischen Systems (Netz) in mechanische Energie umgewandelt wird. In einem → Transformator kann sich die Energieflußrichtung umkehren. Er kann ohne konstruktive Änderung eine Spannung hoch- oder herabtransformieren. – Anh.: – / 65.

Arbeitswelle
→ *Elektrische Welle zum Antrieb unterschiedlicher Antriebsteile, bei der ihre Antriebsmotoren gleichzeitig die Funktion der Wellenmaschinen einer → Ausgleichswelle übernehmen.*
Als Antriebsmotoren werden Schleifringläufermotoren verwendet. Ihre Ständerwicklungen liegen am selben Netz und werden läuferseitig über einen Widerstand (Schlupfwiderstand) gleichphasig verbunden (Bild). Die Welle arbeitet im absoluten Gleichlauf mit evtl. geringer Winkeldifferenz. Dem robusten

Asynchrongenerator
Rotierende elektrische Wechselstrommaschine, die bei übersynchronem Antrieb Wirkleistung an das Netz liefert.
Ein Käfigläufermotor kann als A. eingesetzt werden, wenn die Ständerwicklung zum Aufbau des Drehfelds Blindleistung aus einem Netz bezieht und der Käfigläufer mechanisch so angetrieben wird, daß seine Drehzahl größer als die des Ständerdrehfelds ist. Bei dieser übersynchronen Drehbewegung kommt es durch die → Käfigwicklung zu einer Magnetflußänderung in entgegengesetzter Richtung. A. haben geringe Bedeutung. Ihr Wirkprinzip wird häufig bei der Nutzbremsung (→ Bremsverfahren) meist polumschaltbarer Käfigläufermotoren angewendet (z. B. Zentrifugenantriebe). Vereinzelt werden auch Schleifringläufermotoren mit dieser Generatorbremsung eingesetzt (z. B. bei großen Hebezeugen). Die Wirkungsweise ist analog der des Käfigläufermotors.

Asynchronmaschine
Rotierende elektrische Wechselstrommaschine, bei der die elektrische Energie induktiv auf einen Schleifringläufer oder Käfigläufer übertragen wird.
Die Läuferdrehzahl wird von der Polpaarzahl der Ständerwicklung und der Frequenz der Speisespannung bestimmt und weicht entweder durch positiven → Schlupf (Motor) oder negativen Schlupf (Generator) von der synchronen Drehzahl des Ständerdrehfelds ab. Im Motorbetrieb sinkt die Läuferdrehzahl bei Belastung geringfügig (→ Motormoment). – Anh.: 13, 20, 67 / *1, 12, 15, 86.*

Asynchronmaschine

Asynchronmotor

Asynchronmotor
Rotierende elektrische Wechselstrommaschine, deren Arbeitsweise auf der Induktionswirkung des Ständerdrehfelds beruht (Induktionsmotor). Der Läufer bewegt sich asynchron (nicht synchron) zum Ständerdrehfeld.
Die Läuferdrehzahl n wird von der Polpaarzahl p der Ständerwicklung, der Netzfrequenz f und der Schlupfdrehzahl n_s ($\rightarrow$ Schlupf) bestimmt.

$$n = \frac{f \cdot 60}{2p} - n_s.$$

Der Läufer des A. ist entweder ein Kurzschlußläufer mit einer oder mehreren $\rightarrow$ Käfigwicklungen oder ein $\rightarrow$ Schleifringläufer mit einer verteilten Spulen- oder Stabwicklung. – Anh.: 13, 20, 67 / 1, 9, 12, 15, 17, 86.

Augenblickswert
Momentanwert. Der zu einem bestimmten Zeitpunkt wirkende Wert einer Wechselgröße.
Die A. der elektrischen Größen werden durch kleine Buchstaben angegeben, z. B. A. des Wechselstroms i. – Anh.: 41 / 75, 101.

Ausdehnungsgefäß
Zusatzgerät eines Öltransformators zur Aufnahme des Öls bei zunehmender Verlustwärme.
Das A. ist unmittelbar über oder seitlich über dem Deckel angebracht. Es ist durch ein Rohr mit dem Kessel verbunden, so daß mit zunehmender Verlustwärme das Öl in das A. steigen kann. Die Größe muß so bemessen sein, daß Kessel und Deckeldurchführungen der Oberspannungswicklung im kalten Zustand vollständig mit Öl gefüllt sind. Dadurch kommt nur die relativ kleine Öloberfläche im A. mit der Luft in Berührung. Die Gefahr, daß Feuchtigkeit in das warme Öl dringt, wird gemindert. Das Schwitzwasser lagert sich am Boden ab und kann durch die Reinigungsöffnung entfernt werden.
Bei Großtransformatoren in Freiluftanlagen ist zusätzlich zur Einfüllöffnung eine Entlüftungsvorrichtung mit einem Luftentfeuchter erforderlich. Der Ölstand kann von der Oberspannungsseite aus an einem Ölstandsanzeiger abgelesen werden. – Anh.: 26, 60, 68 / 40, 41, 42, 65, 70.

Ausgangsseite
$\rightarrow$ Zweischichtwicklung

Ausgleichsstrom
Strom, der Spannungsunterschiede zwischen parallelgeschalteten Generatoren (Spannungsquellen) ausgleicht.

Ausgleichsverbindung
Leitende Verbindungen in $\rightarrow$ Kommutatorläuferwicklungen, die bei ein- oder mehrgängigen $\rightarrow$ Schleifenwicklungen mit mehr als zwei Zweigen und mehrgängigen $\rightarrow$ Wellenwicklungen unerwünschte Zweigströme aufnehmen und ausgleichen sollen.
Ursache der störenden Zweigströme, die eine Überlastung der Bürsten und der Kommutatorläuferwicklung bewirken können, sind magnetische Unsymmetrien im Luftspalt. Die Anordnung der A. erfolgt entweder hinter dem Kommutator oder auf der Gegenseite. Durch die A. werden innerhalb der Kommutatorläuferwicklung stets Punkte gleichen Potentials überbrückt.

Ausgleichswelle
$\rightarrow$ *Elektrische Welle zum Gleichlauf unterschiedlicher Antriebsteile durch die Kupplung ihrer Motoren mit Wellenmaschinen (Bild).*

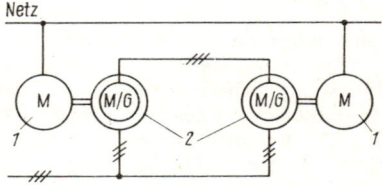

Ausgleichswelle. *1* Antriebsmotor; *2* Wellenmaschine

Die elektrisch verbundenen Wellenmaschinen entsprechen in ihrer Bauart meist Schleifringläufermotoren (auch Synchronmotoren) und sind in ihrer Leistung so bemessen, daß die Drehmomentendifferenz zwischen den Antriebsmotoren ausgeglichen werden kann. Die Richtung des Energieflusses wechselt je nach den Belastungen der Antriebsmotoren, d. h., die Wellenmaschinen arbeiten entweder als Generator oder als Motor.

Ausgleichszeit
Zeit, die nach Anlegen eines Sprungsignals ($\rightarrow$ Testsignal) an ein Übertragungsglied vergeht, wenn das Ausgangssignal mit der für dieses

Ausgleichszeit

Glied maximalen Änderungsgeschwindigkeit ansteigt (Bild).

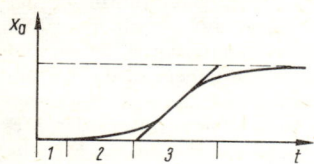

Ausgleichszeit. *1* Totzeit; *2* Verzugszeit; *3* Ausgleichszeit

Totzeit und Verzugszeit sind in der A. nicht enthalten. Nach Ablauf der A. sind 63 % vom Endwert des Ausgangssignals erreicht, der Übergang in den Endzustand ist nach der dreifachen A. praktisch abgeschlossen. – Anh.: *42 / 103.*

Auslöseart
Möglichkeiten zum Ausschalten von Schaltern bei Fehlern in der Anlage.
Das Auslösen erfolgt bei den unterschiedlichen A. so, daß Hebel, Gestänge o. a. das → Schaltschloß freigeben, um die Abschaltung herbeizuführen. Man unterscheidet → Schnell- und → Bimetallauslöser.
Primärauslöser werden vom Betriebsstrom oder von der Betriebsspannung direkt erregt; Sekundärauslöser dagegen liegen im Sekundärkreis von Strom- und Spannungswandlern (Sekundärrelais). Bei → Schaltschützen erfolgt das Auslösen durch Unterbrechen des Steuerstromkreises. – Anh.: *11, 43, 44, 46, 49, 78, 79, 80, / 104, 105.*

Auslösezeit
→ Gesamtausschaltzeit

Ausschaltabhängigkeit
→ *Abhängigkeitsschaltung mit* → *Schaltschützen.*
Bei der A. können Schaltschütze erst dann abgeschaltet werden, wenn andere abgeschaltet sind. Einschaltbar sind die Schütze in beliebiger Reihenfolge oder nach Schaltprogramm. Die A. wird z. B. bei langen Transportbandanlagen über mehrere Bänder mit eigenem Antrieb eingesetzt, bei denen die folgenden Bänder erst ausgeschaltet werden dürfen, wenn die davorliegenden stillgesetzt worden sind. Erreicht wird die A. durch Parallelschalten von Schließern anderer Schütze zum Aus-Taster (Öffner) des abhängigen Schützes.

Ausschaltverzugszeit
→ Gesamtausschaltzeit

Ausschaltvorgang
→ Schaltvorgang

Außenpolmaschine
→ *Synchronmaschine oder* → *Gleichstrommaschine, deren Erregerwicklung (Gleichstromwicklung) im Ständer und deren Arbeitswicklung (Wechselstromwicklung) im Läufereisen angeordnet ist.*
Der Ständer hat ausgeprägte Pole, die die konzentrierte Erregerwicklung tragen. Die elektrische Leistung (Maschinenleistung) muß über Bürsten und Schleifringe oder bei den Gleichstrommaschinen über den Kommutator auf bzw. vom Läufer übertragen werden.
Im Unterschied zur → Innenpolmaschine kann die A. nur für eine begrenzte Maschinenleistung ausgelegt werden.

Außer-Tritt-Fallen
Erscheinung bei parallelgeschalteten → *Synchrongeneratoren und besonders bei* → *Synchronmotoren, bei der durch Überlastung der* → *Polradwinkel einen Grenzwert überschreitet, so daß der Läufer zum Stillstand kommt.*
Der Grenzwert beträgt bei Vollpolläufern 90, bei Schenkelpolläufern 75 elektrische Grade. Fällt ein Synchronmotor außer Tritt, fließt in der Arbeitswicklung ein extrem großer Strom. Der Überlastungsschutz spricht an.

Aussetzbetrieb
→ *Betriebsart eines Elektromotors.*
Der A. ist ein periodischer Betrieb mit einer dauernden Folge gleicher Spiele. Jedes dieser Spiele kann folgende unterschiedliche Betriebszustände, die die Temperatur der Maschine beeinflussen, enthalten:
● Konstante Belastung und Pause ohne Einfluß des Anlaufs und der Bremsung (S3). Während der Belastungsdauer t_B (Bild) steigt die Temperatur der Maschine. Die folgende Pausendauer t_P ist zu kurz, um die Maschine vollständig abzukühlen. Diese hat damit gegenüber der Umgebung ständig eine höhere Temperatur.

Aussetzbetrieb

- Anlauf, konstante Belastung und Pause (S4). Hier steigt die Temperatur während des Hochlaufs besonders stark an.
- Anlauf, konstante Belastung, elektrische Bremsung und Pause (S5). Die thermische Beanspruchung tritt in erster Linie während der elektrischen Bremsung ein, da die frei werdende Bremsenergie die Maschine stark erwärmt.

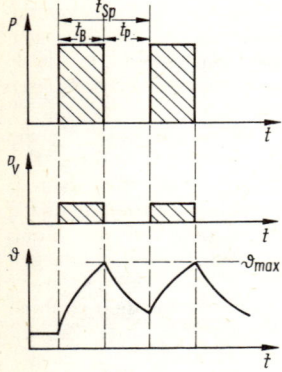

Aussetzbetrieb. t_B Belastungsdauer; t_P Pausendauer; t_{Sp} Spieldauer

In allen drei Möglichkeiten sind die Betriebszustände so kurz, daß das thermische Gleichgewicht innerhalb eines Spiels nicht erreicht wird. – Anh.: 67 / –

Auswuchten
Technische Maßnahme zur Beseitigung der → Unwucht.
Bei statischer Unwucht wird die Stelle des Gleichgewichtsfehlers durch Abrollen des Läufers festgestellt. Auf der Gegenseite wird dann ein entsprechendes Gewicht, z. B. in Form einer Schraube mit Mutter, angebracht. Die erforderliche Masse des Gewichts muß durch Versuche (Kittklumpen andrücken) ermittelt werden. Das statische A. hat im Elektromaschinenbau wenig Bedeutung.
Eine dynamische Unwucht ist durch Abrollen nicht feststellbar, weil sich der Läufer in jeder Lage im Gleichgewicht befindet. Erst bei schneller Drehbewegung treten die Gleichgewichtsfehler in Erscheinung und können die elektrischen Maschinen über die Lager und → Lagerträger in heftige Vibration versetzen. Deshalb sollen möglichst alle Läufer auf Auswuchtmaschinen, die Größe und Lage der Unwucht anzeigen, sorgfältig ausgewuchtet werden. Das Anbringen der Gegengewichte kann auf verschiedene Art geschehen. Einige Läufertypen haben am Umfang verteilte Bohrungen, in die Metallstifte gepreßt werden können. Es lassen sich auch dosierte Epoxidharztropfen oder Metallstücke am Läufer anbringen. Manche Läufer tragen spezielle schwalbenschwanzförmig ausgebildete Metallkränze, in die an beliebiger Stelle Spreizgewichte eingesetzt werden können. Alle angebrachten Gewichte müssen auf jeden Fall festsitzen, damit sie sich nicht während des Betriebs lösen. – Anh.: – / 28

Axiallüfter
→ Lüfter

B

Backenbremse
Mechanischer Teil einer → Bremseinrichtung.
B. sind einfach und stabil aufgebaut. Meist wirken zwei Bremsklötze von außen auf ein Bremsrad oder von innen gegen einen Hohlzylinder (Doppelb.). Das Bremsmoment und der Nachlauf der Bremse sind temperatur- und feuchtigkeitsabhängig.

Bahnmotor
Reihenschlußmotor zum Antrieb von elektrischen Fahrzeugen.
Die Ausführung des B. ist vom Bahnstromsystem abhängig. Gleichstromsysteme speisen → Gleichstrom-Reihenschlußmotoren für Gleichstromlokomotiven mit Nennspannungen von 1,2 (1,5) kV, 2,4 kV bzw. 3 kV, für Straßenbahnen und Oberleitungsbusse mit einer Nennspannung von 600 V (S- und U-Bahnen meist 750 V). → Wechselstrom-Bahnmotoren zum Antrieb von elektrischen Vollbahnen sind bei einer Frequenz von 16 2/3 Hz für eine Nennspannung von 15 kV und von 50 Hz meist für 25 kV ausgelegt. – Anh.: 13, 20, 25, 52, 53 / 26, 86.

Bandbremse
Mechanischer Teil einer → Bremseinrichtung.

Bandbremse

Ein Stahlband mit aufgesetztem Bremsbelag umschlingt ein Bremsrad. Dadurch werden mit kleinen Kräften große Bremswirkungen erreicht, die jedoch drehrichtungsabhängig sind.

Bauform
Äußere konstruktive Gestaltung einer rotierenden elektrischen → Maschine, um je nach Betriebslage und Befestigungsart eine Kupplung zwischen ihr und der Arbeits- bzw. Kraftmaschine zu ermöglichen.
Entsprechende Kurzzeichen (→ Bauformkennzeichnung) geben Hinweise zur konstruktiven Ausführung. – Anh.: 7, 20, 22 / 18.

Bauformkennzeichnung
Kurzzeichen zum Bestimmen der → Bauform einer rotierenden elektrischen Maschine.
Das Kurzzeichen enthält
den allgemeinen Kennbuchstabenteil,
die Kennziffer für die Bauformgruppe,
die zweistellige Kennziffer für die → Montageart,
die Kennziffer für die Ausführung des Wellenendes.
Die 1. Ziffer (Bauformgruppe) erfaßt Merkmale, z. B. Fußmaschine mit Lagerschilden, Maschine ohne Füße mit Lagerschilden, Maschinen ohne Lager, Maschinen mit Stehlager usw. Die 4. Ziffer (Wellenendenausführung) kennzeichnet z. B. zylindrische, konische oder Flansch-Wellenenden.

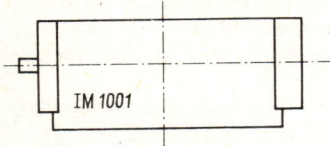

Bauformkennzeichnung

Beispiel: IM 1 00 1 Maschine mit zwei Lagerschilden und Füßen und einem zylindrischen Wellenende (Bild). – Anh.: 7, 20, 22, / 18.

Befehlsmindestzeit
→ Gesamteinschaltzeit, → Gesamtausschaltzeit

Belastung
Betriebszustand einer elektrischen Maschine, bei dem diese zur Erfüllung ihrer Funktion Energie abgibt, nach dem Energieerhaltungssatz aber auch Energie aufnimmt.
Die B. umfaßt einen Bereich, der durch die Betriebszustände → Leerlauf und → Kurzschluß (außer Motor) begrenzt wird (Bild). Die Maschine wird für die Nennb. ausgelegt. Sie ist die höchste zulässige Dauerb. mit Rücksicht auf die Erwärmung, die Stabilitätsbedingungen, den zulässigen Spannungsabfall und die elektrische und mechanische Beanspruchung der Maschine einschließlich ihres Zubehörs. Ständiger Betrieb im Bereich Leerlauf-Nennb. (Unterb.) ist möglich, dagegen kurzzeitig und nur im begrenzten Maß über Nennb. hinaus (Überb.). Die Maschinen werden dann thermisch und mechanisch überbeansprucht.

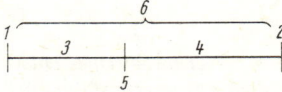

Belastung. *1* Leerlauf; *2* Kurzschluß; *3* Unterbelastung; *4* Überbelastung; *5* Nennbelastung; *6* Belastung(sbereich)

Die Merkmale der B. sind bei den Maschinenarten unterschiedlich (→ Generatorb., → Transformatorb., → Motorb.).

Belastung, induktive
→ *Belastung eines Wechselstrom-, eines Drehstromgenerators oder eines Transformators durch Verbraucher, die neben der → Wirkleistung auch → Blindleistung zum Aufbau von Magnetfeldern aufnehmen.*
Der Strom eilt gegenüber der Klemmenspannung der o. g. Maschinen um einen entsprechenden Phasenverschiebungswinkel nach.
Bei i. B. wird die Klemmenspannung im Vergleich zum Leerlauf durch die inneren Spannungsabfälle verringert. Die Blindleistung belastet die genannten Generatoren elektrisch, erzeugt jedoch kein abbremsendes Gegendrehmoment. Die von der Turbine gelieferte Antriebsenergie deckt deshalb außer der Verlustenergie des Generators nur die an die Verbraucher abgegebene Wirkenergie.

Belastung, kapazitive
→ *Belastung eines Wechselstrom-, eines Dreh-*

Belastung, kapazitive

stromgenerators oder eines Transformators durch Verbraucher, die neben der → Wirkleistung auch → Blindleistung zum Aufbau von elektrostatischen Feldern aufnehmen.
Der Strom eilt bei den o. g. Maschinen gegenüber der Klemmenspannung um einen entsprechenden Phasenverschiebungswinkel voraus.
Bei k. B. bilden die Wicklungen der Maschinen mit den Kapazitäten der Verbraucher und auch mit den Leitungskapazitäten der eingespeisten Netze → Schwingkreise, so daß die Klemmenspannung im Vergleich zum Leerlauf meist größer ist. Die Blindleistung belastet die genannten Generatoren elektrisch, erzeugt jedoch kein abbremsendes Gegendrehmoment. Die von der Turbine gelieferte mechanische Antriebsenergie deckt deshalb außer der Verlustenergie des Generators nur die an die Verbraucher abgegebene Wirkenergie.

Belastung, ohmsche
→ Belastung eines Wechselstrom-, eines Drehstromgenerators oder eines Transformators durch Verbraucher, die → Wirkleistung aufnehmen.
Der mit der Klemmenspannung der o. g. Maschinen in Phase liegende Strom ruft innere Spannungsabfälle hervor, die die Klemmenspannung im Vergleich zum Betriebszustand Leerlauf herabsetzen. Durch die o. B. entsteht bei den genannten Generatoren ein Gegendrehmoment, das abbremsend wirkt. Zur Aufrechterhaltung der Drehbewegung mit Nenndrehzahl muß deshalb die von der Antriebsmaschine gelieferte Energie erhöht werden.

Belastung, symmetrische
Gleiche Leiterbelastung eines Drehstromnetzes oder gleiche Schenkelbelastung eines Drehstromtransformators.
Die Ströme I_1, I_2, I_3 in den Außenleitern sind gleich groß, ihre gegenseitige Phasenverschiebung beträgt 120°. Dadurch ist der Sternpunktleiter (Neutralleiter oder unter bestimmten Bedingungen auch Nulleiter) stromlos. Durch einphasige Belastung entsteht dagegen eine unsymmetrische Belastung (→ Belastung, unsymmetrische).

Belastung, unsymmetrische
Ungleiche Leiterbelastung eines Drehstromnetzes oder ungleiche Schenkelbelastung eines Drehstromtransformators.
Die Ströme I_1, I_2, I_3 in den Außenleitern sind ungleich groß, oder ihre gegenseitige Phasenverschiebung beträgt nicht mehr 120°. Im Sternpunktleiter (Neutralleiter oder unter bestimmten Bedingungen auch Nulleiter) fließt ein Strom. Die geometrische Summe der Leiterströme $\vec{I_1} + \vec{I_2} + \vec{I_3}$ ist somit größer als Null.
Die u. B. bewirkt bei Verteilungstransformatoren mit der Schaltgruppe Yy0 in den drei Schenkeln des Eisenkerns gleichgerichtete Durchflutungen, die starke Streufelder hervorrufen. Diese induzieren in den Wicklungen zusätzliche Spannungen, die zu einer → Sternpunktverschiebung führen. Deshalb ist für Transformatoren der Stern-Stern-Schaltung nur eine 10%ige Sternpunktbelastung zulässig. Verteilungstransformatoren mit einer zusätzlichen → Tertiärwicklung oder mit den Schaltgruppen Dy5 bzw. Yz5 dagegen können unsymmetrisch belastet werden.

Belastungsverhalten
Typisches Verhalten eines Elektromotors bei Belastung (→ Drehmomentenkurve).
● B. eines → Asynchronmotors:
Er entwickelt mit zunehmender Belastung und somit sinkender Läuferdrehzahl ein steigendes Drehmoment. Das ist möglich, weil sich auch der → Schlupf vergrößert und dadurch in der Ständer- und Läuferwicklung die erforderlichen größeren Ströme fließen. Kurzzeitig muß jeder Asynchronmotor mit mindestens 160 % des Nennmoments belastbar sein, ohne daß er abkippt. Seine Drehzahl weicht bei Belastung nur etwa 8 % von der Drehzahl des Ständerdrehfelds ab. Wird der Motor unter der Nennlast betrieben, dann ist der Leistungsfaktor niedrig, und das Netz wird durch die Blindleistung unnötig belastet.
● B. eines → Gleichstrom-Reihenschlußmotors:
Er entwickelt bei schwacher Belastung eine hohe und bei starker Belastung eine niedrige Drehzahl. Bei völliger Entlastung geht er durch. Die Drehzahl fällt bei Belastung nur so weit ab, bis Gleichgewicht zwischen Drehmoment des Motors und Lastmoment herrscht. Der Drehzahlabfall ist also stark belastungsabhängig. Bei voller Belastung sind durch den großen Stromfluß das Erre-

Belastungsverhalten

gerfeld und das Läuferfeld sehr kräftig; der Motor zieht selbst bei Überlastung sicher durch.
- B. eines → Gleichstrom-Nebenschlußmotors:
Er entwickelt einen von der Belastung nahezu unabhängigen Erregerfluß. Bei Belastung beschleunigt der Motor nur so lange, bis sein Drehmoment mit dem Lastmoment im Gleichgewicht steht. Bei stärkerer Belastung entwickelt er bei gleichzeitiger Verringerung der Drehzahl ein steigendes Drehmoment, weil die kleiner werdende Gegenspannung einen größeren Läuferstrom zur Folge hat. Bei völliger Entlastung steigt die Drehzahl nur wenig an.

Berührungsschutz
→ Schutzgrad

Berührungsspannung
Spannung, die bei elektrischer Durchströmung eines Menschen oder Nutztiers zwischen Stromeintritts- und -austrittsstelle am Körper auftritt (Bild).

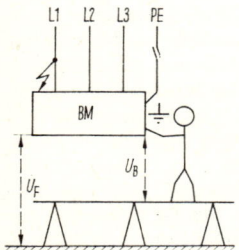

Berührungsspannung.
BM Betriebsmittel (elektr. Gerät);
U_F Fehlerspannung;
U_B Berührungsspannung

Der im Fall einer Berührung durch den Körper des Berührenden fließende Körperstrom, der eine Schädigung auslöst, wird von der B. und dem Widerstand des Körpers bestimmt (→ Schutzmaßnahme). – Anh.: 44, 45 / *121, 122, 123.*

Beschleunigungsmoment
Differenz aus dem beim Hochlaufen des Motors größeren Motormoment und dem kleineren Widerstandsmoment.
Das B. bewirkt das Zunehmen der Drehzahl. Es kennzeichnet einen nichtstationären → Betrieb und bringt das → Antriebssystem in einen neuen stationären → Betrieb mit veränderter Drehzahl. Das B. tritt auch bei Laständerungen auf. Bei zunehmender Belastung wird das B. negativ; es wird zum Verzögerungsmoment, mit dem sich die Drehzahl verringert.

Betätigungsspannung
Spannung, mit der → *Schalterantriebe und* → *Schaltschütze betätigt werden.*
Je nach Art und Umfang der Schaltanlage handelt es sich um Gleich- oder Wechselspannungen von 24 und 42 V, aber auch 110 und 220 V. Bei Schaltschützen wird meist die Betriebsspannung verwendet. B. werden sonst einer von Netzstörungen unabhängigen Spannungsquelle entnommen, z. B. Akkumulatorenbatterien genügender Kapazität oder Dieselaggregaten. Außer der B. wird von diesen auch der Notbetrieb von Schutz- und Meldeeinrichtungen sowie der Beleuchtung aufrechterhalten.

Betrieb, instabiler
→ Betrieb, stabiler

Betrieb, nichtstationärer
Ausgleichsvorgang zwischen einem vorangegangenen und einem neuen, geänderten stationären Betriebszustand.
Der Gleichgewichtszustand zwischen dem von einem Motor erzeugten Drehmoment (Motormoment) und dem belastend wirkenden Widerstandsmoment der angetriebenen Arbeitsmaschine oder Vorrichtung ist gestört. Überwiegt das Widerstandsmoment, wird der Motor abgebremst; er wird beschleunigt, wenn das Motormoment überwiegt. Da bei jeder Drehzahländerung die Massenträgheit wirksam ist, muß das Motormoment M das Widerstandsmoment M_w und das Beschleunigungsmoment M_b ausgleichen: $M = M_w + M_b$.

Betrieb, stabiler
Verhalten eines elektromotorischen Antriebs, bei dem eine durch äußere Einflüsse entstehende Abweichung vom Arbeitspunkt durch den Motor so korrigiert wird, daß sich der Arbeitspunkt selbständig wieder einstellt.
Ein Motor mit der Momentenlinie *1* (→ Motormoment) wird durch eine Arbeitsmaschine mit einem konstanten → Widerstandsmoment (Linie *2*) belastet (Bild). Es sind die Arbeitspunkte A und B möglich. Wird bei Betrieb im Punkt A die Drehzahl n_A wegen äußerer Einflüsse etwas kleiner, ist das

Betrieb, stabiler

Gleichgewicht zwischen Motormoment M und Widerstandsmoment M_w gestört. M überwiegt und beschleunigt den Antrieb wieder auf die Drehzahl n_A. Würde die Drehzahl dagegen über n_A steigen, überwiegt M_w und bremst den Antrieb auf n_A ab. Der Betrieb im Arbeitspunkt A ist stabil.

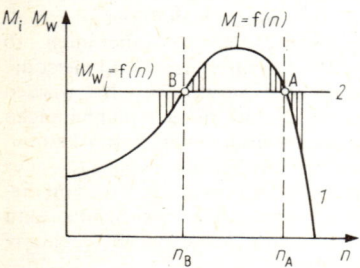

Betrieb, stabiler

Für den Arbeitspunkt B würde jede Veränderung der Drehzahl n_B Drehmomente auslösen, die die Veränderung weiter vergrößern. Bei einer Drehzahlerhöhung über n_B ist $M > M_w$, so daß eine weitere Drehzahlerhöhung eintritt. Der Motor arbeitet in B im instabilen Betrieb.

Betrieb, stationärer
Gleichgewichtszustand zwischen dem von einem Motor erzeugten Drehmoment (Motormoment M) und dem belastend wirkenden Widerstandsmoment M_w der angetriebenen Arbeitsmaschine oder Vorrichtung ($M = M_w$).
Die Motordrehzahl bleibt im s. B. konstant, wenn sie nicht durch Stellmaßnahmen gewollt verändert wird.

Betrieb, ununterbrochener
→ *Betriebsart eines Elektromotors.*
Der u. B. ist ein periodischer Betrieb mit einer dauernden Folge gleicher Spiele. Jedes dieser Spiele kann folgende Betriebszustände (→ Betriebsartenkennzeichnung) enthalten, die die Temperatur der Maschine beeinflussen:
- Anlauf, konstante Belastung und elektrische Bremsung (S7). Hierbei gibt es keinen Stillstand. Die Drehrichtung wechselt unmittelbar.
- Konstante Belastung mit unterschiedlicher Drehzahl (S8). Die erhöhte thermische Beanspruchung entsteht durch den Übergang von einer Drehzahl auf die andere durch den erforderlichen Anlauf und durch die erforderliche Bremsung.

In beiden Fällen sind die Betriebszustände so kurz, daß das thermische Gleichgewicht innerhalb eines Spiels nicht erreicht wird.

Betriebsart
Art und Weise der Aufeinanderfolge und Dauer der Betriebszustände Stillstand, Leerlauf und Nennbelastung elektrischer Maschinen.
Die Einhaltung der Nennb. besonders bei Elektromotoren ist wichtig, da die durch unerwünschte Energieumwandlungen entstehende Erwärmung vor allem die Wicklungsisolation beansprucht. Thermische Überlastungen können nicht nur zu betrieblichen Störungen führen; sie setzen auch die Lebensdauer der Maschine herab.
Die Verlustwärme und die mit ihr verbundene Temperaturerhöhung hängen von der Größe des Stromflusses (Belastungshöhe) und dessen Zeitdauer ab. Kurzzeitige Überlastungen (→ Überlastungsfaktor) sind zulässig, weil durch die Wärmeträgheit der Temperaturanstieg unwesentlich ist. Man unterscheidet bei Elektromotoren die Nennbetriebsarten → Dauerbetrieb, → Kurzzeitbetrieb, → Aussetzbetrieb, → Durchlaufbetrieb und ununterbrochener → Betrieb.

Betriebsartenkennzeichnung
Kurzbezeichnung der Nennbetriebsarten (→ Betriebsart) von Elektromotoren.
S1 Dauerbetrieb
S2 Kurzzeitbetrieb
S3 Aussetzbetrieb ohne Einfluß des Anlaufs und der Bremsung
S4 Aussetzbetrieb mit Einfluß des Anlaufs auf die Temperatur
S5 Aussetzbetrieb mit Einfluß des Anlaufs und der elektrischen Bremsung auf die Temperatur
S6 Durchlaufbetrieb mit Aussetzbelastung
S7 Ununterbrochener Betrieb mit Anlauf und elektrischer Bremsung
S8 Ununterbrochener Betrieb mit unterschiedlichen Drehzahlen
Anh.: 67 / −

Betriebskondensator
→ *Kondensatormotor*

Betriebsverhalten

Betriebsverhalten
Verhalten der elektrischen Maschinen im Zusammenspiel mit den elektrischen und mechanischen Systemen.
Das B. wird bei Generatoren, Transformatoren und Umformern durch die Betriebszustände → Leerlauf, → Belastung und → Kurzschluß und bei Motoren durch Leerlauf und Belastung bestimmt.

Betriebszustand
Zustand einer elektrischen Maschine in einem gegebenen Augenblick, der durch die Gesamtheit der elektrischen, mechanischen und thermischen Größen, die den Betrieb der Maschine unmittelbar beeinflussen, gekennzeichnet ist.

Bewegungsinduktion
Grundform der elektromagnetischen Induktion (→ Induktion, elektromagnetische), bei der eine Lageänderung zwischen Leiter und Magnetfeld vorhanden ist.
In einem Leiter wird eine Spannung induziert, wenn eine relative Bewegung zwischen ihm und einem stationären Magnetfeld besteht. Der Betrag der Induktionsspannung U_i ist von der Magnetflußdichte B des Felds, von der magnetisch wirksamen Länge des Leiters l und von der Relativgeschwindigkeit zwischen Leiter und Magnetfeld v abhängig. Bei einer rechtwinkligen Bewegung zur Feldlinienrichtung gilt
$U_i = - B \cdot l \cdot v$.

Bimetallauslöser
Auslöser zum zeitverzögerten Abschalten von Überströmen bei Überlastung.
Der B. ist ein im Stromkreis liegendes, mit Heizdraht umwickeltes Bimetall. Je nach Größe des Überstroms und der dadurch entstehenden Wärme im Heizdraht verbiegt sich das Bimetall schneller oder langsamer und gibt das → Schaltschloß frei, so daß der Schalter abschaltet. Der Erwärmungseffekt bei B. gestattet kurzzeitig Überströme, z. B. beim Anlassen von Motoren oder bei kurzzeitigen Überlastungen anderer Art. B. sind oft in Verbindung mit → Schnellauslösern bzw. → Motorschutzschaltern zu finden.

Blechpaketläufer
Rotierender Teil einer Wechselstrommaschine oder → Gleichstrommaschine, dessen aktives Eisen ein Blechpaket ist.
Die einzelnen, dünnen, isolierten und genuteten Bleche werden entweder direkt auf die Welle geschichtet und durch Preßringe zusammengedrückt, oder das Läuferblechpaket wird durch isolierte, gespannte Längsbolzen und Druckflansche zusammengehalten (Flanschbauart). Wird in die Läuferblechpaketbohrung vor dem Einpressen der Welle eine Buchse eingebracht (Buchsenbauart), dann besteht bei späterem Wellendefekt die Möglichkeit eines einfachen Wellenaustausches. Die Übertragung des Drehmoments erfolgt entweder durch Rändeln der Welle oder mittels Paßfedern, die zwischen Welle und Läuferblechpaket angebracht sind.

Blechpaketständer
Feststehender Teil einer Wechselstrommaschine, dessen aktives Eisen ein Blechpaket ist.
In einem Gehäuse aus Stahlblech, Stahlguß, Grauguß oder Aluminiumlegierung, dessen äußere Form von der → Bauform, der → Kühlart und dem Schutzgrad der Wechselstrommaschine bestimmt wird, ist ein aus dünnen, einseitig isolierten genuteten warmgewalzten Dynamoblechen oder geglühten, allseitig oxydierten und damit isolierten kaltgewalzten Blechen (semi-finished Blechen) zusammengesetztes Blechpaket befestigt.

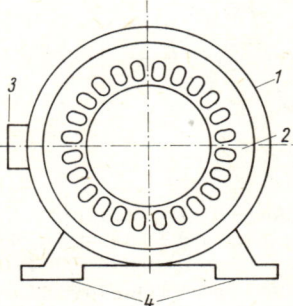

Blechpaketständer. *1* Gehäuse; *2* Dynamoblechpaket (genutet); *3* Klemmenkasten; *4* Füße

Das Gehäuse hat Zentrierungen und Gewindebohrungen zur Aufnahme und zum Befestigen der Lagerschilde und Klemmenkästen sowie Traghaken oder Bohrungen zur Aufnahme der Lasthebemittel (Bild).

Blindlastverhalten

Blindlastverhalten
→ Generator-Parallelbetrieb

Blindlastverteilung
→ Generator-Parallelbetrieb

Blindleistung
→ *Leistung im Wechselstromkreis, die zwischen Spannungsquelle und induktivem oder kapazitivem Bauelement hin- und herpendelt.*
Formelzeichen Q
Einheit var (Volt-Ampere-reaktiv)
In induktiven oder kapazitiven → Blindwiderständen wird die Blindenergie kurzzeitig im Magnetfeld oder im elektrostatischen Feld gespeichert. Sind Strom und Spannung 90° phasenverschoben (Bild a), haben ihre Augenblickswerte in einem Zeitbereich gleiche, in einem anderen Zeitbereich entgegengesetzte Richtung. Dadurch sind die Augenblickswerte der Leistung $p = u \cdot i$ entweder positiv oder negativ (Bild b).

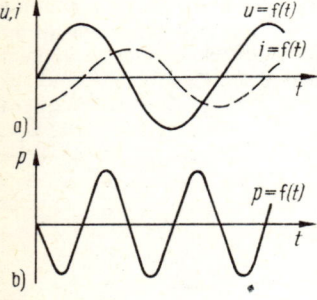

Blindleistung

Bei positiven Augenblickswerten der Leistung wird die Energie der Spannungsquelle in den Feldern gespeichert. Brechen die Felder (Wechselfelder) zusammen, wird die in ihnen gespeicherte Energie frei und strömt zur Spannungsquelle zurück. Die Augenblickswerte der Leistung sind negativ. Im zeitlichen Mittel wird deshalb vom Stromkreis keine Energie abgegeben. Die B. ist jedoch zum Aufbau der Wechselfelder notwendig und belastet Spannungsquelle und Zuleitung. Nur durch eine zusätzliche Phasenverschiebung der Spannung kann die B. mit dem elektrodynamischen Meßwerk gemessen werden. – Anh.: 41 / 75, *101.*

Blindspule
→ Wicklung, unsymmetrische

Blindstrom
→ Scheinstrom

Blindwiderstand, induktiver
Ideales Grundelement des Wechselstromkreises, das die stromhemmende Wirkung der Selbstinduktionsspannung einer Spule kennzeichnet.
Formelzeichen X_L
Einheit Ω (→ Ohm)
$X_L = \omega \cdot L,$
ω → Kreisfrequenz; L → Induktivität.
Der i. B. ist von der Induktivität und der Frequenz abhängig.
Bei Gleichspannung, d. h. $\omega = 0$, ist $X_L = 0$.
Im Wechselstromkreis sind am i. B. Spannung und Strom um 90° ($\pi/2$) phasenverschoben. Der Strom eilt der Spannung nach. Alle Bauelemente, bei denen vor allem in Spulen sich ändernde Magnetfelder (Wechselfelder) wirken, enthalten i. B. – Anh.: 41 / 75, *101.*

Blindwiderstand, kapazitiver
Ideales Grundelement des Wechselstromkreises, das die stromhemmende Wirkung einer Kondensatoranordnung kennzeichnet.
Formelzeichen X_c
Einheit Ω (Ohm)
$$X_c = \frac{1}{\omega C},$$
ω → Kreisfrequenz; C → Kapazität.
Der k. B. sinkt mit zunehmender Frequenz.
Bei Gleichspannung, d. h. $\omega = 0$, ist $X_c \to \infty$.
Im Wechselstromkreis sind Spannung und Strom um 90° ($\pi/2$) phasenverschoben. Der Strom eilt der Spannung voraus. Alle Bauelemente, bei denen Kondensatoranordnungen (Leiter-Nichtleiter-Leiter-Anordnung) enthalten sind, weisen k. B. auf. – Anh.: 41 / 75, *101.*

Brandschutzanlage
Gesamtheit der Einrichtungen und Anlagen von Großtransformatoren zum Schutz gegen die Ausbreitung von Bränden.
Bei Transformatoren in Freiluftanlagen werden nebeneinanderstehende Einheiten durch Brandschutzmauern voneinander getrennt. Im Fundament werden Fanggruben angeordnet, die das eventuell ausfließende Öl auf-

nehmen. Bei luftgekühlten Transformatoren wird bei Brandgefahr die Luftzufuhr selbsttätig abgestellt.
Feuerlöscheinrichtungen sind nur für Transformatoren in gefährdeten Räumen oder in besonderen Industriewerken notwendig. Üblich sind in Freiluftanlagen Sprühdüsenringe und in Zellen selbsttätige Feuerlöschbrausen, teilweise auch CO_2-Löscheinrichtungen.

Bremseinrichtung
Bauteil eines elektromotorischen Antriebs, das einen Motor geführt zum Stillstand bringt (→ Bremsung).
Die B. besteht prinzipiell aus einem mechanischen Teil, der die Bremskräfte erzeugt (→ Backenbremse, → Bandbremse, → Scheibenbremse, → Lamellenbremse, → Kegelbremse), und einem elektrischen Teil, dem sog. Bremslüfter, zum Betätigen des mechanischen Teils (→ Magnetbremslüfter, → Motorbremslüfter).

Bremslüftmagnet
Magnet zum elektromechanischen Bremsen, der den sofortigen Stillstand und das Festhalten der Welle erzwingt.
Eine auf der Welle befestigte Bremstrommel wird von zwei mit Reibbelägen versehenen Metallbändern jeweils halb umfaßt und mit Federn zusammengedrückt. Ein mit dem Anker des B. verbundener Hebel öffnet bei Erregung des Magneten die zusammengedrückten Bänder, so daß die Welle freigegeben

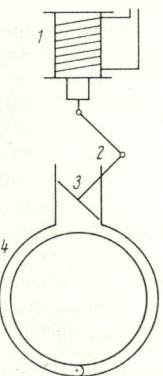

Bremslüftmagnet. Bremslüfter (Prinzip); *1* Spule mit Eisenkern (Bremslüftmagnet); *2* Antriebsgestänge; *3* Drehnocken; *4* Bremse mit Reibrad

wird und rotieren kann (Bild). Die Erregerspulen sind mit dem Motoranschluß parallel geschaltet. Der B. kann mit Gleich- oder Drehstrom (Wechselstrom) betrieben werden.

Bremsschaltung
Schaltung zum Verringern der Drehzahl (Bremsung) von Gleich- und Drehstrom- (Wechselstrom-)Motoren.
B. formen entweder die Bewegungsenergie in elektrische Energie um oder verwenden Netz- bzw. Hilfsenergie zum Vermindern der Drehzahl. Bremsarten sind Nutz-, Widerstands- und Gegenstrombremsung.
Bei der Nutzbremsung geht die rotierende elektrische Maschine vom Motor- in den Generatorbetrieb über und speist die erzeugte Energie in das Netz zurück. Das ist aber nur bei Überschreiten der Leerlaufdrehzahl möglich, weil die erzeugte Spannung größer als die Netzspannung sein muß. Dieses Prinzip kann bei elektrischen Bahnen (Talfahrt) oder bei polumschaltbaren Motoren nach Umschalten in kleinere Drehzahlen angewendet werden.
Widerstandsbremsung, überwiegend bei Gleichstrommotoren, erfolgt durch Umschalten der Motoranschlüsse auf einen Bremswiderstand. Der Motor arbeitet dann ebenfalls als Generator. Die erzeugte elektrische Energie wird in Wärme umgesetzt. Bei Reihenschlußmaschinen (Bahnen) muß dazu die Feldwicklung umgepolt werden.
Gegenstrombremsung liegt vor, wenn während des Betriebs eine Bremsung im Motor erfolgt. Dafür sind Schutzvorkehrungen zu treffen, die ein Hochlaufen in entgegengesetzte Richtung nach Erreichen des Stillstands verhindern.
Bei Drehstrommotoren gibt es eine Anzahl von Sonderschaltungen, z. B. Umschalten nur eines Strangs, Erregung mit Gleichstrom bei unterschiedlicher Zusammenschaltung der Wicklungsstränge, Bremsung mit einphasigem Wechselstrom und die Doppelmotorschaltung. Bei dieser wird im Normalbetrieb das Antriebsmoment von zwei Motoren erzeugt, von denen zur Bremsung ein Motor in die andere Drehrichtung umgeschaltet wird. B. sind nicht in der Lage, die Welle im Stillstand festzusetzen. Auftretende aktive → Widerstandsmomente können ein Drehen erzwingen.

Bremsung

Bremsung
Verringern der Drehzahl oder Stillsetzen eines Elektromotors bzw. Antriebssystems durch mechanische oder elektromagnetische Kraft.
Eine B. muß erfolgen, wenn der Motor sofort stillzusetzen, die Drehzahl zu vermindern oder eine unzulässige Drehzahlerhöhung bei durchziehenden Lasten zu verhindern ist. Verschiedene Antriebssysteme erfordern das Kombinieren mehrerer Aufgaben. Eine B. kann durch → Bremslüftmagnete, → Verschiebeankermotoren oder elektromagnetische Bremsen, die elektromagnetisch schaltbaren Kupplungen ähnlich sind, erfolgen. Weitere Möglichkeiten sind besondere → Bremsschaltungen und, für spezielle Zwecke, die → Nachlaufb. und die → Senkb. In allen Fällen muß die im → Antriebssystem vorhandene Energie abgebaut werden. Bei der B. leistungsstarker Antriebssysteme liegt nichtstationärer → Betrieb vor, bei dem die Strom- und Spannungsverhältnisse im Netz kontrolliert werden müssen und die Schutzeinrichtungen entsprechend auszulegen sind.

Bremsung, elektromechanische
→ Bremslüftmagnet; → Verschiebeankermotor

Bremsverfahren
Verfahren zum elektrischen Stillsetzen von Antrieben, die mit Elektromotoren gekuppelt sind.
Unterschieden wird zwischen B., bei denen die Bremsenergie in Wärme umgewandelt wird (Verlustbremsung), und B., bei denen die Bremsenergie in elektrische Energie umgewandelt wird (Nutzbremsung).

Bremszeit
Zeit, in der ein elektromotorischer Antrieb vom Einleiten der → Bremsung zum Stillstand kommt.
Die B. ist vom Trägheitsmoment Motor–Arbeitsmaschine, von seinem Gegendrehmoment, von der Betriebsdrehzahl und vom Bremsmoment (Drehmoment) der Bremseinrichtung abhängig.

Brennfleck
→ Lichtbogenentstehung

Bruchlochwicklung
→ Wechselstromwicklung, deren Zahl (q) der bewickelten Nuten (N) je Pol (2p) und Wicklungsstrang (m) im Unterschied zur → Ganzlochwicklung eine gebrochene Zahl ergibt.

$$q = \frac{N}{2p \cdot m}$$

Die B. wird ein- oder zweischichtig (→ Wicklungsschicht), aber auch ein- und teilweise zweischichtig (z. B. 1½ Nut) mit Spulen gleicher oder ungleicher Weite (→ Spulenweite) oder als Stabwicklung ausgeführt. Es wird zwischen symmetrischer und unsymmetrischer B. unterschieden. Auch gesehnte B. (→ Spule, gesehnte) sind vereinzelt vorhanden. Während die B. bei hochpoligen Synchrongeneratoren gezielt eingesetzt wird (sinusförmige Spannungserzeugung), kommt sie bei Asynchronomotoren als Einstrang- oder Dreistrangwicklung seltener vor. Wegen der Standardisierung werden aus Blechschnitten schon vorhandener Typenreihen weitere Serien gefertigt. Nicht selten kommen dann nur bei der Wicklungsaufteilung nur B. (Polzahl-Nut-Verhältnis) in Betracht. Auch bei Motor-Umwicklungen, z. B. von Dreiphasen-Wechselstrom auf Einphasen-Wechselstrom oder von einer vorhandenen Polzahl in eine möglicherweise höhere Polzahl, entstehen zuweilen Wicklungssysteme, die nur mit B. verwirklicht werden können.
Nur etwa 10 % aller Wechselstromwicklungen sind B. und werden als → Träufelwicklung, → Formspulenwicklung, → Durchzieherwicklung oder → Handwicklung ausgeführt.

Buchholzschutz
Gerät zum Schutz eines Öltransformators gegen Schäden, die durch innere Fehler entstehen können (→ Transformatorschutz).
Die Wirkungsweise des B. beruht darauf, daß im Entstehen begriffene innere Fehler, wie Eisenbrand, Windungs- oder Lagenschluß, eine lokale Erhitzung verursachen. Dadurch bilden sich gasförmige Zersetzungsprodukte, die nach oben steigen. Bei Lichtbogenbildung verdampft an der Fehlerstelle plötzlich eine erhebliche Menge Öl; es entsteht eine Öldruckwelle, die sich vom Transformatorkessel zum Ausdehnungsgefäß bewegt.
Der B. wird in die zum Ausdehnungsgefäß führende Rohrleitung öldicht eingebaut. Bei einem Zweischwimmerrelais (Bild) sammeln sich die aufsteigenden Gasblasen im oberen

Buchholzschutz

Teil des B. und verdrängen das Öl. Der obere Schwimmer sinkt nach unten und schließt einen elektrischen Kreis. Hör- oder Sichtmelder erzeugen ein Warnsignal. Mit Hilfe eines Gasprüfgeräts wird die Zusammensetzung des brennbaren Gases festgestellt. Man erhält dadurch Hinweise auf die Lage der Fehlerstelle. Die bei einem größeren Fehler auftretende Öldruckwelle trifft bei ihrem Durchgang durch den B. direkt auf die Stauklappe des unteren Schwimmers, der durch seine Kippbewegung unverzüglich den Auslösekontakt für die Abschaltung des Transformators schließt. Die Empfindlichkeit der Stauklappe kann zwischen einer Ölgeschwindigkeit von 50 bis 150 cm · s^{-1} an der Eintrittsstelle eingestellt werden. Der untere Schwimmer spricht auch bei Ölverlust an, wenn der Kessel, die Ölleitungen oder der B. undicht sind.

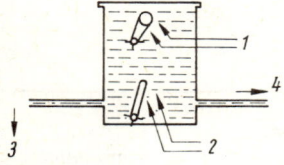

Buchholzschutz.
1 Warnung; *2* Auslösung; *3* zum Kessel; *4* zum Ausdehnungsgefäß

In unbesetzten Stationen oder Umspannwerken werden Einschwimmerrelais eingebaut, die bei Störungen sofort den vorgeschalteten Leistungsschalter des Transformators betätigen.
Der Vorteil des B. im Vergleich zur elektrischen Schutzeinrichtung ist, daß er nach einiger Zeit auch auf kleine, zuerst unbedeutende Fehler, die eine langsame Gasentwicklung hervorrufen, anspricht. – Anh.: 26 / 40, 41, 42, 61, 62, 64.

Buchsenbauart
→ Blechpaketläufer

Bürde
1. → *Scheinwiderstand der sekundärseitig an einen* → *Stromwandler angeschlossenen Geräte und ihrer Zuleitungen.*
2. → *Scheinleitwert der sekundärseitig an einen* → *Spannungswandler angeschlossenen Geräte und ihrer Zuleitungen.*

Bürste
→ *Stromübertragende Teile aus künstlicher Kohle, die, in B.haltern geführt, auf dem* → *Kommutator oder dem* → *Schleifring gleiten und somit eine galvanische Verbindung zwischen einem rotierenden Läufer und den festen Klemmen herstellen.*
B.tragende elektrische Maschinen unterliegen unterschiedlichen Betriebsbedingungen. Deshalb werden an die B. hinsichtlich ihrer Zusammensetzung und Härte unterschiedliche Anforderungen gestellt. Harte B. werden aus Ruß und Bindemitteln durch Pressen und Brennen hergestellt. Sie vertragen nur eine geringe Strombelastung und bedingen einen hohen Spannungsabfall. Sie begünstigen den Kommutierungsvorgang und begrenzen das B.feuer. Weiche B. werden durch Glühen veredelt. Dadurch erhalten sie gute elektrische und mechanische Eigenschaften. Graphitb. sind sehr weich und können höher belastet werden als harte und mittelharte B., nutzen sich aber schneller ab. Einen noch geringeren Widerstand haben metallhaltige B. mit Zusätzen von Kupfer- oder Bronzestaub. Sie werden bei elektrischen Maschinen mit niedrigen Spannungen und hohen Stromstärken verwendet.
Bei Austausch der B. ist stets die B.sorte, die auf jeder B. vermerkt ist, einzusetzen. Entscheidend für eine einwandfreie Stromübertragung sind exakte Auflage der B., kontaktsicherer Übergang zur festen Anschlußklemme sowie richtiger B.druck. Der B.druck wird mit einer Zugwaage bestimmt. Er soll bei normalen Kommutatorläufermaschinen etwa 18 … 30 kPa bei den Schleifringmaschinen etwa 18 … 20 kPa betragen. Manche B.halter haben mechanische Einrichtungen zum Einstellen des B.drucks. – Anh.: 16, 18 / 18, 76.

Bürstenbolzen
→ Bürstengestell

Bürstendruck
→ Bürste

Bürstenfeuer
Funkenbildung zwischen Bürsten und Schleifringen der Asynchronmotoren oder Kommutatoren der Gleichstrommaschinen.
Ursache des B. ist ungenügender Bürstendruck, falsche Bürstenstellung (→ neutrale

Bürstenfeuer

Zone) und bei Gleichstrommaschinen die durch Stromänderung in der entsprechenden Läuferspule entstehende Selbstinduktionsspannung.

Bürstengestell
→ *Stromübertragendes Teil, das zur Befestigung der Bürstenhalter dient und zwischen rotierendem* → *Kommutator oder* → *Schleifring meist im Lagerschild angeordnet ist.*
→ Bürsten müssen mit ausreichendem Federdruck und sicherer Kontaktgabe auf den rotierenden stromübertragenden Teilen geführt werden. Das geschieht durch Bürstenhalter, die je nach Ausführung der bürstentragenden elektrischen Maschine unterschiedlich aufgebaut sind. Bei kleinen Maschinen werden die Bürsten meistens durch direkt im → Lagerträger angeordnete Köcherbürstenhalter geführt. Größere Maschinen sind mit Hebel- oder Taschenbürstenhaltern ausgerüstet, die aufgrund ihrer Anzahl und ihres Eigengewichts auf isolierten bzw. blanken Bürstenbolzen oder Bürstenlinealen montiert sind. Diese bürstenhaltertragenden Teile sind bei Kommutatorläufermaschinen isoliert an einem Bürstenstern, der auch als Bürstenbrücke bezeichnet wird, befestigt. Die Bürstenbrücke wird im Lagerschild zentrisch verschraubt und kann in Grenzen so verstellt werden, daß die Bürsten in der → neutralen Zone stehen.

Bürstenhalter
→ Bürstengestell

Bürstenlineal
→ Bürstengestell

Bürstenrundfeuer
Starke Lichtbogenbildung am Umfang des → *Kommutators, die zur Zerstörung der Kommutatorläufermaschine führen kann.*
Ursachen des B. können z. B. Unterbrechung oder Windungsschluß der Läuferwicklung, falsche Bürstenstellung, lockere Kommutatorlamellen oder starke Verschmutzung des Kommutators sein. Auch unrunde, eingelaufene Kommutatoren, bei denen die Mikanitplättchen zwischen den Lamellen auf der Lauffläche überstehen, begünstigen das B.

Bürstenstern
→ Bürstengestell

C

Compoundmaschine
→ Gleichstrom-Doppelschlußgenerator

Coulomb
Einheit der → *Elektrizitätsmenge und der Ladungsmenge (*→ *Ladung, elektrische).*
Kurzzeichen C
Fließt durch den Querschnitt eines Leiters in 1 s ein zeitlich unveränderlicher Strom von 1 A, wird eine Elektrizitätsmenge von 1 C bewegt.
Die Einheit wurde nach dem französischen Physiker Charles-Augustin *de Coulomb* (1736–1806) benannt. – Anh.: 41 / *75, 101.*

D

Dahlanderschaltung
Drehzahlsteuerung bei → *Asynchronmotoren durch Ändern der Polpaarzahl.*
Nach dem Wirkprinzip der Asynchronmotoren wird die Läuferdrehzahl neben der Netzfrequenz und dem → Schlupf auch von der Polpaarzahl bestimmt. Die von *Dahlander* 1897 entwickelte Schaltung ermöglicht es, mit einer Wicklung durch Umschaltung zwei Polpaarzahlen im Verhältnis 2:1 zu bilden. Damit die Netzspannung bei beiden Drehzahlen beibehalten werden kann, ist es notwendig, die Wicklungsstränge in eine andere Schaltungsart zu bringen. *Dahlander* wendete für die hohe Polpaarzahl die Dreieckschaltung und für die niedrige Polpaarzahl die Doppelsternschaltung an.

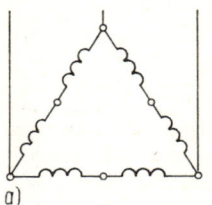
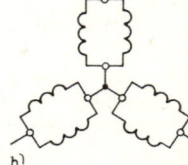

Dahlanderschaltung. a) Dreieckschaltung; b) Doppelsternschaltung

Dahlanderschaltung

Bis heute ist eine Vielzahl von Schaltungen auch mit außergewöhnlichen Drehzahlverhältnissen und bis zu vier Drehzahlen entwickelt worden. Es können, von wenigen Ausnahmen abgesehen, mit drei verschiedenen D. die meisten Antriebsbedingungen erfüllt werden. Ist ein konstantes Drehmoment gefordert, wird die D. Dreick-Doppelstern gewählt. Soll die Leistung konstant sein, so wendet man die D. Stern-Doppelstern an. Wenn das Drehmoment quadratisch steigen soll, wählt man die D. Doppelstern-Dreieck.
– Anh.: – / 77.

Dämpfungszahl
Auch Dämpfungsgrad. Zahl, deren Größe das Abklingen von Schwingungen in Übertragungssystemen angibt.
Die D. läßt sich aus dem → dynamischen Verhalten des Übertragungsglieds berechnen. Bei D. Null klingen die Schwingungen nicht ab, das System bleibt ständig in regelungstechnischer Bewegung. Ist sie größer als 1, tritt keine Schwingung auf, und das System erreicht nach einer Zeit den Ausgangswert. Bei D. zwischen diesen beiden Werten stellt sich nach mehreren Schwingungen um den Ausgangswert dieser Wert ein (→ Verzögerungsglied, schwingendes).

Dauerbetrieb
→ *Betriebsart einer elektrischen Maschine, die mit konstanter Belastung so lange betrieben wird, bis das thermische Gleichgewicht – und damit die Beharrungstemperatur – erreicht wird.* – Anh.: 67 / –

Dauerkurzschlußstrom
Maximaler Stromfluß in den Wicklungen eines kurzgeschlossenen Transformators.
Wird ein Transformator kurzgeschlossen, entsteht in ihm ein Ausgleichsvorgang, der den Transformator in den stationären Kurzschluß überleitet. Dieser Vorgang ist durch den Stoßkurzschlußstrom I_S gekennzeichnet, der die kurz nach dem Schaltaugenblick auftretende Stromspitze darstellt (Bild). I_S klingt nach einigen Millisekunden auf den D. I_K ab. Im ungünstigsten Fall kann I_S das 1,5fache bei großen Transformatoren u. U. das 2,4fache des D. betragen. Die dabei auftretenden Streufelder erzeugen Kräfte, die die Spulen in radialer und axialer Richtung extrem beanspruchen und zur Zerstörung der Spulen führen können.
Der D. I_K wird durch die relative → Kurzschlußspannung, die ein Maß für die Größe des Innenwiderstands des Transformators darstellt, begrenzt:

$$I_K = I_1 \cdot \frac{100\,\%}{u_K},$$

I_1 Nennstrom, u_K Kurzschlußspannung.
Bei Transformatoren kleiner und mittlerer Leistung kann der D. das 12- bis 35fache des Nennstroms betragen. Bei Großtransformatoren verringert er sich wegen der größeren Kurzschlußspannung auf das 8- bis 12fache des Nennstroms.
Der D. sollte nur so kurzzeitig fließen, daß die Grenztemperatur des Transformators nicht überschritten wird und sich die Lebensdauer der Isolation nicht merklich vermindert. Die zulässige Kurzschlußdauer beträgt für eine Aluminiumwicklung bei $u_K = 4\,\%$ z. B. 1,3 Sekunden und für eine Kupferwicklung bei $u_K = 12\,\%$ 16 Sekunden. Auf diese Zeit ist das Auslöseorgan des Leistungsschalters für den entsprechenden Transformator einzustellen.

Dauermagnet
→ Permanentmagnet

Deckeldurchführung
Durchführungsisolatoren von Öltransformatoren, die Anschlußleitungen durch den Deckel führen.
Größe und Bauart der D. werden nach Isolationsspannung, Nennstromstärke und Aufstellungsort (Innenraum- oder Freiluftanlage) bestimmt.
Oberspannungsdurchführungen sind als ölgefüllte Porzellanüberwürfe ausgebildet, die kittlos mit dem Deckel öldicht verschraubt sind. Niederspannungsdurchführungen aus

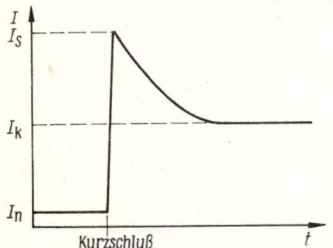

Dauerkurzschlußstrom. I_n Nennstrom; I_k Dauerkurzschlußstrom; I_s Stoßkurzschlußstrom

Deckeldurchführung

Vollkeramik werden mit einem keramischen Gegenring befestigt.
Auf dem Deckel sind die D. so anzuordnen, daß die Oberspannungsklemmen U, V, W von links nach rechts und die Unterspannungsklemmen u, v, w den gleichnamigen Oberspannungsklemmen gegenüberliegen (Bild).

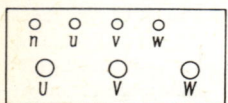

Deckeldurchführung

Alle D. über 110 kV werden als Kondensatordurchführungen ausgeführt, in die im Bedarfsfall Ringstromwandler eingebaut sind.
– Anh.: 58, 81, / 40, 41, 42, 107.

Deionkammer
Löschkammer in Niederspannungsschaltern.
Die D. besteht aus einer Keramikkammer, an deren Stirnseite eine Anzahl hintereinander isoliert angebrachter Bleche den Ausschaltlichtbogen in Einzellichtbögen aufteilen (Bild). Dadurch tritt eine Abkühlung ein. Außerdem bilden sich viele kleine Lichtbögen, deren Einzelspannungen unter der Wiederzündspannung liegen.

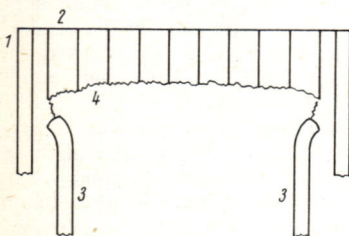

Deionkammer. Deion-Löschkammer; *1* Keramikhalterung; *2* Metallplättchen; *3* geöffnete Schaltkontakte; *4* Teillichtbögen

Déri-Motor
→ *Repulsionsmotor mit doppeltem Bürstensatz (Bild), von denen der eine feststehend, der andere betriebsmäßig verstellbar ist. Die beiden Kurzschlußverbindungen liegen zwischen einer festen und einer beweglichen Bürste und müssen daher flexibel sein.*
Im Unterschied zu den Repulsionsmotoren mit Durchmesser- und Sehnenbürsten kann der D. beliebig lange ohne thermische Schädigung in der Magnetisierungsstellung eingeschaltet bleiben. Außerdem ist der Verstellwinkel zum Erreichen der Betriebsstellungen für Rechts- und Linkslauf doppelt so groß. Der D. wird durch seine feinstufige Drehzahleinstellung für Spezialantriebe mit Leistungen von 1 bis 2 kW ausgeführt.

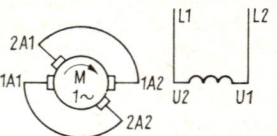

Déri-Motor. 1A1, 1A2 feststehende Bürsten; 2A1, 2A2 verstellbare Bürsten

diamagnetischer Stoff
→ Permeabilität, magnetische

Dielektrikum
→ Nichtleiter

dielektrische Polarisation
Verschiebung elektrischer Ladungen innerhalb von Isolierstoffmolekülen durch die Kraftwirkung eines elektrostatischen Felds (→ Feld, elektrostatisches).
Die Moleküle werden polarisiert und erhalten Dipolcharakter (Bild). Ändert das elektrostatische Feld periodisch z. B. durch Wechselspannung seine Richtung, werden die Moleküle ständig umgepolt. Der Isolierstoff erwärmt sich und kann u. U. thermisch überbeansprucht werden.

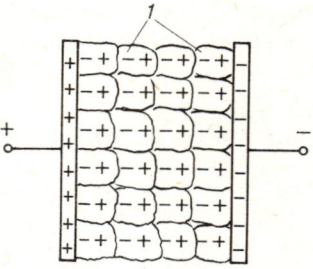

dielektrische Polarisation. *1* Isolierstoffmoleküle

Dielektrizitätskonstante
Materialkonstante, die einen Isolierstoff hinsichtlich seines Verhaltens beim Aufbau eines elektrostatischen Felds charakterisiert.
Formelzeichen ε
$\varepsilon = D/E$,
D → Verschiebungsflußdichte; E → Feldstärke, elektrische,

Dielektrizitätskonstante

Die D. ist als Verhältnis der → Verschiebungsflußdichte zur elektrischen Feldstärke definiert. Die Isolierstoffe werden mit dem Vakuum verglichen und als Vielfaches seiner D. angegeben. Somit setzt sich die D. eines Isolierstoffs aus einer Naturkonstanten, der Influenzkonstanten $\varepsilon_o = 8{,}86 \cdot 10^{-12}$ As/Vm, und der relativen D. ε_r zusammen.
$\varepsilon = \varepsilon_o \cdot \varepsilon_r$
Die relative D. gibt an, wieviemal besser ein Isolierstoff elektrisierbar ist als das Vakuum (Tafel). – Anh.: 41 / 75, 101.

Relative Dielektrizitätskonstanten (Mittelwerte) einiger Isolierstoffe

Isolierstoff	Relative Dielektrizitätskonstante
Vakuum	1
Luft	≈ 1
Papier	1,8 ... 2,6
Transformatorenöl	2,2 ... 2,5
Hartpapier	4,8
Porzellan	4,5 ... 6
Glimmer	5 ... 10

Dielektrizitätskonstante, relative
→ Dielektrizitätskonstante

Differentialglied
Grundglied der Regelungstechnik.
Das Ausgangssignal eines D. ist der Änderungsgeschwindigkeit des Eingangssignals proportional. Beim Anlegen eines → Sprungsignals an den Eingang eines D. erscheint an dessen Ausgang ein Nadelimpuls. Damit steht das Ausgangssignal nur für die Dauer des Eingangssprungs an und geht dann wieder auf Null zurück. D. werden einzeln kaum verwendet, in Verbindung mit → Integrations- und → Proportionalgliedern werden sie als zusammengesetzte → Übertragungsglieder eingesetzt (Bild). – Anh.: 42 / 103.

Differentialschutz
Einrichtung zum Schutz eines Transformators gegen Windungs-, Lagen- oder Kurzschlüsse (→ Transformatorschutz).
Das Wirkprinzip des D. besteht darin, daß in einem Relais die Ströme verglichen werden, die in den einzelnen Strängen primär- und sekundärseitig fließen. Die erforderlichen Stromwandler müssen in ihrem Primärstrom den Nennströmen der Ober- bzw. Unterspannungsseite des zu schützenden Transformators entsprechen. Bei einem fehlerfreien Transformator heben sich die sekundären Wandlerströme auf; der Magnetisierungsstrom kann vernachlässigt werden. Bei Windungs-, Lagen- oder Kurzschlüssen weichen die Transformatorströme einseitig von ihrem Nennübersetzungsverhältnis ab. Im sekundären Wandlerkreis fließt ein Differenzstrom, der das Relais zum Ansprechen bringt. Der fehlerbehaftete Transformator wird abgeschaltet.
Phasenverschiebungen, die durch die Schaltgruppen zwischen Ober- und Unterspannung entstehen, werden durch einen auf der Sekundärseite der Wandler liegenden Hilfsstromwandler ausgeglichen. Der D. erfaßt auch Fehler, die über dem Deckel des Transformators oder in den Leitungen, die zwischen den beiderseitigen Schutzstromwandlern liegen, auftreten. – Anh.: – / 64.

Doppelbackenbremse
→ Backenbremse

Doppelläufermotor
Spezielle Ausführung eines Drehstrom-Asynchronmotors, bei dem zwischen Ständer und Läufer ein zusätzlicher Läufer, ein sog. Zwischenläufer, angeordnet ist.
Der Zwischenläufer hat als Glockenläufer zwei Käfige. Der äußere wirkt gegen die Ständerwicklung, der innere gegen die Läuferwicklung. Von den dadurch entstehenden Drehfeldern läuft das innere nahezu doppelt so schnell um wie das mittlere. Bei der gebräuchlichen Frequenz von 50 Hz hat das

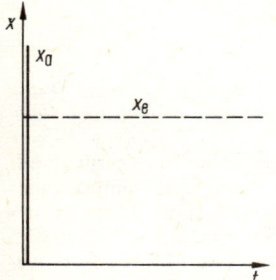

Differentialglied. Sprungantwort; x_e Eingangssignal (Sprungsignal); x_a Ausgangssignal

Doppelläufermotor

zweipolige Drehfeld eine synchrone Drehzahl von 6 000 min^{-1}.
Der D. eignet sich als schnellaufende Maschine zum Antrieb von Polier- und Holzbearbeitungsmaschinen.

Doppelscheibenspule
→ *Transformatorspule, die aus zwei fortlaufend, im entgegengesetzten Wickelsinn axial nebeneinander gewickelten Scheibenspulen besteht (Bild).* − Anh.: 68 / 65.

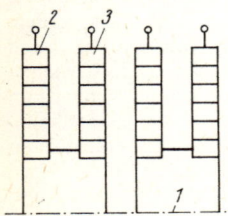

Doppelscheibenspule.
1 Wickelachse;
2 l. Windung;
3 n-te Windung

Doppelschlußerregung
→ *Elektromagnetische Erregung von → Gleichstrommaschinen, bei der ein Teil der Erregerwicklung parallel, der andere in Reihe zur Läuferwicklung geschaltet ist.*
Die D. ist eine Kombination der → Reihenschlußerregung und der → Nebenschlußerregung.

Doppelsehnenbürste
→ *Repulsionsmotor*

Doppelstabläufermotor
→ *Stromverdrängungsläufer*

Doppelsternschaltung
→ *Mittelpunktschaltung*

Drahtisolation
Isolierstoffe, die auf der Oberfläche runder, rechteckiger oder litzenförmiger Kupferleiter und runder sowie rechteckiger Aluminiumleiter aufgebracht sind.
Überwiegend werden lackisolierte und lackglasfaserisolierte Leiter verarbeitet. Vereinzelt werden noch baumwoll-, kunstseiden- und asbestumsponnene Leiter verwendet.
Der Einsatz der zur Verfügung stehenden Isolierstoffe richtet sich nach den elektrischen, mechanischen und thermischen Beanspruchungen, denen die elektrischen Maschinen ausgesetzt sind. − Anh.: 35, 36, 59, 61, 62 / 107.

Drehfeld
→ *Magnetfeld, das bei unveränderlicher Stärke seine Lage zu der Wicklung, in der eine Spannung induziert wird, ändert. Es läuft zur Ankerwicklung um. Zu beachten ist, daß die Umlaufgeschwindigkeit des D. gegenüber dem Raum dagegen keine Bedeutung hat.*

● D. einer Synchronmaschine
In der feststehenden Ankerwicklung (Innenpolmaschine) läuft das Polrad mit Gleichstromerregung um. Das Erregerfeld ist als umlaufendes Gleichfeld ein D. Bei der Außenpolmaschine ist das Erregerfeld stillstehend. Da sich jedoch der Anker dreht, wirkt es als D.

● D. eines Drehstrommotors
Wird an drei um 120° versetzte Spulen des Ständers eine Dreiphasenwechselspannung angelegt und fließt ein Dreiphasenwechselstrom, bilden die drei Spulen ein resultierendes Feld von konstanter Stärke. Es läuft gegenüber der Ankerwicklung (Schleifringwicklung oder Läuferkäfig) mit konstanter Geschwindigkeit um. Es ist ein D.
Die Drehzahl des D. ist von der Frequenz der Dreiphasenwechselspannung und von der Polpaarzahl abhängig. Bei der gebräuchlichen Frequenz von 50 Hz kann eine maximale Drehzahl von 3 000 min^{-1} erreicht werden. Die Umlaufrichtung hängt von der Phasenfolge ab.
Auch D. überlagern sich. In gleicher Richtung, mit gleicher Geschwindigkeit umlaufende D. setzen sich zu einem resultierenden Feld zusammen, dessen Größe sich aus der geometrischen Addition ergibt. Haben zwei D. gleiche Größe, jedoch entgegengesetzte Umlaufrichtung, entsteht ein resultierendes Feld, dessen Stärke sich periodisch ändert. Seine Lage im Raum bleibt jedoch konstant. Es ist ein → Wechselfeld.

Drehfeld, elliptisches
Sonderform eines Drehfelds, das seine Stärke periodisch zwischen einem größten und kleinsten Wert ändert.

Das e. D. kann durch die Überlagerung (Addition) zweier entgegengesetzt umlaufender Drehfelder unterschiedlicher Größe entstehen. Die Endpunkte der umlaufenden Magnetflußzeiger bilden eine Ellipse (Bild), wogegen die Endpunkte des Magnetflußzeigers eines → Drehfelds einen Kreis bilden (Kreisdrehfeld). Das e. D. entsteht auch, wenn ein

Drehfeld, elliptisches

Kreisdrehfeld von einem Wechselfeld überlagert wird. Die Hauptachse der Ellipse entspricht dann der Achse des Wechselfelds.

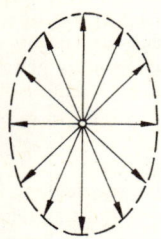

Drehfeld, elliptisches

Drehfeld, gegenläufiges
→ Wechselfeld

Drehfeld, mitläufiges
→ Wechselfeld

Drehfelddrehzahl
Drehzahl des → Drehfelds, auch synchrone Drehzahl genannt.
Die D. wird durch die Polpaarzahl p und die Frequenz f der Dreiphasenwechselspannung bestimmt $n = f/p$.

Drehfeldmaschine
Rotierende elektrische → Maschine, bei der von stromdurchflossenen Spulenanordnungen Magnetfelder aufgebaut werden, die sich im Raum bewegen. Das Betriebsverhalten dieser Maschine wird ausschließlich vom Läufer bestimmt.

Drehfeldübertrager
→ Konstantspannungsgenerator

Drehmomentenkurve
Graphische Darstellung des Drehmoment-Drehzahl-Verhaltens eines Motors zwischen Anlauf und Vollast.
D. eines → Käfigläufermotors (Bild a). Das anfangs geringe Anlaufmoment steigt beim Hochlaufen bis zu einem Höchstwert, dem Kippmoment, um sich dann bei Nennbelastung auf das Nennmoment einzustellen. Wird der Asynchronmotor so überlastet, daß das Kippmoment erreicht bzw. überschritten wird, dann bleibt er stehen. Großen Einfluß auf das Drehmoment hat der ohmsche Läuferwiderstand (→ Stromverdrängungsläufer, → Schleifringläufer). Geringe Drehzahländerungen bewirken zwischen Leerlauf und Nennbelastung relativ große Änderungen des vom Motor entwickelten Drehmoments.
D. eines → Gleichstrom-Reihenschlußmotors (Bild b). Beim Anlauf ist die Gegenspannung zunächst Null, der Anlaufstrom groß und durch die Reihenschaltung von Läufer- und Feldwicklung der Erregerfluß sehr kräftig. Dadurch entwickelt der Motor ein sehr hohes Anlaufmoment, das bis zum etwa Vierfachen des Nennmoments betragen kann. Steigt die Drehzahl, nimmt auch die Gegenspannung zu, die Stromaufnahme und das Drehmoment werden kleiner. Herrscht zwischen Drehmoment und Lastmoment Gleich-

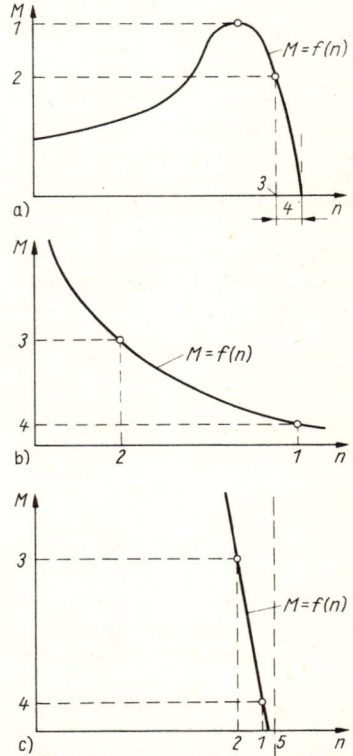

Drehmomentenkurve. a) Asynchronmotor; *1* Kippmoment; *2* Nennmoment; *3* Nenndrehzahl; *4* Schlupfdrehzahl; b) Gleichstrom-Reihenschlußmotor; *1* Leerlaufdrehzahl; *2* Nenndrehzahl; *3* Nennmoment; *4* Moment-Null; c) Gleichstrom-Nebenschlußmotor; *1* Leerlaufdrehzahl; *2* Nenndrehzahl; *3* Nennmoment; *4* Moment-Null; *5* Grunddrehzahl

Drehmomentenkurve

gewicht, dann bleibt die Drehzahl auf einer bestimmten Höhe stehen. Steigt die Belastung, dann sinkt die Drehzahl des Motors. Läuft der Motor ohne Belastung, so kann er „durchgehen". Nur bei kleinen Motoren verhindert das Verlustmoment ein gefährliches Anwachsen der Drehzahl.
D. eines → Gleichstrom-Nebenschlußmotors (Bild c). Beim Anlauf ist die Gegenspannung zunächst Null und die Stromaufnahme am größten. Dadurch ist das Anlaufdrehmoment ein- bis zweimal größer als das Lastmoment. Die Drehzahl steigt nur so lange, bis das Drehmoment gleich dem Lastmoment wird (Nenndrehzahl). Bei stärkerer Belastung sinkt die Drehzahl nur geringfügig (etwa 5 ... 8 %). Bei gering verminderter Drehzahl ist ein erhebliches Anwachsen des Motormoments möglich.

Drehmomentenübertragung
Gesamtheit aller Maschinenelemente, die das im Motor erzeugte Drehmoment auf die Arbeitsmaschine übertragen.
Die Elemente der D. können das Drehmoment entweder nur fortleiten oder gleichzeitig eine Umformung der Drehzahlen oder der Bewegungsart vornehmen und eine → Bremsung bewirken. Der D. dienen → Riementriebe, → Zahnrad- und → Schneckenradgetriebe, Wellen, Ketten, Kurbeln und mechanische oder elektromagnetisch schaltbare → Kupplungen und Bremsen. Viele dieser Elemente bewirken Reibungsverluste und bringen Drehzahlverminderungen (Schlupf) mit sich.

Drehregler
→ Drehtransformator

Drehrichtung
(auch Drehsinn). Bewegungsrichtung des Läufers einer rotierenden elektrischen Maschine.
Die D. wird stets von der Seite der Maschine mit dem einzigen oder dickeren Wellenende festgestellt. Dabei gilt der Lauf im Uhrzeigersinn als Rechtslauf, entgegen dem Uhrzeigersinn als Linkslauf.
Eine Drehrichtungsumkehr erfolgt bei Drehstrommotoren durch Vertauschen zweier Außenleiter (früher Phasen) und bei Gleichstrom- sowie Einphasenkommutatormaschinen durch Umpolen der Anker- oder der Erregerwicklung. Drehstrom-Steckdosen sollen grundsätzlich so angeschlossen (gepolt) werden, daß sich ein Rechtsdrehfeld ergibt, wenn man die Steckbuchsen von vorn im Uhrzeigersinn bzw. von links nach rechts betrachtet. Sinngemäß gilt das auch für Verlängerungsleitungen. Die Prüfung der richtigen Steckdosenpolung erfolgt mittels Drehfeldrichtungsanzeiger. – Anh.: 21 / 14.

Drehrichtungsumkehr
Maßnahme zum Umkehren der Drehrichtung von Motoren.
Die D. erfolgt
- bei Dreiphasen-Synchronmotoren und Dreiphasen-Asynchronmotoren durch Vertauschen zweier Netzzuleitungen am Ständer;
- bei Einphasen-Induktionsmotoren durch Vertauschen der Anschlüsse der Hilfswicklung;
- bei Gleichstrommotoren und Wechselstromkommutatormotoren durch Stromrichtungsumkehr im Läufer (Bürstenanschlüsse vertauschen);
- bei Gleichstrom-Kleinstmotoren mit permanentem Erregerfeld durch Vertauschen der Zuleitungen;
- bei Spaltpolmotoren durch Vertauschen der Seiten des → Blechpaketständers (Demontage erforderlich).

Drehsinn
Richtung, in der sich der Läufer einer elektrischen Maschine dreht (Drehrichtung).
Der D. wird stets mit Blick auf den Wellenstumpf der → D-Seite bestimmt. Bei Rechtslauf bewegt sich der Läufer im Uhrzeigersinn.
Beim Betrieb einer Gleichstrommaschine als Motor mit Rechtslauf muß der Strom in allen Wicklungen, mit Ausnahme der feldschwächenden, von der niedrigeren zur höheren dem Buchstaben nachgestellten Ziffer fließen.
Drehstrommaschinen sind so zu schalten, daß die alphabetische Reihenfolge der Anschlußstellenbezeichnungen (U, V, W) mit der zeitlichen Aufeinanderfolge der Phasen bei Rechtslauf übereinstimmt. – Anh.: 21 / 14.

Drehstrom
→ Dreiphasenwechselstrom

Drehstrom-Bürstensatz

Drehstrom-Bürstensatz
→ Drehstromwendermaschine

Drehstrom-Kommutatormaschine
→ Kommutator

Drehstromleistung
→ Leistung des Drehstromnetzes, die mit Hilfe der Leitergrößen und des Verkettungsfaktors berechnet wird.
Die D. ist von der Schaltung der Induktionsspulen (→ Stern- oder → Dreieckschaltung) des Generators unabhängig. Werden dagegen die Widerstände eines Betriebsmittels im Drehstromnetz von der Stern- in die Dreieckschaltung umgeschaltet, entsteht eine dreifache Leistungszunahme.
Analog der Einphasenwechselspannung ergibt sich für Drehstrom die
- → Scheinleistung $S = \sqrt{3} \cdot U \cdot I$; Einheit V · A,
- → Wirkleistung $P = \sqrt{3} \cdot U \cdot I \cos \varphi$; Einheit W,
- → Blindleistung $Q = \sqrt{3} \cdot U \cdot I \sin \varphi$; Einheit var.

Anh.: 41 / 75, 100.

Drehstromlichtmaschine
Elektrisch erregter → Synchrongenerator, der die elektrische Bordanlage von straßengebundenen Nutzkraftfahrzeugen im Inselbetrieb einspeist.
Da die Drehzahl von Verbrennungsmotoren je nach Fahrweise zwischen 600 und 7 000 Umdrehungen je Minute schwankt, kann eine konstante Bordspannung nur durch die Regelung des Magnetflusses über den Erregerstrom erreicht werden. Der Läufer trägt eine Ringspule als Erregerwicklung, die über zwei Schleifringe eingespeist wird. Die Klauenpolteile sind einfache Stanz- und Biegeteile. Der Ständer trägt die im Stern geschaltete Drehstromwicklung, deren Enden an eine ungesteuerte Drehstrombrücke geführt sind. Diese ist im Lagerschild der N-Seite untergebracht. Die D. liefert zur Versorgung des Bordnetzes eine Gleichspannung, deren Ausgangswert durch einen mechanischen oder elektronischen Regler auf 14 V oder 28 V geregelt wird. – Anh.: – / 22.

Drehstrom-Nebenschlußmotor
→ *Drehstromwendermaschine, deren Drehzahl im Unterschied zum* → *Drehstrom-Rei-henschlußmotor bei Belastung wenig abfällt (Nebenschlußverhalten).*
Bei gleichem Verhalten wird aufgrund betriebstechnischer und konstruktiver Eigenheiten zwischen ständergespeistem und läufergespeistem D. unterschieden.
Das Prinzip der verlustarmen Drehzahlsteuerung besteht darin, daß man, wie bei einem Schleifringläufermotor möglich, dem Läuferkreis eine verstellbare Hilfsspannung zuführt. Diese muß mit ihrer Frequenz genau der Schlupffrequenz der Läuferspannung entsprechen. Unterstützt der von der Hilfsspannung hervorgerufene Strom den im synchronen Betrieb auftretenden Läuferstrom, steigt die Drehzahl auf übersynchrone Werte; bei entgegengesetzter Richtung fällt die Drehzahl sowohl im Leerlauf als auch bei Belastung ab. Die richtige Frequenz der Hilfsspannung wird bei einem D. durch den Stromwenderläufer erreicht. Der Kommutator dient dem Zweck, die Frequenz zu wandeln.

Drehstrom-Nebenschlußmotor, läufergespeister
→ *Drehstrom-Nebenschlußmotor, dessen Läuferwicklung vom Drehstromnetz gespeist wird (Bild). Er wird auch als Schrage-Motor bezeichnet.*

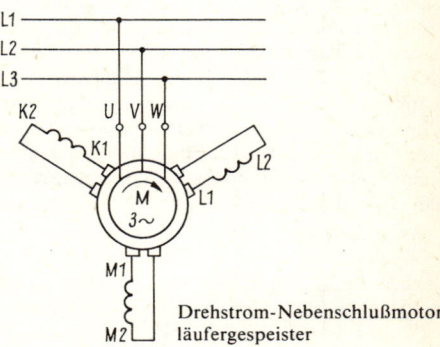

Drehstrom-Nebenschlußmotor, läufergespeister

Der l. D. hat im Ständer eine Drehstromwicklung, die als Sekundärwicklung arbeitet. Der Läufer trägt zwei Wicklungen, eine über Bürsten vom Netz gespeiste Schleifringwicklung (Primärwicklung) und in den gleichen Nuten eine Stromwenderwicklung als Hilfswicklung, die über den Stromwender der offenen Sekundärwicklung im Ständer die Hilfsspannung der entsprechenden Schlupf-

Drehstrom-Nebenschlußmotor

frequenz zuführt. Der Stromwender hat zwei Drehstrombürstensätze, die axial hintereinander angeordnet und gegenläufig gemeinsam verdrehbar sind. Die Verbindungen zwischen den Bürstensätzen des Kommutators und der Ständerwicklung sind aufgrund der Verstellbarkeit des Doppelbürstensatzes flexibel.
Die gleichmäßige Verdrehung der beiden Bürstensätze in entgegengesetzten Richtungen ändert die Größe der abgenommenen Hilfsspannung und damit die Drehzahl des Läufers; die gemeinsame Verdrehung beider Bürstensätze in einer Richtung ändert die Phase der Hilfsspannung. Es werden nicht nur über- und untergeordnete Drehzahlen in einem Verhältnis von 1:4 erreicht, sondern auch eine Verbesserung des Leistungsfaktors des Motors.
Der l. D. wird im Leistungsbereich von 2 bis 150 kW zum Antrieb von Spinnmaschinen, in der chemischen Industrie sowie in der Papierindustrie eingesetzt.

Drehstrom-Nebenschlußmotor, ständergespeister
→ *Drehstrom-Nebenschlußmotor, dessen Ständerwicklung vom Drehstromnetz gespeist wird.*
Dieser Motor hat im Ständer eine Drehstromwicklung, die als Primärwicklung wirkt, und im Läufer als Sekundärwicklung eine Stromwenderwicklung mit einem feststehenden Dreibürstensatz. Die Hilfsspannung kann entweder von Anzapfungen der Ständerwicklung (Bild) abgenommen werden oder von einer Hilfswicklung, die in den gleichen Nuten der Ständerwicklung angeordnet ist. Die Richtungsänderung der Hilfsspannung wird dadurch erreicht, daß der Sternpunkt der Ständerwicklung nicht am Ende der Spulen, sondern unveränderlich in der Stufe U2, V2, W2 liegt. Die Richtung der Hilfsspannung ist dann von der gewählten Anzapfung, bezogen auf die Lage des Sternpunkts, abhängig, wodurch über- und untersynchrone Drehzahlen eingestellt werden können.
S. D. lassen sich für kleine Leistungen (kleiner als 2 kW) und für große Leistungen von 250 bis 1 800 kW leichter ausführen als der läufergespeiste Drehstrom-Nebenschlußmotor. Anwendungsgebiet ist z. B Antrieb von Papiermaschinen, Dreföfen, Pumpen und Kompressen sowie für durchlaufende Spezial-Walzwerkantriebe.

Drehstrom-Reihenschlußmotor
→ *Drehstromwendermaschine, deren Ständer- und Läuferwicklung über Bürsten unter Zwischenschalten eines Transformators in Reihe geschaltet sind.*
Der Ständer des D. gleicht dem eines gewöhnlichen Drehstrommotors. Der Läufer trägt eine Stromwenderwicklung wie bei Gleichstrommaschinen. Der Stromwender ist mit einem Drei- oder Sechsbürstensatz (Drehstrombürstensatz) besetzt. Bei höheren Netzspannungen ist ein Zwischentransformator notwendig, um eine günstige, nicht zu hohe Stromwenderspannung zu erhalten. Durch die Öffnung der Sekundärwicklung des Zwischentransformators kann man auf den Sechsbürstensatz übergehen. Da der Zwischentransformator nur die Schlupfleistung übertragen muß, richtet sich seine Größe nach dem geforderten Drehzahlstellbereich und der zugehörigen Motorleistung.
Das Läuferfeld kann gegenüber dem Ständerfeld verdreht werden, deshalb kann der D. stetig und verlustlos in der Drehzahl gesteuert werden. Dies geschieht entweder durch Bürstenverschiebung (Schaltung nach Bild) oder durch einen Drehtransformator als Zwischentransformator bei feststehenden Bürsten. Der Drehzahlstellbereich reicht bei Nennbelastung von etwa 50 bis 100 % der synchronen Drehzahl; bei verringerter Belastung werden Stellbereiche von 1:3 bis 1:4 erreicht.
Anwendungsbereich des D. ist der Antrieb von Arbeitsmaschinen, die leichte Drehzahl-

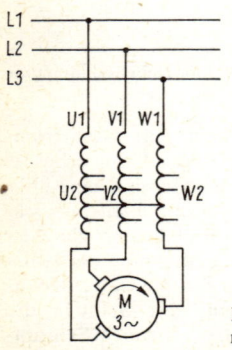

Drehstrom-Nebenschlußmotor, ständergespeister

Drehstrom-Reihenschlußmotor

stellung, hohes Anzugsmoment, sanftes Anfahren und Anpassung der Drehzahl an die Belastung verlangen. Das sind z. B. Lüfter, Pumpen, Verdichter, Pressen, Förder- und Hubwerke.

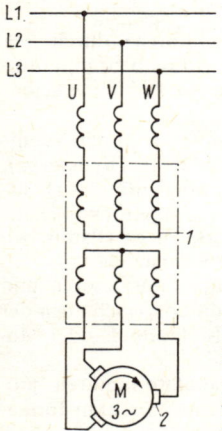

Drehstrom-Reihenschlußmotor.
1 Zwischentransformator;
2 verstellbarer Dreibürstensatz

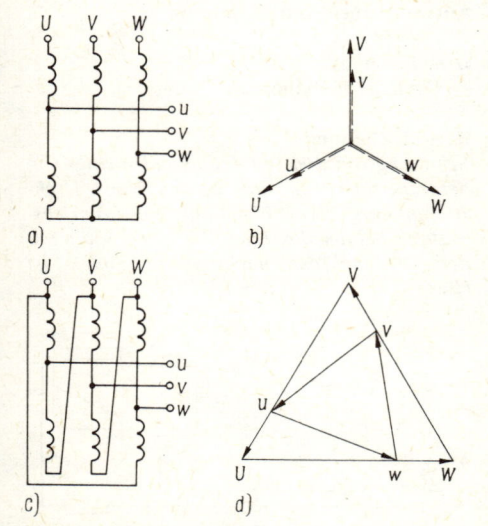

Drehstrom-Spartransformator

→ *Drehstromtransformator, dessen Primär- und Sekundärwicklung galvanisch verbunden sind (→ Spartransformator).*
D. in Sternschaltung (Bild a) können jedes beliebige Übersetzungsverhältnis haben. Ober- und Unterspannung liegen in Phase (Bild b). Dagegen kann bei D. in Dreieckschaltung (Bild c) nur ein maximales Übersetzungsverhältnis von 2:1 erreicht werden. Die Spannungen sind stets phasenverschoben (Bild d). Die Größe der Phasenverschiebung ist vom Übersetzungsverhältnis $ü$ abhängig. Der Phasenwinkel beträgt zum Beispiel bei $ü = 2:1$ 60°.

Drehstrom-Spartransformator

Drehstromtransformator

→ *Transformator zur Transformierung von Dreiphasenwechselspannung.*
Die konstruktiven Merkmale des D. sind der Dreischenkelkern (bei Großtransformatoren im Sonderfall der Fünfschenkelkern), die aus drei Spulen bestehende Oberspannungswicklung und die ebenfalls aus drei Spulen oder bei einigen Verteilungstransformatoren aus sechs Spulen bestehende Unterspannungswicklung. Die Spulen sind in Dreieck-, Stern- oder Zickzackschaltung ausgeführt. Diese Schaltungen bilden die → Schaltgruppe des D.

Drehstromwendermaschine

→ *Kommutatormaschine, die am Drehstromnetz betrieben wird und deren Drehzahl verlustarm gestellt werden kann.*
Im Aufbau entspricht der Ständer der D. dem eines → Drehstrom- → Asynchronmotors oder -Synchronmotors. Der Läufer hat mindestens eine Stromwenderwicklung mit einem Drehstrombürstensatz (Dreibürstensatz). Die Läuferwicklung ist i. allg. eine Durchmesserwicklung; einige Sonderausführungen haben auch einen auf 120° verkürzten Wickelschritt.
Je nach Maschinenart sind im Ständer und Läufer noch andere Wicklungen untergebracht. Als selbständige Motoren werden von den D. nur der → Drehstrom-Reihenschlußmotor und der → Drehstrom-Nebenschlußmotor verwendet.

Drehtransformator

→ *Induktionsstelltransformator, bei dem die veränderliche Verkettung von Primär- und Sekundärwicklung durch eine unterschiedliche Winkelstellung beider Wicklungen zueinander entsteht.*
Der D. ist im Prinzip ein Drehstrom-→Asynchronmotor. Er besteht aus dem Ständer mit der in Nuten eingebetteten verteilten Sekundärwicklung. Der geblechte und genutete

Drehtransformator

Läufer trägt die Primärwicklung. Der Läufer ist festgebremst, kann jedoch von Hand um einen beliebigen Winkel meist kleiner als 180° gedreht werden. Die Enden der Läuferwicklung müssen deshalb bei kleinen Strömen mit hochflexiblen Litzen herausgeführt sein. Bei größeren Leistungen wird der Strom vielfach wie beim Motor über Bürsten und Schleifringe zur Läuferwicklung geführt.

Bei Anschluß einer Dreiphasenwechselspannung an die Läuferwicklung induziert das Drehfeld in der Ständerwicklung die Sekundärspannung. Werden die Spulen des Ständers und des Läufers durch Drehung des Läufers um einen beliebigen Winkel relativ zueinander verschoben, ändert sich die Phasenlage zwischen Primär- und Sekundärspannung bei konstant bleibenden Beträgen. Schaltet man die Läufer- und Ständerwicklung in Sparschaltung (Bild a), wird durch die unterschiedliche Phasenlage der Zusatzspannung in der Ständerwicklung eine Änderung der Spannungshöhe möglich. Entsprechend dem Zeigerbild (Bild b) ergibt sich die Sekundärspannung U_2 als geometrische Summe aus der Primärspannung U_1 und der Zusatzspannung U_z. Bei Phasengleichheit von U_1 und U_z wird die höchste Sekundärspannung, bei entgegengesetzter Richtung die kleinste Sekundärspannung erreicht. Der D. wird auch als Drehregler bezeichnet.

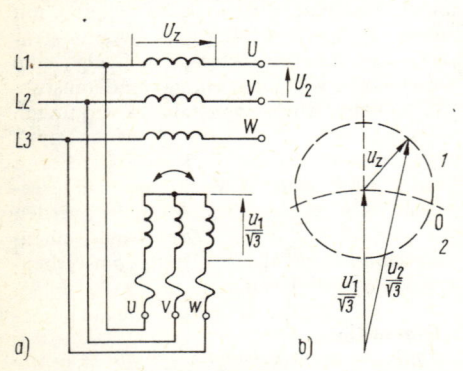

Drehtransformator. a) Sparschaltung; b) Zeigerbild; *1* Spannungserhöhung; *2* Spannungsverringerung

Drehzahl, synchrone
→ Drehfelddrehzahl, → Schlupf

Drehzahlregler
→ Drehzahlsteuerung

Drehzahlstellanlasser
→ Grunddrehzahl

Drehzahlsteuerung
Verfahren zum Stellen der Läuferdrehzahl ohne Laständerung bei Motoren. Die D. erfolgt
- bei → Asynchronmotoren durch → Schlupfänderung, → Frequenzänderung oder Polumschaltung (→ Dahlanderschaltung);
- bei → Gleichstrommotoren durch Verändern der Netzspannung (z. B. Thyristoren), durch Verändern des Magnetflusses (Feldsteller) oder durch Vergrößern (Vorschaltwiderstand) oder Verkleinern (Parallelwiderstand) des Läuferwiderstands;
- bei Dreiphasen-Kommutatormotoren und Repulsionsmotoren durch Verschieben der Bürstenbrücke mittels Handrads oder Motorantriebs;
- bei Einphasen-Kommutatormotoren größerer Leistung über einen Stelltransformator, bei Universalmotoren meist über Vorschaltwiderstände. – Anh.: – / 77.

Drehzahlverhalten
Abhängigkeit der Drehzahl n eines Elektromotors vom belastend wirkenden Widerstandsmoment M_w bei konstanter Spannung. Das D. wird als Drehzahlkennlinie $n = f(M_w)$ grafisch dargestellt. Es ist ein Kriterium zur Auswahl eines Antriebsmotors.

Dreibürstensatz
→ Drehstrom-Reihenschlußmotor

Dreieckschaltung
Schaltung von drei Induktionsspulen eines Generators oder von drei Spulen eines Drehstrommotors (drei Widerstände eines Betriebsmittels), bei der das Ende der einen Spule mit dem Anfang der nächsten verbunden ist (Bild).

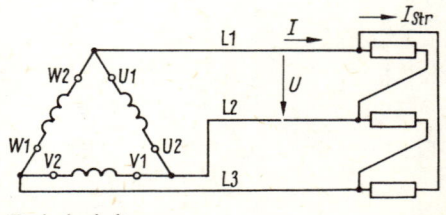

Dreieckschaltung

Dreieckschaltung

Die Induktionsspulen des Generators speisen ein Dreileiternetz mit den Außenleitern L1, L2 und L3 ein. Zwischen ihnen sind die Leiterspannungen U wirksam, die die Leiterströme in den Außenleitern antreiben. Die Leiterströme teilen sich auf die Induktionsspulen bzw. Widerstände auf. Diese werden von den um das $\sqrt{3}$fache kleineren Strangströmen I_{Str} durchflossen, $I = \sqrt{3} \cdot I_{Str}$. – Anh.: 8 / 82.

Dreiphasenwechselspannung
→ *Mehrphasenwechselspannung, die aus drei sinusförmigen Schwingungen gleicher Frequenz, gleichen Effektivwerts und einer gegenseitigen Phasenverschiebung von 120° besteht.*
Die D. kann drei getrennte Stromkreise, die ein offenes Dreiphasensystem bilden, einspeisen. Durch die Phasenverschiebung ist die Summe der Augenblickswerte der Spannungen gleich Null, so daß die drei Induktionswicklungen des Generators zur → Sternschaltung oder → Dreieckschaltung geschaltet werden können. Diese Zusammenschaltung oder Verkettung verringert die Leiterzahl gegenüber dem offenen Dreiphasensystem und damit den Materialaufwand sowie die Kosten. – Anh.: 41 / 75, 101.

Dreiphasenwechselstrom
Drei durch → Dreiphasenwechselspannung angetriebene sinusförmige Ströme, die in drei um 120° versetzten Spulen ein Drehfeld erzeugen. D. wird deshalb auch als Drehstrom bezeichnet. – Anh.: 41 / 76, 101.

Dreischenkelkern
→ Transformatorkern

Dreischenkelkern, symmetrischer
Technologisch veralteter Eisenkern (→ Transformatorkern) eines Drehstromtransformators, bei dem die Schenkel räumlich um 120° versetzt angeordnet sind (Bild).

Dreischenkelkern, symmetrischer

Ein Transformator mit einem s. D. wird als Tempeltype bezeichnet, bei der die komplizierte Form der Ober- und Unterjoche eine rationelle Fertigung erschwert. Sein Vorteil besteht in den gleichen magnetischen Widerständen der Schenkel-Joch-Wege. Dadurch sind die drei Magnetisierungsströme in den Spulen der Primärwicklung gleich groß.

Dreischenkelkern, unsymmetrischer
Eisenkern (→ Transformatorkern) eines Drehstromtransformators, bei dem im Unterschied zum symmetrischen Dreischenkelkern (→ Dreischenkelkern, symmetrischer) die Schenkel in einer Ebene angeordnet sind.
Die magnetischen Widerstände der Schenkel-Joch-Wege sind ungleich. Dadurch ist der Magnetisierungsstrom in der Primärspule des mittleren Schenkels kleiner als die Magnetisierungsströme in den beiden anderen Primärspulen.

Dreistrangwicklung
→ Wechselstromwicklung

Druckluftantrieb
Antriebsart, bei der Schaltgeräte, hauptsächlich für Mittel- und Hochspannung, durch Druckluft ein- und ausgeschaltet werden.
D. eignen sich zur Fernschaltung und zum Schalten vor Ort. Das Betätigen der Schalterwelle der Schaltgeräte erfolgt über Druckzylinder mit einem Druckluftstrom. D. werden vorzugsweise bei Druckluftschaltern (→ Leistungsschalter) eingesetzt, um die erzeugte Druckluft sowohl zur Lichtbogenlöschung als auch zum Antrieb zu nutzen. D. haben eine günstige Weg-Zeit-Kennlinie. Bei Ausfall der Druckluft können die Schalter auch von Hand (Schaltstange) geschaltet werden.

Druckluftschalter
→ Leistungsschalter

D-Seite
Seite, die zur Arbeitsmaschine bzw. zur Kraftmaschine gerichtet ist. Bei einem Elektromotor die antreibende, bei einem Generator die angetriebene Seite.
Bei Maschinen mit zwei Wellenenden ist die D. die mit dem größeren Wellendurchmesser oder die rechts vom Klemmenkasten liegende oder die einem Kommutator oder Schleifring gegenüber befindliche Seite.

Durchflutung, magnetische

Durchflutung, magnetische
Physikalische Größe, die die Ursache des elektromagnetischen → Felds kennzeichnet. In ihr wird die Verknüpfung zwischen der Energie des elektrischen Strömungsfelds und der Energie des elektromagnetischen Felds dargestellt.
Formelzeichen Θ
Einheit A (→ Ampere)
$\Theta = I \cdot N$
Die vom Strom der Stärke I durchflossene Spule mit der Windungszahl N (N = 1, 2, 3, ...) erzeugt die m. D. Θ. – Anh.: 41 / 75, 101.

Durchflutungsgesetz
Gesetz, das den Zusammenhang zwischen der Ursachengröße magnetischer Felder und der sie erzeugenden Stromstärke beschreibt.
Die magnetische Durchflutung ist gleich der Summe der Ströme, die das Magnetfeld hervorrufen und die von den Feldlinien eingeschlossene Fläche durchsetzen.

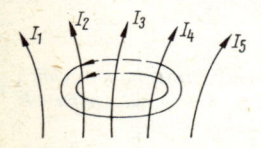

Durchflutungsgesetz

Für den im Bild dargestellten Fall gilt
$\Theta = I_2 + I_3 + I_4$.
Θ magnetische Durchflutung; I Stromstärke. Bei einer stromdurchflossenen Spule (Sonderfall) mit der Windungszahl N ist
$\Theta = I \cdot N$.

Durchgangsleistung
Leistung eines → Spartransformators, die von der Primär- und Sekundärseite übertragen wird.
Die D. wird durch die galvanische Verbindung zwischen der Stamm- und der Zusatzwicklung zum Teil direkt, zum Teil induktiv (→ Eigenleistung) übertragen. Die D. S_D ist die Nennleistung des Spartransformators und wird aus der Primärspannung U_1 und dem Primärstrom I_1 oder der Sekundärspannung U_2 und dem Sekundärstrom I_2 berechnet:
$S_D = U_1 \cdot I_1$ oder $S_D = U_2 \cdot I_2$.
Bei einem Drehstrom-Spartransformator ist zusätzlich mit dem Verkettungsfaktor zu multiplizieren.

Durchlaufbetrieb
→ *Betriebsart eines Elektromotors.*
Der D. ist ein periodischer Betrieb mit einer dauernden Folge gleicher Spiele. Jedes Spiel enthält die Betriebszustände konstante Belastung und Leerlauf. Da der Motor während der Lastpausen nicht stillsteht, nimmt die Maschine die Umgebungstemperatur nicht an. Die Betriebszustände sind so kurz, daß das thermische Gleichgewicht innerhalb eines Spiels nicht erreicht wird. – Anh.: 67/–

Durchmesserbürste
→ Repulsionsmotor

Durchmesserspule
→ Spule, ungesehnte

Durchschlagsfestigkeit
Maximale elektrische Feldstärke (→ Feldstärke, elektrische), mit der ein Isolierstoff unter bestimmten Bedingungen wie Dicke, Temperatur, Feuchtigkeit, Struktur beansprucht werden kann (Tafel).

Richtwerte der Durchschlagsfestigkeit für einige Isolierstoffe

Isolierstoff	Durchschlagsfestigkeit kV/mm
Luft (20 °C)	3,3
Papier	10
Hartpapier	15
Porzellan	15
Lackpapier	100

Wird die D. überschritten, entstehen örtlich begrenzte Vorentladungen. Bei weiterer Spannungserhöhung kommt es zum Durchschlag der Isolierung. Die hierzu notwendige rasche Zunahme der Ladungsträger erfolgt in Gasen durch Stoßionisation, in festen Stoffen auch durch Erwärmung.

Durchzieherwicklung
→ *Wechselstromwicklung oder → Gleichstrom-Polwicklung (Kompensationswicklung), deren Leiter Windung für Windung in die halbgeschlossenen oder geschlossenen isolierten Nuten der → Blechpaketständer, → Blechpaketläufer oder Hauptpolkerne gezogen (gefädelt) werden.*
Für die Herstellung der D. sind wenige Hilfs-

Durchzieherwicklung

mittel wie Formhölzer, Gummizwischenlagen und Metallnadeln erforderlich. Die Nuten werden mit geschlossenen Isolationshülsen isoliert und einer der Windungszahl entsprechenden Anzahl Metallnadeln gefüllt. Die erforderliche Leiterlänge für eine Teilspule oder für zwei Teilspulen bzw. eine Spulengruppe wird vom drehbar gelagerten Wikkeldrahtring abgerollt und gekennzeichnet. Der Leiteranfang wird entgratet, die → Drahtisolation etwas zurückgesetzt und verklebt. Um beim Einziehen der Leiter die Reibung in den Isolationshülsen zu vermindern, wird die gesamte Leiterlänge mit einem Gleitmittel (Wachs, Talkum) eingerieben. In Durchziehrichtung der einzubringenden D. werden Fangplanen ausgebreitet, die das Leitermaterial aufnehmen und vor Beschädigungen schützen. Für das Durchziehen der Einzelleiter mit der Hand sind immer zwei Wickler erforderlich. Während die eine die Metallnadel und den dahintergeführten Leiter hindurchzieht, formt der andere die Windung aus. In dieser Reihenfolge werden alle Windungen eingebracht. Bei Serienfertigung werden auch elektromotorisch angetriebene Einziehvorrichtungen eingesetzt. Die Abstände zwischen den Teilspulen werden durch Gummizwischenlagen hergestellt, die nach jeder fertiggewickelten Spulengruppe wieder entfernt werden. Um möglichst wenige Leiterverbindungen in einer Spulengruppe zu erhalten, kann je nach Anzahl der Teilspulen links- und rechtsherum gewickelt werden. Nach dem Anbringen der → Wickelkopfisolation wird die D. geschaltet, geprüft und getränkt. Die D. ist eine arbeitszeitaufwendige, aber sehr betriebssichere Wicklung. Sie wird überwiegend dort eingesetzt, wo aus magnetischen Gründen halbgeschlossene oder geschlossene Nuten notwendig sind. Mittlere Schleifringläuferwicklungen und Hochspannungswicklungen sind häufig D.

Durchzugskühlung
→ *Kühlart einer rotierenden elektrischen Maschine, bei der das Kühlmittel einseitig in die Maschine eintritt und sie durchströmt.*

dynamische Kennlinie
→ dynamisches Verhalten

dynamisches Verhalten
Verhalten eines Übertragungsgliedes, das das Verhalten des Ausgangssignals beim Einschalten eines → Testsignals angibt.
Das d. V. stellt die Abhängigkeit des Ausgangssignals vom Eingangssignal und von der Zeit dar. Es beschreibt den Verlauf des Ausgangssignals während des Einschwingens des Übertragungsgliedes auf den neuen Zustand. Die Darstellung erfolgt entweder graphisch in der dynamischen Kennlinie mit der Funktion $x_a = f(t)$ oder mathematisch als Differentialgleichung. Wenn das Testsignal eine Sinusschwingung ist, wird außer dem Amplitudenverhältnis auch die Phasenverschiebung zwischen Ein- und Ausgangssignal gemessen und angegeben. – Anh.: 42 / 103.

dynamoelektrisches Prinzip
→ Selbsterregung

E

Effektivwert
Mittelwert einer Wechselgröße, z. B. Wechselstrom, der die gleichen Wirkungen wie eine zeitlich konstante Größe, z. B. Gleichstrom, hervorruft.
Bei einer sinusförmigen Wechselgröße ist der Effektivwert das $1/\sqrt{2}$fache des → Scheitelwerts. Der Effektivwert der Spannung U beträgt somit 70,7 % ihres Scheitelwerts; $U = \hat{U}/\sqrt{2}$. Die meisten der in den elektrotechnischen Anlagen eingesetzten Dreheisen- und Drehspulmeßwerke zeigen die E. an. Angaben der elektrischen Größen auf den Leistungsschildern der Geräte und Maschinen sind grundsätzliche E. – Anh.: 41 / 75, 101.

Eigenerregung
Sonderform der → Fremderregung, bei der sich ein sog. Erregergenerator mit auf der Welle des Hauptgenerators befindet. Beide werden gemeinsam angetrieben.

Eigenleistung
Leistung eines → Spartransformators, die der induktiv übertragene Teil der → Durchgangsleistung ist.
Nach der E. sind die Wicklungen und der Ei-

Eigenleistung

senkern zu dimensionieren. Deshalb wird sie auch als Typenleistung bezeichnet. Das Verhältnis der E. S_E zur Durchgangsleistung S_D ist um so günstiger, je geringer der Unterschied zwischen Primärspannung U_1 und Sekundärspannung U_2 ist. Für $U_2 > U_1$ gilt:

$$S_E = S_D \cdot \frac{U_2 - U_1}{U_2}.$$

Bei einem Spannungsunterschied von 10 % ($U_2 = 1,1 \cdot U_1$) beträgt die E. nur 9 % der Durchgangsleistung.

Eigenzeit
→ Gesamtausschaltzeit

Einankerumformer
Sondermaschine. Vereinigung einer Gleichstrom- mit einer Synchronmaschine.
Der Ständer entspricht dem einer normalen Gleichstrommaschine. Die Hauptpole tragen eine selbsterregte Nebenschlußwicklung. Die Wendepolwicklung ist mit der Läuferwicklung in Reihe geschaltet. Zusätzlich sind in die Polschuhe der Hauptpole blanke Stäbe eingesetzt, die durch Ringverbinder einen geschlossenen Käfig bilden. Der Gleichstromläufer hat außer dem Kommutator noch zwei bzw. drei auch sechs Schleifringe.
Der E. kann entweder als Synchronmotor an ein Wechsel- oder Drehstromnetz angeschlossen werden und gibt dann über die Kommutatorbürsten Gleichspannung ab, oder bei Motorbetrieb am Gleichstromnetz kann umgekehrt Wechselspannung abgenommen werden. Die Bedeutung der E. ist durch die Entwicklung leistungsstarker Halbleiterbauelemente stark zurückgegangen.

Eingangsseite
→ Zweischichtwicklung

Einphasen-Asynchronmotor
→ *Käfigläufermotor, in dessen → Blechpaketständer eine Hauptwicklung mit den Klemmenanschlüssen (U1 und U2) und eine Hilfswicklung mit den Klemmenanschlüssen (Z1 und Z2) räumlich um 90 Grad versetzt angeordnet sind.*
Die Hilfswicklung hat den Zweck, zur Hauptwicklung eine Phasenverschiebung und somit ein elliptisches Drehfeld zu erzeugen. Die Hilfswicklung ist parallel zur Hauptwicklung geschaltet und bleibt entweder ständig in Betrieb (→ Kondensatormotor) oder wird nur für den Anlauf über einen, mit der Hilfswicklung in Reihe geschalteten Anlaufkondensator, z. B. durch Handtaster, zugeschaltet (Bild). Bei Drehrichtungsänderung sind die Klemmenanschlüsse der Hilfswicklung zu vertauschen. – Anh.: – / 27.

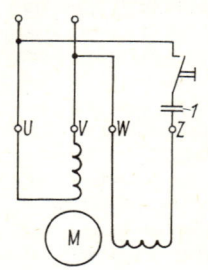

Einphasen-Asynchronmotor.
1 Anlaufkondensator

Einphasenbetrieb
Betrieb von → Käfigläufermotoren, die mit einer Dreiphasen-Wechselstromwicklung ausgerüstet sind, am 220-V-Einphasen-Wechselstromnetz.
Die Wicklung am Klemmenbrett ist so zu schalten, als würde eine 220-V-Dreiphasen-Wechselspannung eingespeist. Wird die Einphasen-Wechselspannung an die Klemmenanschlüsse (U1 und V1) gelegt, dann muß, weil nur ein magnetisches Wechselfeld gebildet wird, der Läufer entweder nach links oder nach rechts angeworfen werden (Anwurfmotor). Wird ein Betriebskondensator, dessen Größe errechnet oder im Versuch (Stufenkondensator) ermittelt werden muß, zwischen die Klemmenanschlüsse (V1 und W1) geschaltet (Bild), so läuft der Motor in den meisten Fällen von selbst an.

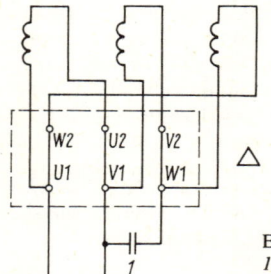

Einphasenbetrieb.
1 Betriebskondensator

Ein kräftigeres Anlaufmoment wird erreicht, indem wie beim → Kondensatormotor kurzzeitig, z. B. über einen Taster, ein Anlaufkondensator parallel zum Betriebskondensator

Einphasenbetrieb

geschaltet wird. Dreiphasen-Käfigläufermotoren im E. verlieren bis zu 30 % ihrer Nennleistung.

Einphasenlauf
Betrieb von Drehstrommotoren (Dreileiteranschluß) mit Wechselstrom (Zweileiteranschluß).
Bei gewolltem E. (Bild a) wird mittels eines Kondensators eine Hilfsphase erzeugt. Der Kondensator wird zwischen die freigebliebene Klemme des Klemmbretts und einen Leiter geschaltet. Die Wicklungsschaltung wird von der Spannung der Zuleitung bestimmt, d. h., an einem 220-V-Netz wird ein Motor 220/380 V in Dreieck geschaltet. Der Motor arbeitet dann wie ein Drehstrommotor, jedoch mit verringertem Drehmoment. Diese Betriebsart ist wegen der erforderlichen großen Kondensator-Kapazitäten nicht ökonomisch und wird selten angewendet.

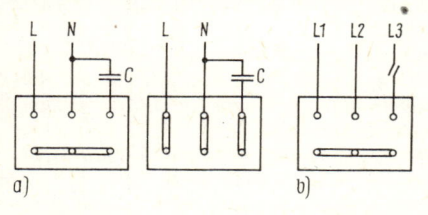

Einphasenlauf. a) gewollt, mit Kondensator C; b) ungewollt infolge Leiterbruchs

Ungewollter E. entsteht durch Unterbrechung einer Zuleitung, z. B. bei durchgebrannter Sicherung (Bild b). Der sich in Betrieb befindliche Motor läuft weiter, nimmt aber über die beiden anderen Leiter einen höheren Strom auf, der die durchflossenen Wicklungen je nach Belastung erwärmt. Durch knapp eingestellte Bimetallauslöser kann der Motorschutzschalter den gefährdeten Motor abschalten. Der Selbstanlauf des Motors ist bei diesem E. nicht möglich, er kann aber in jede Drehrichtung angeworfen werden.

Einphasen-Reihenschlußmotor
→ *Kommutatormaschine, die als Antriebsmotor kleiner Leistung, z. B. für Staubsauger, Handbohrmaschinen und Büromaschinen, verwendet wird.*
Der E. ist wie der → Universalmotor aufgebaut. Die Erregerwicklung ist jedoch ohne Anzapfungen für die gebräuchliche Wechselspannung von 220 V ausgelegt. Bei Drehzahlen unter 3 000 Umdrehungen je Minute wird der E. häufig durch den Einphasen-Spaltpolmotor verdrängt, der eine bürstenlose Maschine ist.

Einschaltabhängigkeit
→ *Abhängigkeitsschaltung mit* → *Schaltschützen, bei der die abhängigen Schaltschütze erst nach Einschalten anderer Schütze betätigt werden können.*
E. ist z. B. bei Heizlüftern erforderlich, bei denen der Heizwiderstand erst eingeschaltet werden kann, nachdem der Ventilator eingeschaltet worden ist.

Einschaltstromstoß
Erscheinung, die beim Einschalten von Transformatoren entstehen kann. Sie ist mit dem Anlaufstrom der Motoren vergleichbar.
Schaltet man im Nulldurchgang der Spannung den Transformator an das Netz, müßte aufgrund der Phasenverschiebung zwischen der Primärspannung und dem Magnetfluß sein Augenblickswert ein Maximum sein. Er ist jedoch im Einschaltmoment sehr klein (Restmagnetismus). Um die Größenverhältnisse zwischen Primärspannung und Magnetfluß herzustellen, fließt ein hoher Einschalt-Magnetisierungsstrom. Dieser beträgt teilweise das 10- bis 50fache des normalen Magnetisierungsstroms. Ohmscher Widerstand und Streuwiderstand der Primärwicklung dämpfen den Einschalt-Magnetisierungsstrom sehr stark, so daß der E. rasch abklingt.

Einschaltverzugszeit
→ Gesamteinschaltzeit

Einschaltvorgang
→ Schaltvorgang

Einschichtwicklung
→ Wicklungsschicht

Einschwimmerrelais
→ Buchholzschutz

Einschwingvorgang
Während eines → *Schaltvorgangs oder bei Kurz- und Erdschlüssen auftretender nichtstationärer Zustand.*

Einschwingvorgang

Einschwingvorgang

Der E. verursacht kurzzeitig Störungen des Systems, kann aber auch Schutzeinrichtungen zu Fehlauslösungen anregen. Schwer beherrschbar sind E. beim Schalten von z. B. Drosselspulen, leerlaufenden Transformatoren, Erregerspulen (Induktivitäten) und Kondensatoren oder Kabeln (Kapazitäten) oder Kombinationen beider, weil durch Resonanzerscheinungen die Betriebsgrößen übersteigende Spannungen und Ströme für kurze Zeit entstehen können. Sie führen zu Isolationsschäden und Überschlägen. Außerdem entstehen bei E. sog. Oberwellen, das sind der Netzfrequenz überlagerte höherfrequente Sinusschwingungen.

Einstellblech
→ Polständer

Einstrangwicklung
→ Wechselstromwicklung

Einwellenausführung
→ Mittelfrequenzumformer

Einzelantrieb
Allgemein übliche Antriebsart, bei der für jede Arbeitsmaschine ein eigener Motor eingesetzt wird.
Im Unterschied dazu steht der Gruppen- oder Sammelantrieb früherer Zeiten, bei dem ein großer Motor eine Vielzahl von Arbeitsmaschinen über Transmissionen und Wellen antrieb.

Eisenbrand
→ Wandlerverhalten

Eisenfüllfaktor
→ Schenkelquerschnitt

Eisenverlust
→ Leerlaufverlust

Eisenverluststrom
→ Leerlaufstrom

elektrisches Strömungsfeld
Raum in einem → Leiter, in dem durch Kraftwirkung elektrische Ladungen bewegt werden.
Die Wirkungen des e. S. sind die des elektrischen Stroms. Es ist nur an dessen Wirkungen nachweisbar (→ Strom, elektrischer).

elektrische Welle
Kombination elektrischer Maschinen, die so geschaltet sind, daß durch elektrische Ausgleichsmomente ein Gleichlauf erzielt wird.
Ein Gleichlauf kann auch begrenzt durch mechanische Verbindungen erreicht werden, ist jedoch z. B. bei Antrieb von Schleusentoren, Portalkränen oder Walzenpaaren von Papiermaschinen unmöglich. Hier wird deshalb der Gleichlauf durch die e. W. als → Ausgleichswelle, als → Arbeitswelle oder als → Ferndreherwelle erreicht.

Elektrizitätsmenge
Physikalische Größe zur quantitativen Bestimmung der elektrischen Ladungen, die eine gerichtete Bewegung ausführen, d. h. des elektrischen Stroms (→ Ladung, elektrische).
Formelzeichen Q
Einheit C (Coulomb)
$Q = I \cdot t$,
I Stromstärke; t Zeit. – Anh.: 41 / 75, 101.

elektromagnetische Erregung
→ *Erregungsart, bei der das Magnetfeld durch stromdurchflossene Gleichstromwicklungen aufgebaut wird.*
Man unterscheidet zwischen → Fremderregung und → Selbsterregung.

Elementarladung
→ Ladung, elektrische

Endschalter
Schalter, die den Laufweg elektrisch angetriebener Maschinenteile begrenzen.
E. werden häufig bei Hebezeugen (Seillänge), Kränen und Laufkatzen (Fahrwegende), bei Drehmaschinen mit Vorschub (Vorschubbegrenzung) angewendet. Ein vom sich bewegenden Maschinenteil an der Streckenbegrenzung betätigter Taster (Öffner) unterbricht den Stromkreis und schaltet den Motor für diese Laufrichtung ab. E. können direkt in die Zuleitung zum Motor eingeschaltet werden (selten). Meist liegen sie im Steuerstromkreis von → Schützschaltungen. Sie werden in die Zuleitung der Schützspule eingebaut, die die abzuschaltende Laufrichtung schaltet. Das Schütz für die entgegengesetzte Laufrichtung darf von diesem E. nicht geschaltet werden. Eine andere schaltungstechnische Variante bewirkt das selbständige Umkehren der Drehrichtung.

Energie, elektrische

Energie, elektrische
Arbeitsvermögen elektrischer Systeme, das im elektrischen Feld gespeichert ist und in potentieller oder kinetischer Form auftritt.
In der potentiellen Form befinden sich die elektrischen Ladungen im Ruhezustand, z. B. in unbelasteten Spannungsquellen oder geladenen Kondensatoren. Bewegen sich die elektrischen Ladungen, wird Energie umgewandelt.
Im belasteten Generator wird die e. E. ständig erneuert und aufrechterhalten, in den Motoren wird sie in mechanische Energie umgewandelt. Die Vorteile der e. E. bestehen besonders in ihrem ökonomisch günstigen Transport über große Entfernungen und in der leichten Steuerbarkeit ihres Betrags.

Engewiderstand
→ *Kontaktwiderstand*

Entladestrom
→ *Strom, der bei einem Ladungsausgleich, z. B. bei der Belastung eines Akkumulators durch einen Verbraucher oder bei einem aufgeladenen Kondensator über den Entladewiderstand fließt.*

Entstörungsmaßnahmen
Maßnahmen, um die Beeinträchtigung des Rundfunk- und Fernsehempfangs durch → Funkstörung zu beseitigen.
Antriebssysteme, die Funkstörungen verursachen, können meist nicht unmittelbar am Motor entstört werden, weil der Grad der Störung vom Betriebszustand des Motors, der Ansteuerung und der konstruktiven Gestaltung des Antriebs abhängt.
Prinzipiell bestehen E. in folgendem:
Räumliche Anordnung. Der Motor als Sender und der Empfänger sind, wie in Kassettenrecordern, innerhalb des Geräts so anzuordnen, daß kein Störsignal übertragen werden kann.
Motorabschirmung. Damit an den offenen Stirnseiten oder aus den Plastlagerschilden keine Störsignale austreten, können die Kommutatormaschinen zusätzlich mit einem Aluminiummantel umgeben werden.
Störschutzschaltungen. Durch Einfügen von Drosselspulen und Kondensatoren in den Ankerkreis wird die Energie des Störsignals im elektrischen oder magnetischen Feld der Bauelemente gespeichert. Dabei müssen die Leitungen zwischen den Störquellen und dem Entstörelement möglichst kurz sein, damit die Verbindungsleitung nicht als abstrahlende Antenne wirkt.

Erdschlußschutz
Maßnahme, die das Ausweiten eines Erdschlusses bei → Turbogeneratoren zu Kurzschlüssen in der Ständerwicklung verhindert.
Der Sternpunkt der Ständerwicklung wird über einen hochohmigen Widerstand geerdet. Bei Erdschluß fließt über dem Sternpunkt ein Strom, der auf einen für die Maschinen ungefährlichen Wert gehalten wird oder zum Ansprechen eines Schutzrelais (Erdschlußrelais) führt. Der Generator wird dann entregt und abgeschaltet.

Erregertransformator
→ *Volltransformator oder* → *Spartransformator, der zur Speisung von Zusatztransformatoren dient (Bild).*

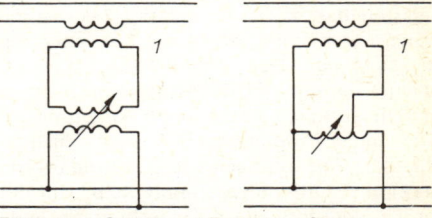

Erregertransformator. *1* Zusatztransformator

Erregungsarten
Technische Möglichkeit des Aufbaus von Magnetfeldern (Erregerfelder) in Gleichstrommaschinen und Drehstrom- (Wechselstrom-) Synchronmaschinen.
Durch Dauermagnete aus hartmagnetischen Werkstoffen kann eine Permanenterregung vorgenommen werden. Diese hat gegenüber der → elektromagnetischen Erregung den Vorteil, keine Hilfsenergie zu benötigen. Der Nachteil der Permanenterregung besteht darin, daß nur begrenzt große magnetische Feldstärken erreicht werden, eine Änderung des Betrags nicht möglich ist und durch Fremdfelder und Temperatur oder mechanische Erschütterungen eine Feldstärkeminderung eintreten kann.

Erwärmungsprüfung
Einzelprüfung eines Transformators zur Be-

Erwärmungsprüfung

stimmung der Temperatur von Wicklungen und Kern unter Nennbedingungen.
Die E. wird i. allg. nur als Typprüfung durchgeführt, da sie sehr zeitaufwendig ist. Die volle Belastung des Transformators kann im Prüffeld günstig nach der sog. Rückarbeitsmethode erfolgen. Zu dem zu prüfenden Transformator wird ein gleicher primär und sekundär parallelgeschaltet (Bild).

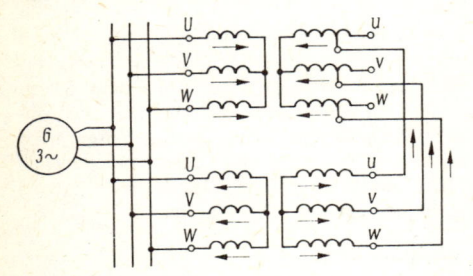

Erwärmungsprüfung

Da die Spannungen gleich sind, fließt sekundärseitig kein Strom. Beide Transformatoren belasten das Netz nur mit der Leerlaufleistung, deren Wirkleistung die Leerlaufverluste deckt und deren Blindleistung zur Aufmagnetisierung der Transformatoren erforderlich ist. Erzeugt man durch Änderung der wirksamen Windungszahl (Auswahl entsprechender Anzapfungen der Sekundärwicklung) eine Differenzspannung, z. B. von der Größe der doppelten Kurzschlußspannung der Transformatoren, so fließen in beiden Transformatoren gerade die Nennströme. Die Transformatoren sind voll belastet, ohne daß das Netz mehr als die Verlustleistung zu decken hat. Die Belastungsströme werden als vor- bzw. nacheilende Blindströme zwischen beiden Transformatoren ausgetauscht. Haben beide Transformatoren keine Anzapfungen, kann die den Belastungsstrom treibende Spannung auch von einer fremden Spannungsquelle in den Sekundärkreis transformiert werden.
Bei der E. werden die Temperaturen, ihr Steigen und Sinken immer in Abhängigkeit von der Zeit bestimmt. Die Öltemperatur wird durch Thermometer, die Temperatur des Kerns durch Thermoelemente und die der Wicklungen durch das thermische Abbild oder wesentlich häufiger durch Gleichstrom-Widerstandsmessungen bestimmt. – Anh.: – / 57.

Erwärmungsschutz

Schutz elektrischer Betriebsmittel vor zu hoher oder zu lang anhaltender Erwärmung über die Betriebstemperatur hinaus.
Zu hohe Erwärmung entsteht durch länger anhaltenden hohen Stromfluß infolge Überlastung, durch Stoßbelastung oder fehlerhafte Kühlung. Sie verursacht vorzeitiges Altern der Isolation bei Generatoren, Motoren und Transformatoren. Durch in die Wicklungen oder in das Kühlsystem eingesetzte → Thermofühler oder → Thermoelemente werden die Übertemperaturen angezeigt und gemeldet, so daß die Maschine entlastet werden kann, wenn es die Betriebsbedingungen zulassen. In seltenen Fällen bewirken die Schutzelemente das Abschalten des betroffenen Betriebsmittels. Zum E. zählen auch → Schmelzsicherungen und andere → Auslösearten.

Erwärmungsverlauf

Zeitlicher Verlauf der Temperatur einer elektrischen Maschine.
Die Erwärmung (Übertemperatur) folgt der e-Funktion. Physikalisch erklärt sich das daraus, daß die Wärmeabgabe proportional der Übertemperatur, also der Erwärmung, ist. Bei der Beharrungstemperatur entsteht Gleichgewicht zwischen der durch die Verluste entstehenden Wärme und der Wärmeabgabe (Bild).

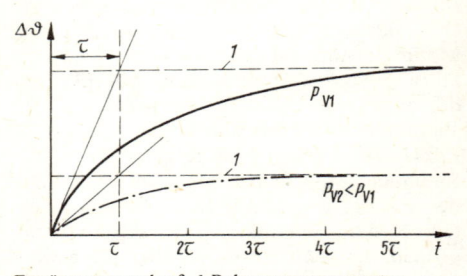

Erwärmungsverlauf. *1* Beharrungstemperatur

Die Zeitkonstante τ ergibt sich aus dem Schnittpunkt der Anfangssteigung mit der Beharrungstemperatur. Dieser E. würde sich einstellen, wenn die Wärmeabgabe Null wäre; es würde keine Beharrungstemperatur erreicht werden. Die Erwärmung würde bis ins Unendliche steigen. Die Beharrungstemperatur wird nach etwa 3 bis 4 τ erreicht.
Bei unterschiedlicher Belastung ergibt sich

Erwärmungsverlauf

der gleiche E., jedoch mit einer anderen Beharrungstemperatur. Die Zeitkonstante bleibt dagegen in allen Fällen gleich; sie hängt nur von der Konstruktion der Maschine ab.
Der Abkühlungsverlauf geht ebenfalls nach der e-Funktion vor sich, zuerst relativ schnelles Absinken der Maschinentemperatur, die immer langsamer die Umgebungstemperatur erreicht. Bei Stillstand eines Motors ist i. allg. die Abkühlungs-Zeitkonstante wesentlich größer als beim Erwärmungsvorgang, weil durch die fehlende Lüftung die Wärmeabgabefähigkeit kleiner ist.
Die von einem Motor im Betrieb erreichte Erwärmung soll möglichst nahe an der zulässigen Grenztemperatur liegen. Dazu ist es erforderlich, die Größe der Belastungen und ihre Zeitdauer, gegebenenfalls die Belastungsschwankungen und eventuelle Pausenzeiten zu kennen.

Erwärmungszeitkonstante
→ Erwärmungsverlauf

F

Farad
Einheit der → Kapazität von Kondensatoranordnungen.
Kurzzeichen F
Ein Kondensator hat die Kapazität 1 F, wenn er durch die Ladungsmenge von 1 C (→ Coulomb) auf die Spannung 1 V aufgeladen wird.

$$1 \text{ Farad (F)} = \frac{1 \text{ Coulomb (C)}}{1 \text{ Volt (V)}} = \frac{1 \text{ Amperesekunde (As)}}{1 \text{ Volt (V)}}$$

Die Einheit wurde nach dem englischen Physiker Michael *Faraday* (1791–1867) benannt.
Technisch kann die Kapazität 1 F nicht verwirklicht werden. Ein Kondensator mit dem Dielektrikum Luft und einem Plattenabstand von 1 mm müßte eine Plattenfläche von 112,8 km² haben. Übliche Kondensatoren haben Kapazitäten von einigen Pikofarad (pF) bis zu mehreren Mikrofarad (µF). – Anh.: – / *75, 101.*

Federkraftspeicher
Schalterantriebsart, überwiegend bei Hochspannungsschaltgeräten.
Bei F.-Antrieben wird mittels Hand- oder Motoraufzugs vor dem Schalten eine kräftige Feder gespannt, die bei Auslösung das Schalten bewirkt. Bei manchen F. wird eine zweite Feder in Reserve gespannt, damit ein Schalten ohne Aufzug möglich ist. F. werden häufig mit einem Motoraufzug versehen, der das Spannen der Federn übernimmt (→ Motorantrieb). Bei dieser Antriebsart ist im Bedarfsfall auch Handaufzug möglich.

Fehlerspannung
Eine durch → Körperschluß an leitfähigen Gehäuse- oder Anlagenteilen gegen Erde anstehende Spannung.
Die F. kann beim Berühren dieser Teile zu gefährlichen Durchströmungen des Körpers führen (→ Berührungsspannung). – Anh.: 45 / *121, 123.*

Fehlerspannungs-Schutzeinrichtung
(FU-Schutzschaltung). → Schutzmaßnahme gegen gefährliche elektrische Durchströmung als Folge eines → Körperschlusses.
Zu diesem Zweck sind die Körper über einen → Schutzleiter mit der Fehlerspannungsauslöser eines Fehlerspannungs-Schutzschalters (FU-Schutzschalters) und dieser über eine Hilfserdungsleitung mit dem Hilfserder verbunden (Bild). Erreicht die bei Körperschluß zwischen dem Körper und Hilfserder auftretende → Fehlerspannung die Auslösespannung des FU-Schutzschalters, löst dieser augenblicklich aus und schaltet damit den fehlerbehafteten Anlagenteil allpolig (einschließlich des Neutralleiters) ab.
Bei Anwendung der F. ist zu beachten, daß bereits hochohmige Überbrückungen der Fehlerspannungsspule oder mit Erde in guter elektrischer Verbindung stehende Körper, z. B. von Hauswasserpumpen oder Heißwasserspeichern, die Auslösung des FU-Schutzschalters erschweren oder gar verhindern können. Deshalb sind die Schutzleiter und die mit ihm in leitender Verbindung stehenden Teile gegenüber der Hilfserdungsleitung und dem Hilfserder sowie die in die F. einbezogenen Betriebsmittel von Erde zu isolieren.
In Neuanlagen findet die F. praktisch keine Anwendung mehr; sie wurde durch die →

Fehlerspannungs-Schutzeinrichtung

Fehlerstrom-Schutzschaltung verdrängt. Die Prüfung der Wirksamkeit der F. erfolgt wie bei der Fehlerstrom-Schutzschaltung. – Anh.: 45 / 121, 123.

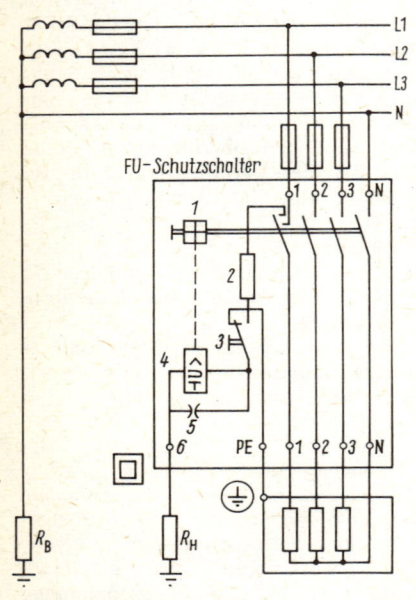

Fehlerspannungs-Schutzeinrichtung. *1* Schaltschloß; *2* Prüfwiderstand; *3* Prüftaster; *4* Fehlerspannungsauslöser; *5* Überspannungsableiter; *6* (Hilfs-)Erdungsleitung; PE Schutzleiter; R_B Betriebserdung; R_H Hilfserdung

Fehlerstrom
Strom, der bei einem Isolationsfehler über die Fehlerstelle fließt.
Formelzeichen: I_F

Fehlerstrom-Schutzeinrichtung
(FI-Schutzschaltung). → *Schutzmaßnahme gegen gefährliche elektrische Durchströmungen als Folge eines* → *Körperschlusses.*
Zu diesem Zweck sind alle aktiven Leiter des Betriebsstromkreises über einen Fehlerstrom-Schutzschalter (FI-Schutzschalter) geführt und die Körper der elektrotechnischen Betriebsmittel über einen → Schutzleiter geerdet (Bild) oder mit dem Nulleiter verbunden. In letzterem Fall geht die F. in die FI-Nullung über (→ Nullung, Bild).
Die F. beruht auf dem Prinzip des Differential- oder Stromvergleichsschutzes. Bei ungestörtem Betrieb ist die geometrische Summe der den Summenstromwandler in beiden Richtungen durchfließenden Ströme in jedem Augenblick gleich Null. Wird infolge eines Isolationsfehlers, z. B. Körperschlusses, durch den zur Erde abfließenden Fehlerstrom dieses Strom- und magnetische Flußgleichgewicht gestört, so kommt es zu einer magnetischen Durchflutung des Wandlers und damit zu einem Stromfluß durch die Auslösespule des FI-Schutzschalters. Erreicht der Fehlerstrom den Auslösefehlerstrom des FI-Schutzschalters, löst der Schalter augenblicklich aus und unterbricht auf diese Weise den fehlerbehafteten Betriebsstromkreis.

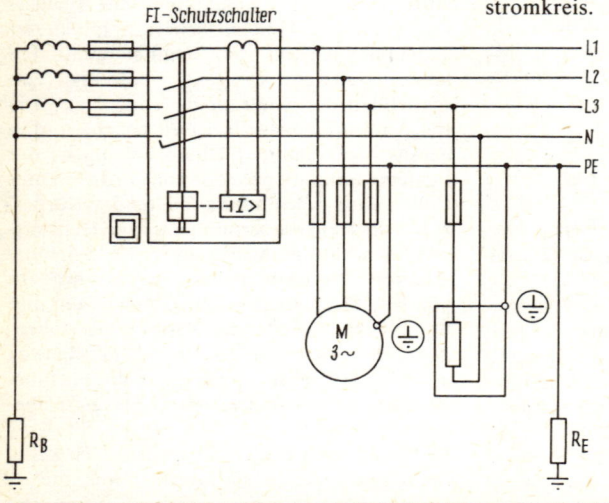

Fehlerstrom-Schutzeinrichtung
R_B Betriebserdung;
R_E Erdungswiderstand

Fehlerstrom-Schutzeinrichtung

Folgende Erdungsbedingung ist einzuhalten:

$R_E = \frac{U_{B\,zul}}{I_{\Delta N}}$, R_E Erdungswiderstand des Erders; $U_{B\,zul}$ höchstzulässige → Berührungsspannung (max. 50 V); $I_{\Delta N}$ Nenn-Auslösefehlerstrom des FI-Schutzschalters, z. B. 30 mA.

Die F. findet vorzugsweise in nicht nullungsfähigen Wechsel- und Drehstromnetzen sowie auf Campingplätzen, in Schwimmbädern, landwirtschaftlichen Betrieben u. dgl. Anwendung. FI-Schutzschalter mit $I_{\Delta N} \leq 300$ mA verhindern zugleich Brände, die durch elektrischen Strom entstehen können. Die Wirksamkeit der F. wird durch Betätigen der Prüftaste am FI-Schutzschalter ermittelt. Außerdem ist nachzuweisen, daß der FI-Schutzschalter spätestens auslöst, wenn die Fehlerspannung den Wert der höchstzulässigen Berührungsspannung überschreitet. Zu diesem Zweck dienen handelsübliche Prüfgeräte. – Anh.: 45, 47 / 121, 123.

Fehlerstrom-Schutzschalter

(auch FI-Schutzschalter). Zwei- oder vierpoliger Schutzschalter, der den angeschlossenen Betriebsstromkreis augenblicklich oder kurzverzögert unterbricht, wenn der zur Erde fließende Fehlerstrom (Differenzstrom im Summenstromwandler) den Wert des Auslösefehlerstroms des F. erreicht hat. Die Nenn-Auslösefehlerströme $I_{\Delta N}$ liegen zwischen 5 und 1 000 mA.

F. finden hauptsächlich zur Realisierung der → Schutzmaßnahmen FI-Schutzschaltung und FI-Nullung sowie als Brandwächter (Überwachung der Ableitströme) Anwendung. In letzterem Fall soll $I_{\Delta N} = 300$ mA nicht überschreiten.

Kurzverzögerte F. sprechen auf extrem kurze Stromimpulse nicht an und verhindern damit Fehlauslösungen, z. B. bei Blitzentladungen.

F. bestehen aus dem Schaltapparat, dem Summenstromwandler, der Auslösespule (FI-Auslöser) und der Prüfeinrichtung. Wirkungsweise → Fehlerstrom-Schutzschaltung.

Je nach Schaltung des Summenstromwandlers und des Fehlerstromauslösers unterscheidet man F. mit direkter Schaltung (Bild a) und indirekter Schaltung (Bild b) sowie mit Impulsauslösung (Bild c). In Gleichstromanlagen sind F. wegen des transformatorischen Prinzips des Summenstromwandlers nicht einsetzbar. F. mit separater Anordnung des Summenstromwandlers (außerhalb des Schalters) werden auch als Fehlerstrom-Steuerschalter und F. in Steckerform als Sicherheitsstecker bezeichnet. – Anh.: 45, 47 / 121, 123.

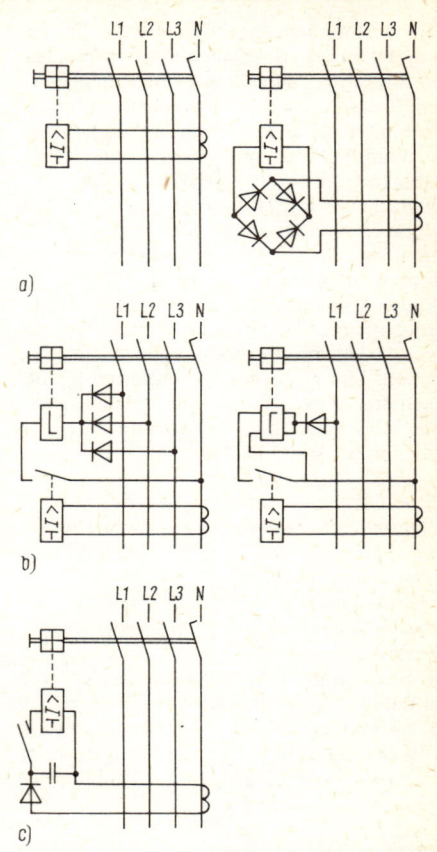

Fehlerstrom-Schutzschalter. a) FI-Schutzschalter mit direkter Schaltung; *links* Wechselstromauslösung; *rechts* Gleichstromauslösung; b) FI-Schutzschalter mit indirekter Schaltung; *links* Arbeitsstromauslösung; *rechts* Kompensationsschaltung; c) FI-Schutzschalter mit Impulsauslösung (Energiespeicherschaltung)

Fehlerstrom-Steuereinrichtung

FI-Steuereinrichtung. Bauteil zum Errichten der → Fehlerstrom-Schutzschaltung in Anlagen mit hohen Betriebsströmen.

Fehlerstrom-Steuereinrichtung

Die F. ermöglicht das Betreiben einer FI-Schutzschaltung in Anlagen mit Betriebsströmen, die über dem Nennstrom handelsüblicher FI-Schutzschalter liegen und somit von diesen nicht schaltbar wären. Zur F. gehören ein Wandlerkern mit vier Primärspulen (Summenstromwandler) sowie ein FI-Steuerschalter mit zweipoligem Schalter zum Ansteuern von Schaltschützen und die Prüfeinrichtung. Ergänzt werden muß die F. mit einem Auslöseleiter, der die Aufgabe einer Sekundärspule übernimmt und mit zwei dem Betriebsstrom angepaßten Schaltschützen, wenn die Anlage vierpolig abgeschaltet werden soll. Der mit einem gesonderten Schütz zu schaltende Neutralleiter muß dabei seinen Stromkreis nacheilend öffnen und voreilend schließen. – Anh.: 45, 47 / *121, 123*.

Fehlwinkel
1. Phasenverschiebungswinkel zwischen Sekundärspannung und Primärspannung eines → Spannungswandlers.
2. Phasenverschiebungswinkel zwischen dem Sekundärstrom und dem Primärstrom eines → Stromwandlers.
Die Spannungs- bzw. Stromrichtungen werden dabei so gewählt, daß bei Fehlerfreiheit des Wandlers der F. Null beträgt. Er wird in Minuten angegeben und positiv gerechnet, wenn die Sekundärgröße der Primärgröße vorauseilt. – Anh.: 65 / *49, 51*.

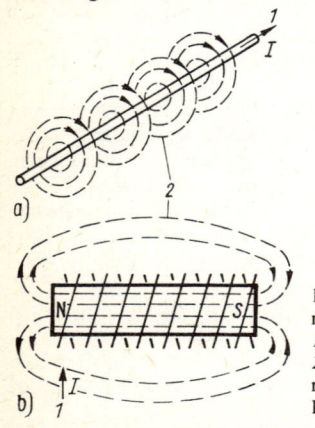

Feld, elektromagnetisches
Magnetisches Feld, das durch den elektrischen Strom entsteht (→ Feld, magnetisches).
Das magnetische Feld verläuft bei einem geraden stromdurchflossenen Leiter konzentrisch um den Leiter (Bild a).
Wird der Leiter zu einer Schleife geformt, entstehen → Magnetpole. Die magnetische Wirkung wird verstärkt, wenn mehrere Leiterschleifen hintereinandergeschaltet werden. Sie bilden eine stromdurchflossene Spule (Bild b). Die Feldrichtung in den stromdurchflossenen Leitern wird mit Hilfe der → Rechten-Faust-Regel bestimmt.

Feld, elektrostatisches
Raum in einem Nichtleiter, in dem durch ruhende elektrische Ladungen Kräfte wirksam sind.
Das e. F. ist nur an seinen Richt- bzw. Kraftwirkungen auf frei bewegliche Ladungsträger, bei → Influenz oder bei → dielektrischer Polarisation erkennbar. Es ist mit Hilfe von elektrischen Feldlinien darstellbar (→ Feldlinien, elektrische). Nach dem Verlauf der Feldlinien unterscheidet man
- parallel-homogene Felder, die Feldlinien verlaufen parallel zueinander mit überall gleicher Dichte (Bild a);
- radial-homogene Felder, die Feldlinien verlaufen ohne Richtungsänderung senkrecht von der Oberfläche des geladenen Körpers weg (Bild b);
- inhomogene Felder, der Feldlinienverlauf erfüllt nicht die Bedingungen homogener Felder (Bild c).

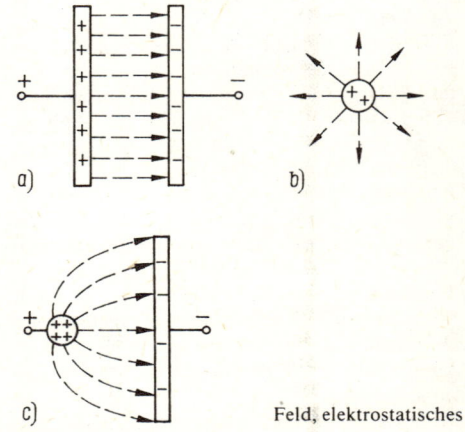

Feld, elektromagnetisches.
1 Stromrichtung;
2 elektromagnetisches Feld

Feld, elektrostatisches

Feld, magnetisches
Raum, in dem auf → ferromagnetische Stoffe (Eisen, Nickel, Kobalt) und auf Ladungsträger (Elektronen und Ionen) Kräfte wirken.

Feld, magnetisches

Es ist stets mit bewegten elektrischen Ladungen verknüpft, die sich bei den → Permanentmagneten im Molekülverband bewegen oder als gerichtete Bewegung den elektrischen Strom darstellen (→ Feld, elektromagnetisches). Das m. F. kann mit Hilfe von magnetischen → Feldlinien dargestellt werden. Nach dem Verlauf der Feldlinien unterscheidet man
- parallel-homogene Felder; die Feldlinien verlaufen parallel mit überall gleicher Dichte zueinander (Bild a);
- radial-homogene Felder; die Feldlinien verlaufen senkrecht ohne Richungsänderung von den Polkanten weg bzw. der Polkante zu (Bild b);
- inhomogene Felder; der Feldlinienverlauf erfüllt die Bedingungen der homogenen Felder nicht (Bild a).

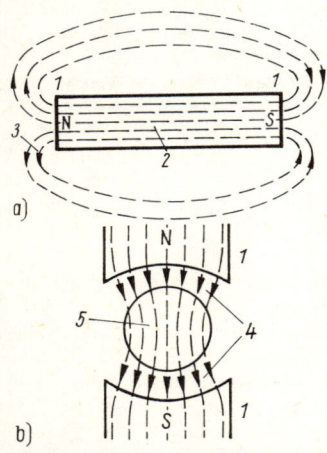

Feld, magnetisches. *1* Magnetpol; *2* parallel-homogenes Feld; *3* inhomogenes Feld; *4* radialhomogenes Feld; *5* ferromagnetischer Stoff

Feldlinien, elektrische
Wirkungslinien der im → elektrischen Strömungsfeld und im elektrostatischen Feld vorhandenen Kräfte (→ Feld, elektrostatisches).
Die Dichte der Feldlinien ist proportional der Intensität der Wirkungen, die durch die Felder entstehen. Die Ladungen erfahren in Feldlinienrichtung solche Kräfte, daß diese Ladungen einen energieärmeren Zustand annehmen. Zwischen den Ladungen wirken dagegen abstoßende Kräfte. Zugkräfte wirken somit in Längsrichtung der Feldlinien und quer zu ihnen Druckkräfte.

Im elektrostatischen Feld beginnen die Feldlinien bei positiven Ladungen und enden bei negativen. Im Strömungsfeld sind sie dagegen in sich geschlossen.

Feldlinien, magnetische
Wirkungslinien der im magnetischen Feld auf magnetisierbare Stoffe (→ ferromagnetische Stoffe) oder elektrische Ladungen wirkenden Kräfte (→ Feld, magnetisches).
Die Dichte der m. F. ist proportional der Intensität des Felds. In ihrer Längsrichtung wirken Zugkräfte und quer zu ihnen Druckkräfte. Im Unterschied zu den elektrischen Feldlinien sind die m. F. in sich geschlossen. Ihre Richtung ist wie folgt festgelegt: Am magnetischen Nordpol treten sie aus und am magnetischen Südpol ein. Innerhalb eines Permanentmagneten bzw. einer stromdurchflossenen Spule verlaufen die m. F. deshalb vom Südpol zum Nordpol.

Feldlinienverlauf
Der durch die Anordnung von Spulen und durch die Form ferromagnetischer Stoffe konstruktiv festgelegte Weg magnetischer → Feldlinien in den elektrischen Maschinen.
Bei den Transformatoren bestimmen die Eisenkerne den F., bei den rotierenden Maschinen die Anordnung der ausgeprägten Pole mit der → Gleichstrom-Polwicklung (Bild a)

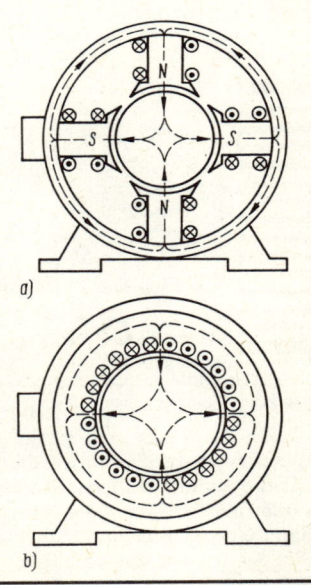

Feldlinienverlauf

Feldlinienverlauf

oder die in Nuten untergebrachte → Wechselstromwicklung (Bild b).

Feldspulenisolation
Isolation, die als Polkern-, Lagen- oder Deckisolation den Feldspulen (→ Wicklung, konzentrierte) die erforderliche elektrische, mechanische und thermische Festigkeit gibt.
Die Art des Einsatzes der F. wird vom konstruktiven Aufbau der Feldspulen und den Spannungsverhältnissen bestimmt. Feldspulen größerer Windungszahl und geringen Leiterquerschnitts erhalten meist Zwischenlagen auf Preßspan, Glasgewebe oder Glimmerpapier und werden oft insgesamt mit Glasgewebeband und Baumwollband umbandelt. Feldspulen mit kleiner Windungszahl und größerem Leiterquerschnitt werden oft selbsttragend auf Abstand gewickelt. Diese Spulen werden nur weitläufig mit Gewebeband umbandelt und auf den mit Formrahmen und Isolierstreifen auf Glasgewebeprodukten isolierten Polkernen befestigt. Teilweise werden auch die Feldwicklungen direkt auf die mit Mikafolium umbügelten oder plastbeschichteten Polkerne gewickelt. Besondere Beachtung hinsichtlich ihrer Isolierung und Befestigung gilt umlaufenden Erregerspulen, weil sie großen mechanischen Belastungen standhalten müssen. Hier werden überwiegend einlagige, aus blankem Kupferband hochkantgewickelte Spulen (Bild) verwendet.

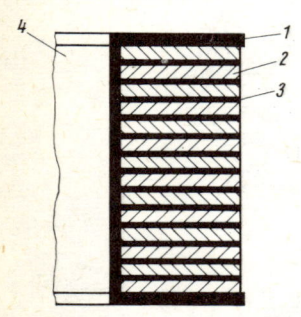

Feldspulenisolation. *1* Isolierstoff-Formrahmen; *2* blankes Kupferband (hochkant gewickelt); *3* Isolierstreifen; *4* Polkern

Die einzelnen Windungen werden entweder durch lackbestrichene dünne Isolierstreifen aus Glasgewebe oder Asbestpapier oder mittels eines Lack-Sand-Gemischs isoliert. Nach dem Aufbauen der Spulen auf die isolierten Polkerne werden die vollständigen Pole im Trockenofen ausgehärtet. Die Lagenisolation wird auch aus epoxidharzimprägnierten Gewebestreifen gefertigt und unter Druck und Temperatur mit den blanken Kupferleitern verbacken. – Anh.: 56, 57, 61 / –

Feldstärke, elektrische
Physikalische Größe des elektrischen Felds, die die Erscheinungen des → elektrischen Strömungsfelds (Betrag der Kraftwirkungen auf Ladungen) und des elektrostatischen Felds (→ Feld, elektrostatisches) (Spannungsabfall zwischen zwei Feldpunkten) beschreibt.
Formelzeichen E
Einheit V/m
$E = U/l$ oder $E = F/Q$,
U Spannungsabfall; l Abstand zweier Feldpunkte; F Kraftwirkung; Q Ladung. – Anh.: – / 75, 101.

Feldstärke, magnetische
Physikalische Größe als Maß für die Kraftwirkungen des magnetischen Felds (→ Feld, magnetisches).
Formelzeichen H
Einheit $\frac{A}{m}$ ($\frac{\rightarrow \text{Ampere}}{\text{Meter}}$)
$H = \frac{\Theta}{l} = \frac{I \cdot N}{l}$,
Θ magnetische Durchflutung; l Feldlinienweg.
Die m. F. beschreibt, mit welchem Betrag die magnetische Durchflutung entlang dem Feldlinienweg wirksam werden kann. (→ Durchflutung, magnetische). – Anh.: – / 75, 101.

Feldsteller
Stellwiderstand zur Änderung des Erregerstroms in → Gleichstrommaschinen.
Bei Reihenschlußerregung wird der F. mit kleinem Widerstandswert parallel zur Erregerwicklung, bei Nebenschluß- und Fremderregung dagegen mit relativ hohem Widerstandswert in Reihe zur Erregerwicklung geschaltet.
F. der Gleichstrom-Nebenschlußgeneratoren und der fremderregten Generatoren haben außer den Klemmen s und t noch die Kurzschlußklemme q. Durch sie wird beim Unterbrechen des Erregerkreises die in der Feldwicklung entstehende große Selbstinduktionsspannung kurzgeschlossen.

Fernantrieb

Fernantrieb
Druckluft-, elektromechanische oder elektromotorische → Schalterantriebe, die eine Hilfsenergie benötigen.
Der Vorteil des F. liegt in der Zentralisierung der Schaltstellen (Schaltwarten und zentrale Steuereinrichtungen) und der übersichtlichen Anordnung der Betätigungselemente, die i. allg. durch Fernmelde- und Fernanzeigeeinrichtungen ergänzt sind. Durch sie können einerseits der Schalterzustand, andererseits die Befehlsausführung am Schaltort erkannt werden. Die Steuerung von F. erfolgt durch binäre Signale (0 – 1) über Steuerleitungen, werden in manchen Schaltanlagen aber auch mittels Hochfrequenzträgern leitungsgebunden oder drahtlos übertragen und am Schaltort empfangen und aufbereitet.

Ferndreherwelle
→ Elektrische Welle zur Signalübertragung für Fernanzeige, -meldung oder -verstellung.
Ein Leit- oder Marschmotor treibt eine Wellenmaschine (Schleifringläufermotor) als Generator an, der einen zweiten Schleifringläufermotor einspeist (Bild). Der Speisegenerator (Geber) hält den zweiten Antriebsmotor (Empfänger) im absoluten winkelgetreuen Gleichlauf. Bei entsprechender Auslegung können beliebig viele Empfänger an einen Geber angeschlossen werden.

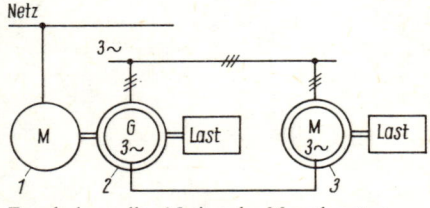

Ferndreherwelle. *1* Leit- oder Marschmotor; *2* Speisegenerator (Geber); *3* Antriebsmotor (Empfänger);

Für kleinere Leistungen werden Synchrongeneratoren und -motoren oder Reluktanzmotoren in der Regelungs- und Steuerungstechnik zur Fernanzeige als sog. Drehmelder eingesetzt.

Ferrarismotor
Elektrische → Kleinstmaschine für Stell- und Integrationszwecke in einem Leistungsbereich von wenigen Watt bis zu etwa 100 W und Frequenzen von 50 Hz bis 500 Hz.

Das genutete Blechpaket des Ständers enthält eine Erreger- und eine Steuerwicklung. Die Erregerwicklung wird i. allg. über einen Kondensator an das Wechselspannungsnetz von 220 V oder 110 V angeschlossen. Die Steuerwicklung wird über ein Stellglied (ohmscher Spannungsteiler, Stelltransformator oder Wechselspannungsverstärker) mit einer veränderlichen Spannung gespeist, die bei Transistorstellgliedern vorzugsweise zwischen 30 und 60 V liegt. Anstelle der Amplitude der Steuerspannung kann auch über Phasensteller die Phasenlage beeinflußt werden. Das von beiden Wicklungen im Ständer gebildete Drehfeld induziert in einem zylinderförmigen Hohlläufer (→ Glockenläufermotor, Bild) Wirbelströme, die das zur Drehung erforderliche Drehmoment bilden. Als magnetischer Rückschluß befindet sich in der Glocke ein Kern aus weichmagnetischem Material, der fest mit einem Lagerschild verbunden ist (Bild).

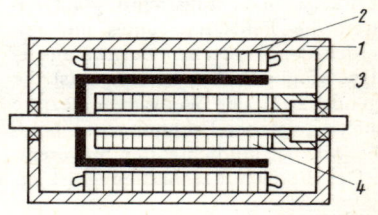

Ferrarismotor. *1* Gehäuse; *2* geblechter Ständer mit Wicklungen; *3* Aluminiumglocke; *4* geblechter Innenständer

Die Auslegung des F. ist so, daß kein Kippmoment auftritt. Vorteil der Drehzahlsteuerung ist die Möglichkeit der einfachen Amplitudenstellung und die geringe thermische Beanspruchung des Motors je nach Größe der Steuerspannung. Nachteilig ist der zusätzliche Aufwand für die Drehrichtungsumkehr.
F. werden direkt als Integrationsglieder, als Antriebe für Zählwerke oder in Verbindung mit Drehmeldern zur Signalübertragung eingesetzt.

ferromagnetischer Stoff
Stoff, der die Fähigkeit hat, ein Magnetfeld zu bündeln und seine magnetische Wirkung zu verstärken.
F. S., z. B. Eisen, Nickel, Cobalt, haben eine große magnetische Permeabilität (→ Permeabilität, magnetische). Da diese in hohem

ferromagnetischer Stoff

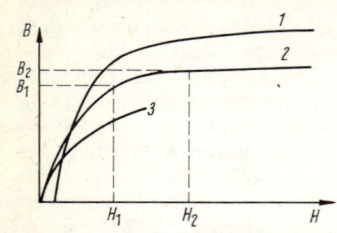

ferromagnetischer Stoff. Magnetisierungskurve; B Magnetflußdichte; H magnetische Feldstärke; *1* Stahlguß; *2* Dynamoblech; *3* Grauguß

Maße von der magnetischen Feldstärke abhängig ist, wird das Verhalten des f. S. durch die Magnetisierungskurve beschrieben. Aus ihr kann der entsprechende Wert der Permeabilität entnommen werden (Bild).
$\mu_1 = B_1/H_1$; $\mu_2 = B_2/H_2$; $\mu_2 < \mu_1$
Die Magnetisierbarkeit entsteht dadurch, daß die Achsen der Elementarmagnete innerhalb bestimmter Bereiche, der sog. Weißschen Bezirke, eine Vorzugsrichtung aufweisen. Durch die Feldstärke eines äußeren Felds werden die Weißschen Bezirke ausgerichtet. Die Magnetflußdichte steigt. Ist die überwiegende Zahl der Weißschen Bezirke ausgerichtet, steigt bei Erhöhung der Feldstärke die Magnetflußdichte nur unwesentlich an. Der Bereich der Sättigung ist erreicht.

Festwertregelung
Regelungsart, bei der die Führungsgröße konstant bleibt und durch den Regelvorgang nur Störgrößen ausgeglichen werden müssen, z. B. bei Kühlanlagen.

Flachbahnanlasser
→ Anlasser

Flanschbauart
→ Blechpaketläufer

Folgeregelung
→ Führungsregelung

Folgeschaltung
Begriff der digitalen Schaltungstechnik. Das Ausgangssignal einer F. ist außer von der Kombination der Eingangssignale auch vom derzeit eingenommenen Zustand der Steuerung abhängig.
F. werden als Meldeschaltungen dort eingesetzt, wo Fehler und Grenzwertüberschreitungen kurzzeitig auftreten und vom Bedienpersonal nicht erkannt oder behoben werden können.
In Temperaturüberwachungsanlagen kann z. B. das Überschreiten der Grenztemperatur auch dann noch von Blinklampen angezeigt werden, wenn die Temperatur auf zulässige Werte gesunken ist. Bei späterer Kenntnisnahme des Fehlers werden die Lampen durch einen Quittierschalter auf Dauerlicht umgeschaltet. Das Betätigen des Quittierschalters ergibt kein neues Ausgangssignal, wenn die Lampen entweder verloschen waren oder bereits mit Dauerlicht leuchteten. In Netzschutzanlagen werden F. zum Erkennen kurzzeitig auftretender Erdschluß-Lichtbögen (Erdschluß-Wischer) angewendet. –
Anh.: 42 / *103*.

Formspulenwicklung
→ *Wechselstromwicklung oder Kommutatorwicklung größeren Leiterquerschnitts, deren* →

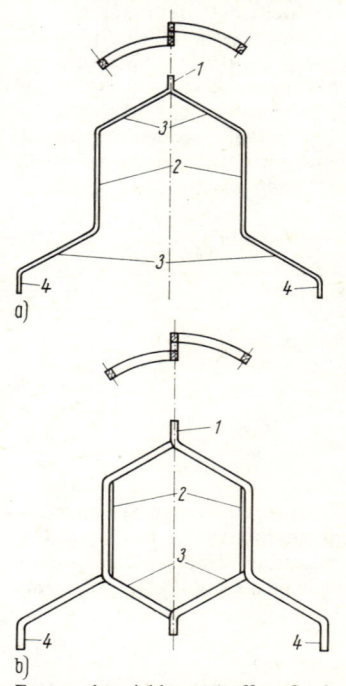

Formspulenwicklung. a) offene Spule; b) geschlossene Spule; *1* Spulenkröpfung (Auge); *2* gerade Spulenseiten; *3* gebogene Spulenseiten; *4* Schaltenden

Formspulenwicklung

Wicklungselemente meist maschinell hergestellt und fertig isoliert in den halboffenen Nuten der → Blechpaketständer oder → Blechpaketläufer radial eingebracht (gesteckt) werden.
F. werden ein- oder zweischichtig (→ Wicklungsschichten) mit offenen (Bild a) oder geschlossenen (Bild b) Spulen hergestellt. Offene Formspulen werden überwiegend bei Gleichstrom- → Schleifenwicklungen und → Wellenwicklungen eingesetzt, geschlossene Formspulen dagegen meist bei Dreiphasenläufer- und Ständerwicklungen. F. findet man in Nieder- und Hochspannungsmaschinen.

Fremderregung
Form der → elektromagnetischen Erregung, bei der die erforderliche Elektroenergie von einer Spannungsquelle bezogen wird, die nicht mit dem Arbeitskreis des Gleichstromgenerators oder Synchrongenerators verbunden ist.

Fremdkörperschutz
→ Schutzgrad

Fremdkühlung
Kühlungsart der Transformatoren.
Die Kühlmittel Luft oder Öl führen eine erzwungene Bewegung aus. Durch zusätzliche Lüfter für horizontale und vertikale Beblasung wird die Frischluftzufuhr beschleunigt. Im Unterschied zur → Selbstkühlung erfolgt eine größere Wärmeabgabe von der Kesseloberfläche oder bei Trockentransformatoren von den Wicklungen und dem Kern an die Umgebung.
Bei Öltransformatoren kann auch der innere → Wärmekreislauf beschleunigt werden. Mit Hilfe einer Ölpumpe wird auf der Stirnseite des Kessels oben das warme Öl abgezogen und durch einen äußeren Kühler hindurch wieder unten in den Kessel gedrückt.

Fremdschichtwiderstand
1. → Kontaktwiderstand;
2. Durch Feuchtigkeit leitend gewordene Schmutzschichten auf Hochspannungsisolatoren.
Sie ermöglichen Kriechströme, die den Isolator erwärmen (Bruchgefahr) oder Fehlerlichtbögen einleiten können.

Frequenz
Physikalische Größe, die die Anzahl der sinusförmigen Schwingungen einer Wechselgröße in der Zeiteinheit angibt.
Formelzeichen f
Einheit Hz (→ Hertz)
$f = 1/T$
Die Frequenz ist der reziproke Wert der → Periodendauer. – Anh.: *4, 41 / 75, 80, 101.*

Frequenzänderung, drehzahlsteuernde
→ Drehzahlsteuerung bei → Käfigläufermotoren und Schleifringläufermotoren durch Änderung der Frequenz.
Als Frequenzwandler dienen asynchrone Frequenzumformer, Umrichter, Synchrongeneratoren mit veränderlicher Ausgangsfrequenz und Thyristoren. Die Läuferdrehzahl der Asynchronmotoren wird entweder herauf- oder heruntergesetzt. Die Drehzahlabhängigkeit von der Frequenz, der Polpaarzahl und dem → Schlupf entspricht dem Wirkprinzip der Asynchronmotoren.
Das Nebenschlußverhalten und das konstante Kippmoment bleiben bei der d. F. bestehen.

Frequenzgang
Abbildung des Übertragungsverhaltens von Regelungssystemen und Gliedern in mathematischer Darstellung, bei denen ein sinusförmiges Eingangssignal unterschiedlicher Frequenz anliegen kann.
Dazu müssen die Differentialgleichungen der Übertragungsglieder aufgestellt und mit Hilfe eines Lösungsalgorithmus in komplexe Zahlen umgeformt werden. Der F. kann in einer Ortskurve graphisch dargestellt werden, der bei unterschiedlichen Frequenzen des Eingangssignals die Phasenverschiebung und Real- und Imaginärteil des Ausgangssignals entnommen werden können. – Anh.: *42 / 103.*

Frequenzumformer
Rotierender elektrischer Maschinensatz (Motorgenerator), der eine Frequenz in eine meist höhere Frequenz umformt.
Man unterscheidet den synchronen und asynchronen F. Der synchrone F. besteht aus einem Dreiphasen-Käfigläufermotor, der mit einem Dreiphasen-Synchrongenerator gekuppelt ist.
Hat der Käfigläufermotor z. B. eine einpolpaarige ($p = 1$) Ständerwicklung, so beträgt die Nenndrehzahl bei $f_1 = 50$ Hz abzüglich

Frequenzumformer

der Schlupfdrehzahl n_s von z. B. 100 min^{-1}
$$n = \frac{f_1 \cdot 60}{1} - n_s = 2\,900 \text{ min}^{-1}.$$
Ist der gekuppelte Synchrongenerator zweipolpaarig ($p = 2$), dann erzeugt er eine Frequenz von
$$f_2 = \frac{p \cdot n}{60} = 96 \text{ Hz}.$$
Größere Verbreitung haben asynchrone F. Diese Motorgeneratoren bestehen meist aus einem Dreiphasen-Käfigläufermotor, der mit einem Dreiphasen-Schleifringläufermotor gekuppelt ist. Der Schleifringläufermotor wird als Generator verwendet und an das gleiche Netz wie der Käfigläufermotor angeschlossen. Steht der Generator, dann ist die Läuferfrequenz gleich der Netzfrequenz f_1. Wird der Schleifringläufer des Generators jedoch entgegen dem Drehfeld des Ständers angetrieben, so erhöht sich die Läuferfrequenz f_2 um die zusätzliche Schlupffrequenz. Sind z. B. ein zweipolpaariger Antriebsmotor ($p_M = 2$) und ein zweipolpaariger Generator ($p_G = 2$) gekuppelt, kann die erzeugte Frequenz (f_2) mit der Gleichung
$$f_2 = f_1 + \frac{p_G \cdot 60 \cdot f_1}{p_M \cdot 60} = 100 \text{ Hz}$$
bestimmt werden.
Dem Generator werden etwa 50 % der Leistung vom Netz und etwa 50 % vom Antriebsmotor zugeführt. Die bei 50 Hz (f_1) erzeugte Läuferstillstandsspannung U_I erhöht sich mit zunehmender Frequenz f_2 auf die Läufernennspannung U_{II}. Beträgt die Läuferstillstandsspannung z. B. 110 Volt, so wird eine Läufernennspannung von
$$U_{II} = U_I \cdot \frac{f_2}{f_1} = 220 \text{ V erzeugt}.$$
F. werden für Sonderantriebe eingesetzt, bei denen Drehzahlen über 3 000 min^{-1} gefordert werden (z. B. Schleifmaschinen, Laborzentrifugen, Holzbearbeitungsmaschinen).

Frequenzumformer, asynchroner
Maschinensatz, der aus zwei gekuppelten Asynchronmaschinen besteht.
Die Antriebsmaschine ist meist ein Kurzschlußläufermotor, und als Generator wird eine Schleifringläufermaschine verwendet. Die Ständerwicklungen beider Maschinen werden an das gleiche Netz angeschlossen. Von den Schleifringen wird die Spannung abgenommen, die durch unterschiedliche Polpaarzahlen der Maschinen eine von der Netzspannung abweichende Frequenz hat. Läuft das Drehfeld der Schleifringläufermaschine entgegen dem des Antriebsmotors um, entsteht eine andere Frequenz. Bei gleichen Polpaarzahlen der Maschinen und der üblichen Netzfrequenz von 50 Hz beträgt die Frequenz 100 Hz.

Frischluft-(Frischwasser-)Kühlung
→ *Kühlart an einer rotierenden elektrischen Maschine, bei der das Kühlmittel aus der Umgebung ständig erneuert wird.*

Führungsgröße
Vorgegebene Größe in Steuerungs- oder Regelungsanlagen, an die der Wert der gesteuerten Größe angeglichen werden soll.
Die F. sind bei Generatoren Spannung und Frequenz, bei Antrieben die Drehzahl, sonst Helligkeit, Füllstand oder Druck. Eine F. muß nicht in der gleichen Form wie die → Regelgröße vorliegen. Sie kann vom → Sollwertgeber in einer anderen physikalischen Größe in die Einrichtung gegeben werden. Das kann z. B. bei Drehzahlen eine Spannung sein (Tachogenerator), bei Füllständen ein Widerstand (in Brückenschaltung). An Konstanz und Gleichmäßigkeit der F. bei wechselnden äußeren Einflüssen werden hohe Anforderungen gestellt. – Anh.: 42 / 103.

Führungsregelung
Regelungsart, bei der sich die Führungsgröße abhängig von anderen physikalischen Größen ändert.
Der Regelvorgang gleicht Störgrößen aus und muß die Regelgröße der sich möglicherweise ständig ändernden Führungsgröße anpassen, wie das bei Mischungsvorgängen mit unterschiedlicher Konzentration des Mischguts erforderlich ist. – Anh.: 42 / 103.

Fünfschenkelkern
Eisenkern (→ Transformatorkern) eines Drehstromtransformators, bei dem neben den drei bewickelten Schenkeln zwei unbewickelte Schenkel (Bild) angeordnet sind. Sie umgeben wie beim Einphasen-Manteltransformator mantelartig die bewickelten Schenkel.
Diese Sonderbauart wird teilweise bei Großtransformatoren angewendet. Sie hat den Vorteil, daß der Querschnitt der Joche auf

Fünfschenkelkern

etwa 60 % des leistungsgleichen Dreischenkelkerns herabgesetzt wird. Dadurch wird die Bauhöhe des Transformators kleiner.

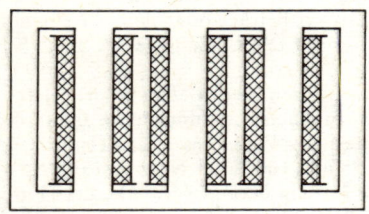

Fünfschenkelkern

Funk-Entstörung
Maßnahme zum Verhüten, Mindern oder zum vollständigen Beseitigen von im Funkfrequenzbereich auftretenden Funkstörschwingungen.
Als Maßnahmen für die F. dienen Abschirmungen oder Dämpfungsfilter. Beide Maßnahmen verhindern ein Ausbreiten oder ein Aufnehmen von elektromagnetischen Schwingungen, die nicht als Nachrichtenträger bestimmt sind. Dämpfungsfilter bestehen aus Funkentstörkondensator, Funkentstörwiderstandsleitung oder Funkentstördrossel. Mit der F. muß über den gesamten Frequenzbereich der Funkstörschwingungen eine konstante Dämpfung erreicht werden. Die F. an Erzeugnissen ist nachweispflichtig.

Funkstörung
Erkennbare Beeinträchtigung der Nutzsignalübertragung im Frequenzbereich von 150 kHz bis 300 MHz des Rundfunks und Fernsehens durch hochfrequente, elektromagnetische Schwingungen.
Funkstörende Teile und Geräte sind:
- das Kommutator-Bürstensystem in elektrischen Maschinen bei Bürstenfeuer;
- Gleichstrommaschinen mit sehr hohen Drehzahlen und kleiner Nutzahl durch hochfrequente Stromschwankungen;
- der Stromrichterbetrieb bei der Phasenanschnittsteuerung;
- Relaiskontakte oder Zünder der Leuchtstofflampen.

Die F. entsteht im Bereich über 30 MHz durch Abstrahlung, unter 30 MHz dagegen durch Leitungsübertragung. Unterschiedliche → Entstörungsmaßnahmen ergeben sich aus der technischen Notwendigkeit und dem ökonomischen Aufwand.

G

Gabelschaltung
→ Mittelpunktschaltung

Ganzlochwicklung
→ *Wechselstromwicklung, deren Zahl (q) der bewickelten Nuten (N) je Pol (2 p) und Wicklungsstrang (m) im Unterschied zur* → *Bruchlochwicklung eine ganze Zahl ergibt*

$$q = \frac{N}{2\,p \cdot m}.$$

Die G. wird ein- oder zweischichtig (→ Wicklungsschicht) und mit Spulen gleicher oder ungleicher Weite (→ Spulenweite) oder als Stabwicklung ausgeführt. Hinsichtlich der Lage und Breite der → Wicklungszonen unterscheidet man zwischen ungesehnten Ganzloch-Einschichtwicklungen und ungesehnten Ganzloch-Zweischichtwicklungen (→ Spule, ungesehnte). Bei beiden Wicklungssystemen haben alle Wicklungszonen die gleiche Breite. Die Wicklungszonen einer Ganzloch-Zweischichtwicklung müssen in zwei Ebenen dargestellt werden und deckungsgleich sein. Solche G. heißen Durchmesserwicklungen (Durchmesserspule). Haben die Wicklungszonen bei Ganzloch-Zweischichtwicklungen zwar die Breite wie bei Durchmesserwicklungen, sind sie aber räumlich gegeneinander verschoben, so handelt es sich um gesehnte Wicklungen (→ Spule, gesehnte). Haben die Wicklungszonen unterschiedliche Breite oder werden Wicklungszone und → Nutschritt zugleich geändert, dann bezeichnet man solche zweischichtigen Wicklungssysteme als Wicklungen mit Zonenänderung (→ Wicklungszone, Bilder). G. werden als → Maschinenwicklung, → Träufelwicklung, → Formspulenwicklung, → Durchzieherwicklung und → Handwicklung ausgeführt.

Gegeninduktion
Sonderform der → *Ruheinduktion, bei der der sich ändernde Magnetfluß durch eine vom Strom durchflossene Spule oder Leiterschleife erzeugt wird.*
Auf diesem Prinzip beruhen die → Transformatoren. Eine an der Primärwicklung anliegende Wechselspannung U_1 treibt den Wech-

Gegeninduktion

selstrom I_1 an, der nach dem Durchflutungsgesetz die Durchflutung Θ_1 erzeugt, die den Wechselfluß Φ hervorruft.
Durch magnetische Kopplung ($\rightarrow$ Kopplung, magnetische) wird nach dem Induktionsgesetz in einer zweiten Wicklung, der Sekundärwicklung, die Induktionsspannung U_2 induziert:

$U_1 \rightarrow I_1 \rightarrow \Theta_1 \rightarrow \Phi \rightarrow U_2$
⇑ ⇑
Durch- Induktions-
flutungs- gesetz
gesetz

Gegenspannung
Im rotierenden Anker eines $\rightarrow$ Gleichstrommotors induzierte Spannung, die der angelegten Netzspannung entgegengerichtet ist.
Die G. ist bei konstantem Magnetfluß drehzahlabhängig. Bei Belastung des Gleichstrommotors sinkt sie. Die im Anker wirksame Spannung ($U - U_g$) steigt dagegen, so daß auch die Stromaufnahme steigt. Bei Überlastung bis zum Stillstand des Ankers ist die Stromaufnahme am größten. Dieser Zustand entspricht dem Betriebszustand Kurzschluß eines Generators. Auch im Moment des Zuschaltens der Netzspannung ist die Drehzahl und damit die G. gleich Null. Der Gleichstrommotor nimmt deshalb einen großen Anlaufstrom auf.

Gegenstrombremsung
Elektrisches Bremsverfahren bei $\rightarrow$ Asynchronmotoren.
Die Bremswirkung (Verlustbremsung) wird durch Vertauschen zweier Ständerzuleitungen während des Betriebs erzielt, durch das das Ständerdrehfeld in entgegengesetzter Richtung zum rotierenden Läufer umläuft. Ist der Stillstand des so gebremsten Antriebs erreicht, so ist das Netz sofort abzuschalten (z. B. Schleppschalter), um ein Hochlaufen in entgegengesetzter Drehrichtung zu verhindern. Die G. ist eine erhebliche mechanische und thermische Belastung für den Asynchronmotor. Sie kann bis zu dreimal so groß sein wie bei einer Direkteinschaltung. Für Antriebe mit G. sind nur dafür geeignete Asynchronmotoren einzusetzen.

Genauigkeitsklasse
Bereich, dem Fehlergrenzen vom Meßinstrument und $\rightarrow$ Meßwandler zugeordnet sind.

G. werden in Dezimalbrüchen angegeben, z. B. Klasse 0,1; 0,2; 0,5; 1,0 usw. G. 0,5 bedeutet, daß bei einem direkt anzeigenden Meßinstrument der absolute Fehler $\pm$ 0,5 % vom Skalenwert beträgt oder daß bei einem Meßwandler der Übersetzungsfehler $\pm$ 0,5 % beträgt.
Die Fehlergrenzen der Meßwandler gelten allgemein bei einem Leistungsfaktor 0,8 und bei Wandlern der G. 0,1 bis 1 für Leistungen zwischen 25 und 100 % der Nennleistung. Sofern keine Einschränkungsvermerke der Hersteller vorhanden sind, können alle Stromwandler ständig bis 120 % der Nennleistung belastet werden. – Anh.: 63, 65 / 49, 50, 51.

Generator
Rotierende, elektrische $\rightarrow$ Maschine, die vom Antriebsaggregat erzeugte mechanische Energie in elektrische Energie umwandelt.
Je nach der Spannungs- bzw. Stromart werden $\rightarrow$ Gleichstrom-, Wechselstrom- und Drehstrom- unterschieden. Ihre Wirkungsweisen sind auf das $\rightarrow$ G.prinzip zurückzuführen, bei dem die dominierende Grundgesetzmäßigkeit die $\rightarrow$ Bewegungsinduktion ist.

Generatorbelastung
Betriebszustand eines Generators, bei dem dieser elektrische Energie an das Netz, d. h. an die Verbraucher, abgibt.
Der Verbraucherwiderstand bestimmt die Belastungshöhe, also die Stromstärke. Durch sie entstehen im Generator Spannungsabfälle, die die Klemmenspannung gegenüber der des $\rightarrow$ Leerlaufs meist verringern. Der Belastungsstrom erzeugt weiterhin ein Gegendrehmoment, das durch ein entsprechendes Antriebsmoment zur Aufrechterhaltung einer konstanten Drehzahl überwunden werden muß.

Generatorbremsung
$\rightarrow$ Asynchrongenerator; $\rightarrow$ Gleichstromgenerator

Generatorgleichung, allgemeine
$\rightarrow$ Generatorprinzip

Generatorkurzschluß
Grenzbetriebszustand eines Generators, dessen Merkmale von der Art des Generators abhängen.

Generatorkurzschluß

● Gleichstromgenerator
Bei dem → Gleichstrom-Reihenschlußgenerator fließt bei Klemmenkurzschluß ein extrem hoher Strom, der nur durch die kleinen Widerstände der Läufer- und Erregerwicklung begrenzt wird. Beide Wicklungen werden stark überbeansprucht. Das im Sättigungsbereich wirkende starke Erregerfeld und der große Kurzschlußstrom erzeugen ein so starkes Gegendrehmoment, daß das Antriebsaggregat und damit auch der Generator meist nach kurzer Zeit zum Stillstand kommen.
Bei dem → Gleichstrom-Nebenschlußgenerator bricht bei Klemmenkurzschluß das Erregerfeld zusammen, da über der parallelgeschalteten Erregerwicklung die Spannung Null ist und kein Erregerstrom fließt. Der kleine Restmagnetismus induziert eine kleine Spannung, die einen Kurzschlußstrom antreibt, der unter dem Nennstrom der Maschine liegt. Diese Maschine ist kurzschlußfest. Da meist ein plötzlicher Kurzschluß entsteht, verringert sich das bei Belastung wirkende Drehmoment sprunghaft. Das noch anstehende Antriebsmoment führt zu einer plötzlichen Drehzahlerhöhung des Generators.
● Wechselstrom- und Drehstromgenerator
Bei plötzlichem widerstandslosem Verbinden der Generatorklemmen entsteht ein Stoßkurzschlußstrom, der durch einen Ausgleich in den Dauerkurzschlußstrom übergeht. Die Induktionswicklung wird mechanisch und thermisch extrem überbeansprucht. Da die Induktionswicklung mit ihren Streuinduktivitäten stark induktiv wirkt, ist der Kurzschlußstrom im wesentlichen ein Blindstrom. Dieser erzeugt ein sehr kleines Gegendrehmoment, so daß noch anstehende Antriebsdrehmomente zu einer plötzlichen Drehzahlerhöhung des Generators führen.

Generatorleerlauf
Grenzbetriebszustand eines Generators.
Merkmale:
- geringes Antriebsmoment durch die Turbine zur Überwindung der Reibung und zur Beschleunigung auf Nenndrehzahl;
- Aufbau des Magnetfelds durch den Nennerregerstrom;
- geöffneter Arbeitsstromkreis; es fließt kein Strom;
- Anliegen der Induktionsspannung an den Klemmen.

Generator-Parallelbetrieb
Zusammenschalten von Generatoren zum Erhöhen der Versorgungssicherheit und der Lastaufteilung durch Verbinden von Klemmen gleichen Potentials.
Bei → Gleichstromgeneratoren muß die Einstellung der Spannung durch den Erregerstrom gleichmäßig erfolgen, da durch den sonst entstehenden Spannungsunterschied Ausgleichsströme zwischen den Maschinen fließen. Diese Ausgleichsströme ändern die Maschinenbelastungen. Der höher erregte Generator übernimmt die größere Last.
Bei → Synchrongeneratoren sind die Ausgleichsströme durch die Induktivitäten der Wechselstromwicklungen überwiegend Blindströme. Der übererregte Generator gibt einen nacheilenden Blindstrom an den anderen Generator ab, oder der andere nimmt den Ausgleichsstrom als voreilenden Blindstrom auf. Der übererregte Generator wirkt auf den anderen wie ein Kondensator und übernimmt den größten Teil der Blindlast des Netzes. Eine Änderung der Wirklastaufteilung ist nur durch eine Änderung der Antriebsleistung eines Generators möglich. Es ändert sich dann durch die Stellung der Vollpol- bzw. Schenkelpolläufer zueinander. Der Ausgleichsstrom ist für den Generator mit verstärktem Antrieb ein Wirkstrom, d. h., dieser Generator übernimmt den größeren Teil der Wirklast des Netzes.
In der Regel arbeiten an einem Netz mehrere Generatoren, wie es z. B. in der Energieversorgung üblich ist. Im sog. Verbundbetrieb bleibt, im Unterschied zum → Inselbetrieb, die Spannung auch bei Belastungsunterschieden konstant. Die Maschine arbeitet am sog. starren Netz.

Generatorprinzip
Grundgesetzmäßigkeit aller rotierenden elektrischen Maschinen, insbesondere Wirkprinzip eines Generators, das auf dem physikalischen Vorgang der → Bewegungsinduktion beruht.
Die für die Magnetflußänderung erforderliche relative Bewegung zwischen Leiter und Magnetfeld wird durch die technisch günstige Kreisbewegung erzeugt. Der Betrag der induzierten Spannung U_i kann nach der all-

Generatorprinzip

gemeinen Generatorgleichung berechnet werden:
$U_i = c \cdot \Phi \cdot n$,
c Maschinenkonstante; Φ Magnetfluß; n Drehzahl.
Die Richtung der induzierten Spannung kann mit Hilfe der → Rechten-Hand-Regel bestimmt werden.

Generatorschutz
Einrichtung, die eine Zerstörung des Generators vor allem durch die Folgen von Isolationsfehlern in den Wicklungen und von Kurzschlüssen im einspeisenden Netz verhindert.
Äußere Überbeanspruchungen werden durch die Überlastmeldung und durch den Überstromschutz erfaßt. Die Überlastmeldung erfolgt bei einem etwa 5 % über dem Nennwert liegenden Strom nach 6 ... 12 Sekunden. Der Überstromschutz spricht bei dem 1,5fachen Nennstromwert an. Die Zeitverzögerung im Bereich von 0,3 bis 0,45 Sekunden richtet sich nach der Netzstaffelung.
Isolationsfehler können zum Wicklungsschluß führen, der durch den Differentialschutz erfaßt wird. Der Ständererdschlußschutz spricht an, wenn bei einem Durchschlag der Wicklungsisolation eine der Ständerspulen Verbindung zum Generatorgehäuse hat. In beiden Fällen wird der Generator unverzögert vom Netz geschaltet, entregt und die Antriebsenergie herabgesetzt. Bei einem Isolationsfehler der Erregerwicklung kann ein Erdschluß des Läufers entstehen. Der Läufererdschlußschutz meldet diese Störung, die noch keine Gefahr für den Generator darstellt. Erst der Doppelerdschluß stört die Symmetrie des Magnetfelds und führt zur Laufunruhe des Läufers.
Bei Störung des Antriebs kann ein Generator bei Betrieb am starren Netz als Synchronmotor arbeiten. Durch den Rückleistungsschutz wird der Generator dann nach der eingestellten Zeit vom Netz getrennt. – Anh.: – / 11.

Gesamtausschaltzeit
Zeitdauer vom Geben des Schaltimpulses bis zum Verlöschen des Lichtbogens (Bild).
Die Auslösezeit dauert vom Auslösen des Schaltimpulses bis zum Bewegen der Schaltermechanik. Die Eigenzeit gibt die Dauer der Kontaktbewegung vor dem Öffnen der Kontakte an, die anschließende Lichtbogenzeit endet mit dem Verlöschen des Lichtbogens. Danach legen die → Schaltstücke noch einen kurzen Weg bis zur endgültigen Ruhelage zurück. Ausschaltverzugszeit und Lichtbogenzeit ergeben die G.

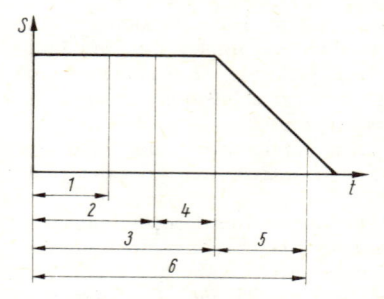

Gesamtausschaltzeit. *s* Entfernung der Schaltstücke aus der Ausschaltlage; *t* Zeit; *1* Befehlsmindestzeit; *2* Auslösezeit; *3* Ausschaltverzugszeit; *4* Eigenzeit; *5* Lichtbogenzeit; *6* Gesamtausschaltzeit

Gesamteinschaltzeit
Zeitdauer vom Auslösen des Schaltimpulses bis zum endgültigen sicheren Schließen des Kontakts nach der Prellzeit (Bild).
In die Befehlsmindestzeit fließen die Zeiten eventuell vorhandener Schaltschütze oder mechanischer Antriebe ein. Bei der Ansprechverzugszeit vergeht noch die Zeitspanne bis zum Beginn der Bewegung der → Schaltstücke. Bis zum ersten Schließen der Kontakte läuft die Einschaltverzugszeit. Diese und die noch ablaufende Prellzeit ergeben die G. Durch entsprechende Auslegung der elektrischen und mechanischen Teile und durch zusätzliche Federkraft soll die G. klein gehalten werden. Dabei sind konstruktive Kompromisse zu machen, denn ein zu schnelles Einschalten erhöht wegen

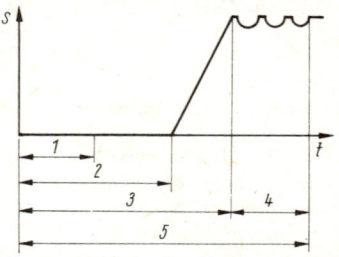

Gesamteinschaltzeit. *s* Entfernung der Schaltstücke aus der Ausschaltlage; *t* Zeit; *1* Befehlsmindestzeit; *2* Ansprechverzugszeit; *3* Einschaltverzugszeit; *4* Prellzeit; *5* Gesamteinschaltzeit

der großen abzubremsenden Kräfte die Bruchgefahr im Schaltmechanismus und das Kontaktprellen. Bei mehrpoligen Schaltern kann die G. der einzelnen Pole unterschiedlich lang sein.

Glättungsdrossel
→ Saugdrosselschaltung

Gleichpolbauart
Konstruktionsform eines wicklungsfreien Läufers von Synchrongeneratoren, bei der die von Gleichstrom durchflossene Erregerwicklung, wie die Induktionswicklung, feststehend ist.
Im Bild sind außer der schematischen Darstellung des zahnradförmigen Läufers die Feldkurve und der Verlauf der induzierten Spannung dargestellt.

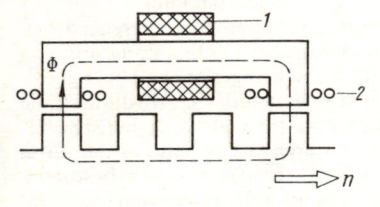

Gleichpolbauart. *1* Erregerwicklung; *2* Arbeitswicklung

Gleichstromanlasser
Stellwiderstand eines → Gleichstrommotors zur Begrenzung des Anlaufstroms.
Im Moment des Zuschaltens der Netzspannung ist die → Gegenspannung gleich Null, deshalb können Einschaltströme mit dem 7- bis 20fachen des Motornennstroms auftreten. Der in Reihe zur Ankerwicklung zu schaltende G. hat die Anlaßspitzenstrom bei Motoren im Leistungsbereich von 1,5 kW bis 100 kW unter Vollast auf das 1,5fache und den Schaltstrom auf das 1,15fache des Nennstroms zu begrenzen.
Wenn der Motor anläuft, entsteht die Gegenspannung. Die Stromaufnahme sinkt. Sobald ein genügend kleiner Wert, der Schaltstrom, erreicht ist, kann der Anlaßwiderstand um so viel verkleinert werden, daß der Anlaßspitzenstrom wieder erreicht wird. – Anh.: – / 128.

Gleichstrombremsung
Elektrisches Bremsverfahren bei → Asynchronmotoren.

Die Bremswirkung (Verlustbremsung) wird erreicht, indem die Ständerwicklung nach vorheriger Netztrennung mit Gleichstrom erregt wird (Generatorbremsung).

Gleichstrom-Doppelschlußgenerator
→ *Gleichstromgenerator, bei dem ein Teil der Erregerwicklung parallel und der andere Teil in Reihe zur Läuferwicklung geschaltet ist* (Bild a).

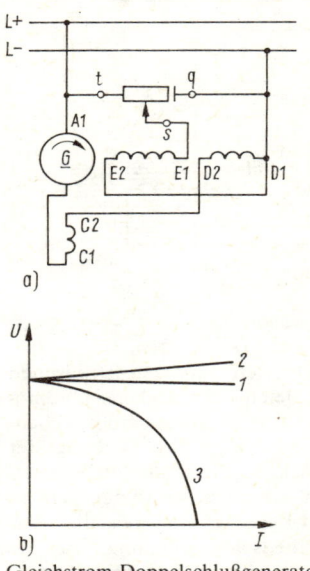

Gleichstrom-Doppelschlußgenerator

Die Erregerspulen sind meist so bemessen, daß die Nebenschlußwicklung den Hauptteil des Magnetflusses erzeugt, der durch die Reihenschlußwicklung verstärkt, im Sonderfall auch geschwächt werden kann. Im Leerlauf wirkt der G. als → Gleichstrom-Nebenschlußgenerator. Die durch die inneren Spannungsabfälle bei Belastung sonst sinkende Klemmenspannung wird durch die feldverstärkend wirkende Reihenschlußwicklung u. U. sogar etwas vergrößert (Kurve 2 im Bild b). Dieser Generator ist kurzschlußfest, aber nicht rückstromsicher. Beim Gegenschalten beider Erregerwicklungen entsteht eine stark fallende Spannungscharakteristik (Kurve 3), die für den Einsatz als Schweißgenerator erforderlich ist.
G. werden häufig zur Energieerzeugung für stark schwankende Belastung auf Schiffen

Gleichstrom-Doppelschlußgenerator

oder im Bahnbetrieb eingesetzt. Sie werden teilweise noch als Verbund- oder Compoundmaschinen bezeichnet.

Gleichstrom-Doppelschlußmotor
→ Gleichstrommotor, der durch eine Nebenschlußwicklung (Klemmenbezeichnung E1 und E2) und eine Reihenschlußwicklung (D1 und D2) erregt wird (Bild).

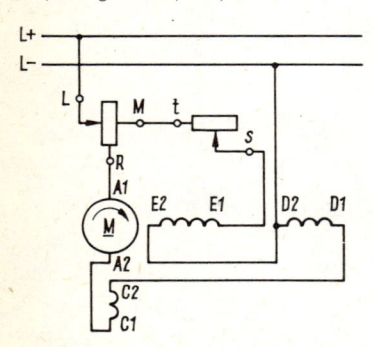

Gleichstrom-Doppelschlußmotor

Das Betriebsverhalten des G. liegt zwischen dem des → Gleichstrom-Reihenschlußmotors und dem des → Gleichstrom-Nebenschlußmotors. Überwiegt die Wirkung der Nebenschlußwicklung, sinkt die Drehzahl etwas stärker als bei einem belasteten Nebenschlußmotor. Überwiegt dagegen die Wirkung der Reihenschlußwicklung, ist die Drehzahländerung bei Belastung nicht so stark wie bei dem Reihenschlußmotor. Der G. kann im Leerlauf betrieben werden. Sein Anzugsmoment ist größer als bei einem Nebenschlußmotor. Das Betriebsverhalten ändert sich wesentlich, wenn Reihenschluß- und Nebenschlußwicklung gegeneinander geschaltet werden.
Die unterschiedlichen Drehzahl-Drehmoment-Charakteristiken ermöglichen eine weitgehende Anpassung an spezielle Antriebe, z. B. an Arbeitsmaschinen mit Schwungmassen wie Pressen, Stanzen und Walzenantriebe.

Gleichstromfeld
Magnetfeld, dessen Stärke, Form und Lage zur erzeugenden Spule konstant ist.
Eine mit Gleichstrom gespeiste Wicklung erzeugt ein G..

Gleichstromgenerator
→ *Gleichstrommaschine, mit der mechanische Energie in elektrische Energie umgewandelt wird.*
Durch einen Antrieb rotiert die Läuferwicklung im feststehenden Erregerfeld. Nach dem Gesetz der Induktion der Bewegung wird eine Wechselspannung induziert. Der Höchstwert entsteht, wenn die Spulenseiten der Läuferwicklung sich unter den Polschuhen bewegen. Beim Durchlaufen der neutralen Zone ist der Augenblickswert der Spannung dagegen Null. Durch den Kommutator wird die Wechselspannung mechanisch gleichgerichtet (Stromwendung), so daß an den Bürsten eine oberwellenbehaftete Gleichspannung abgenommen werden kann. Sie wird dem Gleichstromnetz zugeführt.
Der Betrag der Gleichspannung ist von der Antriebsdrehzahl und vom Erregerstrom, ihre Polarität von der Drehrichtung und von der Richtung des Erregerstroms abhängig.
Das Betriebsverhalten des G. wird durch die Art der Erregung (→ elektromagnetische Erregung) und durch die Schaltung der Erregerwicklung zur Läuferwicklung bestimmt. Dementsprechend werden → Gleichstrom-Nebenschlußgeneratoren und → Gleichstrom-Reihenschlußgeneratoren sowie → Gleichstrom-Doppelschlußgeneratoren und → Krämermaschinen unterschieden. –Anh.: – / 7.

Gleichstromgenerator, fremderregter
→ *Gleichstromgenerator, dessen Hauptpolwicklung (Erregerwicklung) von einer fremden Spannungsquelle (→ Fremderregung) gespeist wird (Bilder a und b).*
Um die Spannungsquelle nicht zu stark zu belasten, wird die Erregerwicklung mit vielen Windungen dünnen Drahts ausgeführt.
Bei konstanter Läuferdrehzahl und konstantem Magnetfluß ist die induzierte Läuferspannung nahezu belastungsunabhängig. Die Klemmenspannung U sinkt mit zunehmender Belastung durch die Spannungsabfälle über der Läufer-, Kompensations- und Wendepolwicklung. Die Spannungskennlinie $U = f(I)$ (Bild c) ist eine fallende Gerade. Im Kurzschluß fließt ein extrem hoher Strom. Der f. G. ist rückstromsicher, da ein Rückstrom keinen Einfluß auf das Erregerfeld hat.
Mit Hilfe eines Stellwiderstands (→ Feldstel-

Gleichstromgenerator 61

ler) kann der Magnetfluß von einem Minimum bis zum Sättigungswert verändert werden. Die induzierte Spannung ist deshalb in weiten Grenzen veränderbar. Der f. G. wird bevorzugt als Steuergenerator bei Leonardumformern verwendet.

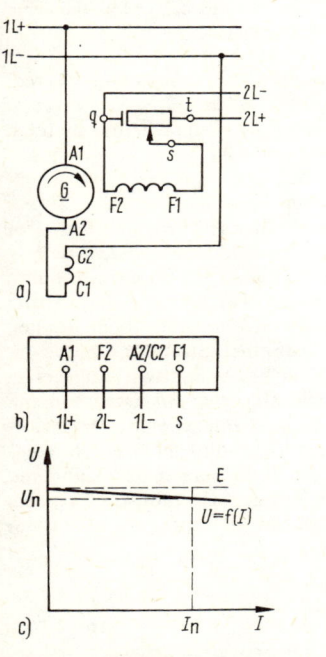

Die Spulenenden der Läuferwicklung sind an die Lamellen des Kommutators geführt, auf dem die Bürsten schleifen. Dadurch wird die elektromechanische Verbindung zwischen dem Gleichstromnetz und der Läuferwicklung hergestellt. Zwischen den Hauptpolen sind bei größeren Maschinen in der feldfreien Zone (neutrale Zone) zur Verbesserung der Stromwendung Wendepole (Bild) angeordnet, deren Wicklung vom Läuferstrom durchflossen wird.

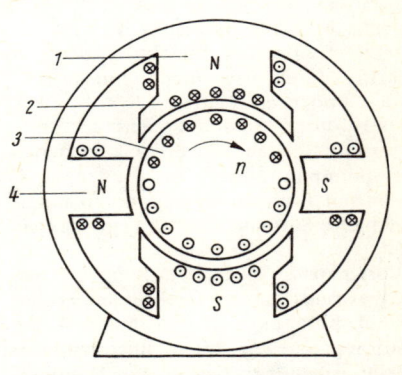

Gleichstrommaschine. *1* Hauptpol mit Erregerwicklung; *2* Kompensationswicklung; *3* Läufer mit Läuferwicklung; *4* Wendepol mit Wendepolwicklung; *n* Drehrichtung bei Generatorbetrieb

Gleichstromgenerator, fremderregter. a) Schaltung; b) Klemmenbrett; c) Spannungskennlinie

G. werden in einem großen Leistungsbereich als Kleinstmaschine von 0,2 W bis zur Großmaschine von 6 600 kW ausgeführt. – Anh.: 67 / –

Gleichstrommaschine
Rotierende elektrische Maschine, bei der je nach Schaltung Gleichstrom zugeführt wird oder entnommen werden kann.
Die Richtung der Energieumwandlung bestimmt ihre Arbeitsweise als → Gleichstromgenerator oder als → Gleichstrommotor. Die G. ist eine Außenpolmaschine, bei der im feststehenden Teil, dem Ständer, der als Hohlzylinder in Guß- oder Schweißkonstruktion ausgeführt wird, die Hauptpole mit der Gleichstrom-Polwicklung angeordnet sind. Sie baut das Erregerfeld (Magnetfeld) auf, das bei kleinen Maschinen auch durch Permanentmagnete erzeugt wird. Der drehbar gelagerte Anker (Läufer) ist aus einem lamellierten Blechpaket aufgebaut, in dessen Nuten eine verteilte Wicklung eingelegt ist.

Gleichstrommaschine, bürstenlose
Elektrische Kleinstmaschine, die keinen Kommutator hat; auch kommutatorlose Gleichstrommaschine.
Die b. G. hat einen rotierenden Innenmagneten. Die Ankerwicklung liegt meist in Nuten im Ständer (Bild).
Die Kommutierung erfolgt elektronisch mit Hilfe eines sog. Lagegebers. Dieser ist starr mit dem Läufer verbunden. Dadurch wird eine feste räumliche Zuordnung zum Magnetfluß erreicht. Der Lagegeber steuert Transistoren. Dadurch wird die gleiche Wirkung wie die eines Kommutators, räumliche Zuordnung zwischen Magnetfluß und den einzelnen Ankerspulen, erreicht. Diese Steuerung genügt folgenden physikalischen Prinzipien:

Gleichstrommaschine

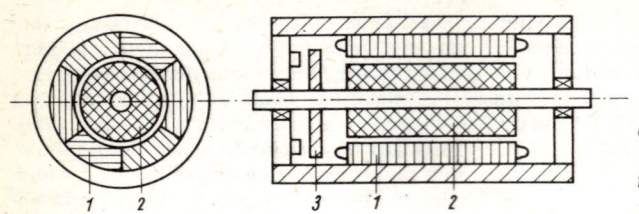

Gleichstrommaschine

Gleichstrommaschine, bürstenlose. *1* genuteter Ständer mit Wicklungen; *2* rotierendes Magnetsystem; *3* Lagegeber

- optoelektronisch durch Lichtquellen, Schlitzscheibe oder Reflexionsscheibe und Fototransistor;
- magnetisch durch rotierende Permanentmagnete und feststehende Hallsonden;
- kapazitiv durch bewegliche und feststehende Kondensatorplatten;
- induktiv durch rotierende Permanentmagnete und feststehende Spulen, in denen eine Spannung induziert wird oder durch Spulen mit Ferritkernen, die durch unterschiedliche Sättigung einen Schwingkreis verstimmen.

Den Vorteilen der b. G., wie hohe Lebensdauer, extrem hohe Drehzahlen (über 100 000 Umdrehungen je Minute), keine Funkstörung, stehen nicht unwesentliche Nachteile gegenüber: schlechter Rundlauf bei niedrigen Drehzahlen, hohe Kosten durch Lagegeber und elektronischen Ansteuerteil. Deshalb werden die b. G. nur in Antrieben der Luft- und Raumfahrt sowie der Hi-Fi-Geräte verwendet.

Gleichstrommaschine, kommutatorlose
→ Gleichstrommaschine, bürstenlose

Gleichstrommaschine, nutenlose
Konstruktionsform eines → *Gleichstromstellmotors*.
Im Permanentsystem bewegt sich die auf einem kreisförmigen Eisenkern aufgeklebte Ankerwicklung (Bild). Ein kleines Trägheitsmoment wird durch ein großes Länge-Durchmesser-Verhältnis ($l/d = 2 \ldots 5$) erreicht (Schlankankermotor). Der Leistungsbereich liegt bei 300 ... 1 500 W.

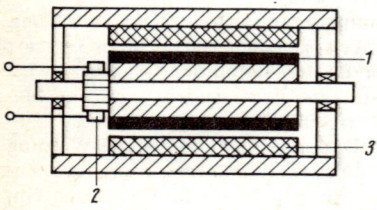

Gleichstrommotor
→ *Gleichstrommaschine, bei der elektrische Energie in mechanische umgewandelt wird.*
Die anliegende Gleichspannung treibt durch die Gleichstrom-Polwicklung einen Strom zur Erregung des Motors sowie über Bürsten und Kommutator einen Strom durch die Ankerwicklung. Nach dem Kraftwirkungsgesetz entsteht eine Kraft bzw. ein Drehmoment. Bei der im Bild a vorgegebenen Stromrichtung *I* im Läufer entsteht nach der Linken-Hand-Regel ein linksläufiges Drehmoment. Die zur vollständigen Drehung des Ankers erforderliche Stromrichtungsumkehr in der

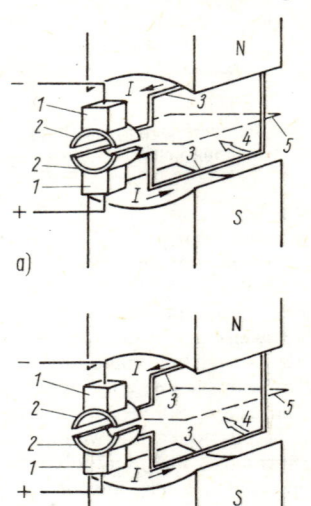

Gleichstrommaschine, nutenlose. *1* Ankerwicklung; *2* Kommutator-Bürstensystem; *3* Magnetsystem

Gleichstrommotor. N, S Hauptpole; *I* Stromrichtung; *1* Bürsten; *2* Kommutatorlamellen; *3* Spulenseiten; *4* rechtsläufiges Drehmoment; *5* neutrale Zone

Gleichstrommotor

Ankerwicklung erfolgt durch den mit umlaufenden Kommutator, so daß stets ein gleichgerichtetes Drehmoment (Bild b) entsteht.
Die Drehrichtungsänderung (→ Reversierbetrieb) wird durch entgegengesetzte Stromrichtung in der Erregerwicklung oder in der Ankerwicklung erreicht. Drehzahlstellen ist möglich durch
● Ändern der angelegten Netzspannung,
● Ändern des Ankerkreiswiderstands und
● Ändern des Magnetflusses.
Bei direktem Einschalten des G. entsteht durch das Fehlen der Gegeninduktionsspannung ein hoher Einschaltstromstoß, der zu einer starken Erwärmung der Wicklung und zu Spannungsabsenkungen im Netz führen kann. G. für Nennspannungen von 220 V und Nennleistungen über 0,7 kW sind mit Vorwiderstand (→ Gleichstromanlasser) anzulassen.
Das Betriebsverhalten des G. wird durch die Art der Erregung (Permanenterregung oder → Fremderregung) und durch die Schaltung der Erregerwicklung zur Ankerwicklung bestimmt. Entsprechend dieser Schaltung werden → Gleichstrom-Nebenschlußmotoren, → Gleichstrom-Reihenschlußmotoren und → Gleichstrom-Doppelschlußmotoren unterschieden.

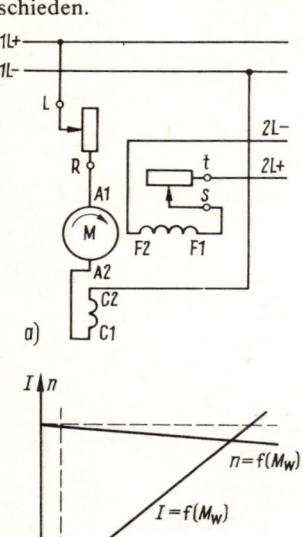

Gleichstrommotor, fremderregter
Gleichstrom-motor, fremderregter

Gleichstrommotor, fremderregter
→ *Gleichstrommotor, dessen Erregerwicklung (Klemmenbezeichnung F1 und F2) durch eine fremde Spannungsquelle eingespeist wird (Bild a).*
Sein Betriebsverhalten ist durch das lineare Ansteigen der Stromaufnahme I in Abhängigkeit vom Widerstandsmoment M_w (Belastung) und durch das geringfügige lineare Absinken der Drehzahl n gekennzeichnet (Bild b). Die Drehzahl kann im weiten Bereich durch Ändern der angelegten Spannung und durch Ändern des Erregerflusses unabhängig von der Belastung gesteuert werden. Diese stufenlose Änderung wird besonders in der sog. → Leonardschaltung genutzt.

Gleichstrommotor, permanenterregter
Elektrische Kleinstmaschine, bei der Permanentmagnete anstelle einer stromdurchflossenen Wicklung das Erregerfeld aufbauen.
Als Magnetwerkstoff werden überwiegend Hartferrite eingesetzt. Die Magnete sind i. allg. als Ringe, die zonenweise magnetisiert werden, oder als Segmente ausgeführt. Der magnetische Rückschluß wird durch das Gehäuse gebildet. Der Läufer unterscheidet sich nicht von dem einer → Gleichstrommaschine.
P. G. werden in der Spielzeugindustrie, in Haushaltgeräten, in verschiedenen Hilfsantrieben der Kraftfahrzeuge sowie in der Steuerungs- und Regelungstechnik eingesetzt. Nahezu 99 % aller Gleichstrommotoren mit einer Leistung unter 10 W sind permanenterregt.

Gleichstrom-Nebenschlußgenerator
→ *Gleichstromgenerator, bei dem die Erregerwicklung parallel zur Läuferwicklung geschaltet ist.*
Der G. arbeitet mit → Selbsterregung. Zur Beeinflussung der induzierten Läuferspannung wird durch den zur Erregerwicklung in Reihe geschalteten → Feldsteller (Bild a) der Erregerstrom und damit das Erregerfeld geändert.
Das Betriebsverhalten wird durch die Abhängigkeit der Klemmenspannung U vom Belastungsstrom I (Bild b) bestimmt. Die Klemmenspannung sinkt mit steigendem Belastungsstrom durch den Spannungsabfall über der Läuferwicklung, durch die Ankerrückwirkung und durch die Verringerung des

Gleichstrom-Nebenschlußgenerator

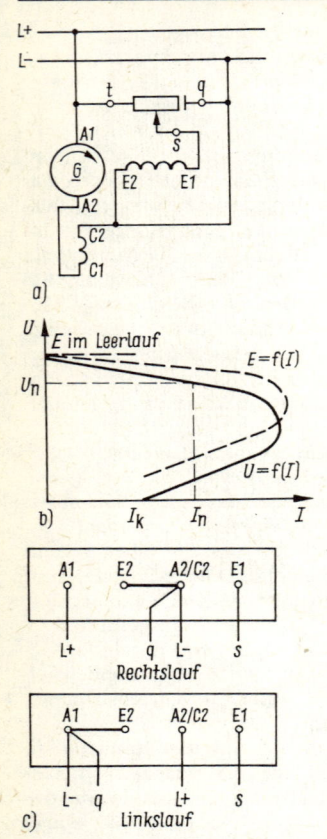

Gleichstrom-Nebenschlußgenerator. a) Schaltung; b) Spannungskennlinie; c) Klemmenbrettschaltungen

Energieversorgung auf Schiffen, Flugzeugen und als Lichtmaschine eingesetzt. Unterschiedliche Antriebsrichtungen erfordern unterschiedliche Klemmenbrettschaltungen (Bild c).

Gleichstrom-Nebenschlußmotor
→ *Gleichstrommotor, dessen Erregerwicklung (Klemmenbezeichnung E1 und E2) parallel zur Läuferwicklung geschaltet ist (Bild a).*

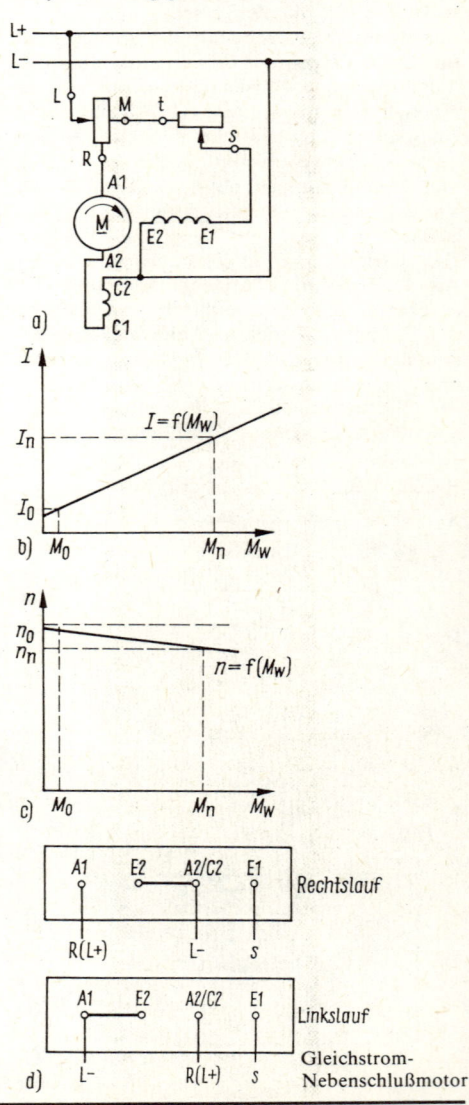

Erregerstroms. Bei Überlastung sinkt die Klemmenspannung immer stärker. Bei Überschreiten einer maximalen Stromstärke (annähernd das 3fache des Nennstroms) ist die Feldschwächung so groß, daß die induzierte Läuferspannung die geforderte Stromstärke nicht mehr aufbringen kann. Die Belastungskennlinie läuft zurück. Beim Kurzschluß ist die Klemmenspannung Null, somit auch der Erregerstrom. Die durch den Restmagnetismus induzierte kleine Läuferspannung ruft deshalb nur einen relativ kleinen Kurzschlußstrom hervor.
Der G. arbeitet bei Nennbelastung hart, bei Überlastung dagegen weich, ist kurzschlußfest und rückstromsicher. Er wird als Erregermaschine bei Drehstromgeneratoren, zur

Gleichstrom-Nebenschlußmotor

Die Stromaufnahme I setzt sich aus dem Läuferstrom I_L und dem Erregerstrom I_e zusammen: $I = I_L + I_e$. Da I_L linear mit dem Widerstandsmoment M_w steigt, ist die Belastungskennlinie $I = f(M_w)$ eine steigende Gerade, die um den Betrag des Erregerstroms verschoben ist (Bild b). Das Drehzahlverhalten des G. entspricht dem des → fremderregten Gleichstrommotors. Bei konstanter Spannung und konstantem Erregerfluß ist die → Grunddrehzahl unveränderlich. Die Drehzahländerung zwischen Leerlaufdrehzahl n_0 und Nenndrehzahl n_n beträgt häufig weniger als 10 % (Bild c), wodurch der G. als Antrieb für Werkzeugmaschinen und Automatisierungsgeräte geeignet ist.
Für unterschiedliche Drehrichtungen sind unterschiedliche Klemmenbrettschaltungen erforderlich (Bild d).

Gleichstrom-Polwicklung

Konzentrierte oder verteilte Wicklung, die Magnetfelder erzeugt und mit Gleichstrom erregt wird (Erregerwicklung) (→ Wicklung, konzentrierte; → Wicklung, verteilte).
Bei Gleichstrommaschinen, Einankerumformern und einer Reihe kleinerer Wechselstromgeneratoren sind die G. auf massiven oder geblechten Polkernen in → Polständern untergebracht. Bei Wechselstrom-Synchronmaschinen hingegen sind die Gleichstrom-Erregerwicklungen überwiegend im → Turboläufer oder im → Polrad angeordnet. Die G. der Gleichstrommaschinen werden in breite Hauptpolwicklungen und schmale Wendepolwicklungen unterteilt. Während die Hauptpolkerne entweder mit Reihenschlußspulen (geringe Windungszahl, großer Leiterquerschnitt) oder Nebenschlußspulen (hohe Windungszahl, kleiner Leiterquerschnitt) oder beiden Spulensystemen (Doppelschluß) ausgerüstet sind, tragen die Wendepolkerne ausnahmslos Spulen mit relativ großem Leiterquerschnitt. Eine Besonderheit hinsichtlich ihrer Anordnung und Funktion stellt die Kompensationswicklung dar. Sie wird nur bei großen Gleichstrommaschinen eingesetzt, ist meistens als → Stabwicklung verteilt in genuteten Hauptpolkernen untergebracht und liegt der Läuferwicklung im Luftspalt gegenüber. Die mit der Läuferwicklung in Reihe geschalteten Wendepolwicklungen und Kompensationswicklungen sollen störende Magnetfelder beeinflussen (→ Ankerrückwirkung) und das Bürstenfeuer bei der Kommutierung auf ein Mindestmaß reduzieren.

Gleichstrom-Querfeldmaschine

Zweistufige → Gleichstrommaschine, die als Konstantstromgenerator (→ Rosenbergmaschine) oder als Verstärkermaschine (→ Amplidyne) verwendet wird.

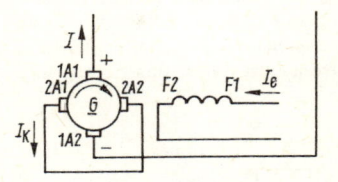

Gleichstrom-Querfeldmaschine

Das Bild zeigt die grundsätzliche Schaltung ohne die heute üblichen Wendepole. Zur ersten Stufe gehören Erregerwicklung (Fremderregung F1 und F2) und Läuferabschnitte zwischen den Hilfs- und Zwischenbürsten 2A1 und 2A2. Bei Erregung und Antrieb wird, wie beim Gleichstromgenerator, eine Spannung induziert, die an den Zwischenbürsten ansteht. Da diese betriebsmäßig kurzgeschlossen sind, fließt ein Läuferstrom, der ein starkes Querfeld aufbaut. Abweichend von der normalen Ausführung der Gleichstrommaschine sind die Hauptpolschuhe besonders groß, um ein starkes Querfeld zu erhalten. Dieses induziert in den abgeteilten Abschnitten der Läuferwicklung zwischen den Hauptbürsten 1A1 und 1A2 eine wesentlich größere Spannung, die eigentliche Nutzspannung. Das Querfeld und diese letztgenannten Abschnitte der Läuferwicklung bilden die zweite Stufe der Maschine.
Bei Belastung überlagern sich im Läufer der Kurzschlußstrom I_K und der Belastungsstrom I, der selbst ein Magnetfeld (→Ankerrückwirkung) hervorruft. Dieses Feld (Läuferlängsfeld) ist dem Erregerfeld entgegengerichtet und schwächt es. Die Wirkung ist vergleichbar mit der der Gegenreihenschlußwicklung beim → Gleichstrom-Doppelschlußgenerator. Im Leerlauf entsteht eine entsprechende Leerlaufspannung, im Kurzschluß kann der Strom nicht unzulässig groß werden, da das Erregerfeld durch das Feld des Belastungsstroms I geschwächt wird.

Gleichstrom-Reihenschlußgenerator

Je nach Auslegung der Maschine lassen sich Gleichstrommaschinen mit ganz speziellen Betriebseigenschaften bauen.

Gleichstrom-Reihenschlußgenerator
→ *Gleichstromgenerator, bei dem die Erregerwicklung in Reihe zur Läuferwicklung geschaltet ist.*
Der G. arbeitet mit → Selbsterregung. Zur Beeinflussung der induzierten Läuferspannung werden durch den zur Erregerwicklung parallelgeschalteten → Feldsteller (Bild a) der Erregerstrom und damit das Erregerfeld geändert.

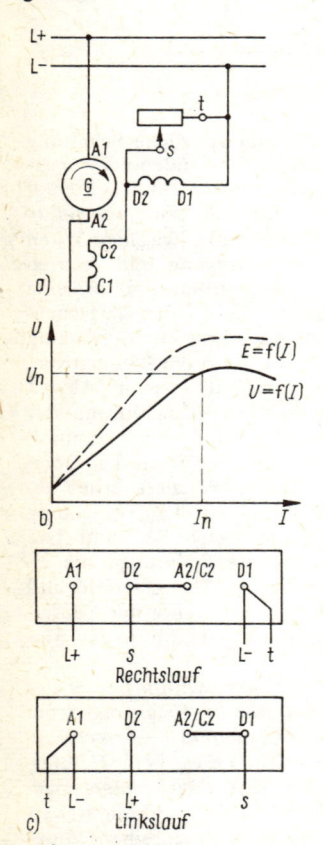

Leerlauf nur der Restmagnetismus wirkt, entsteht nur eine kleine Spannung. Mit steigender Belastung verstärkt sich das Erregerfeld, die Spannung steigt bis zur Sättigung an. Bei Kurzschluß erreicht der Magnetfluß seinen Maximalwert. Der G. ist dadurch nicht kurzschlußfest und nicht rückstromsicher. Wegen seiner starken Belastungsabhängigkeit wird er nur für Sonderzwecke, z. B. zur Einspeisung von Scheinwerfern, verwendet.

Unterschiedliche Antriebsrichtungen erfordern unterschiedliche Klemmenbrettschaltungen (Bild c).

Gleichstrom-Reihenschlußmotor
→ *Gleichstrommotor, dessen Erregerwicklung (Klemmenbezeichnung D1 und D2) in Reihe zur Läuferwicklung geschaltet ist (Bild a).*
Der Erregerstrom ist gleich dem Läuferstrom, so daß der Erregerfluß bis zum Erreichen der Sättigung annähernd proportional der Stromaufnahme ist. Dadurch ist die Stromstärkezunahme geringer als die Zunahme der Belastung, d. h. des Widerstandsmoments (Bild b). Im Unterschied zum → Gleichstrom-Nebenschlußmotor kann der G. bei relativ geringer Stromstärke ein großes Widerstandsmoment überwinden.
Die → Grunddrehzahl des G. wird mittelbar über den Erregerfluß durch die Belastung be-

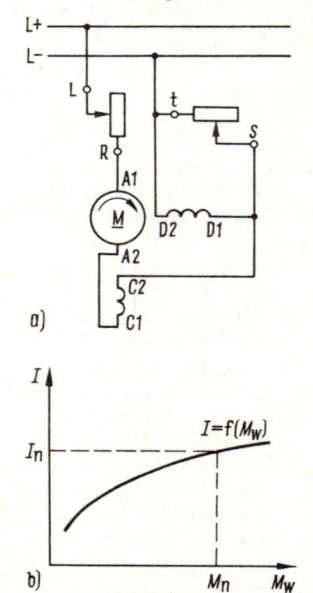

Gleichstrom-Reihenschlußgenerator

Das Betriebsverhalten wird durch die Abhängigkeit der induzierten Läuferspannung und damit der Klemmenspannung U vom Belastungsstrom I (Bild b) bestimmt. Da im

Gleichstrom-Reihenschlußmotor

c) [Diagramm $n = f(M_W)$ mit n_n und M_n]

d) [Klemmenbrettschaltungen:
A1 D2 A2/C2 D1 Rechtslauf
R(L+) L− t   S

A1 D2 A2/C2 D1 Linkslauf
R(L+) S   L− t]

Gleichstrom-Reihenschlußmotor

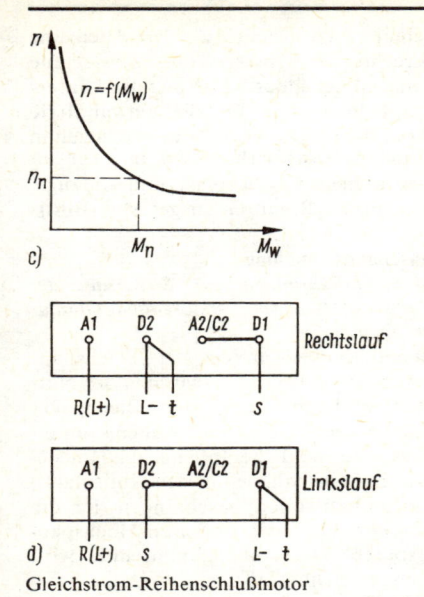

stimmt, deshalb sinkt mit zunehmender Belastung die Drehzahl stark ab (Bild c). Bei Entlastung kann der Motor u. U. durchgehen. Der G. muß deshalb stets starr mit der Arbeitsmaschine verbunden sein. Er wird zum Antrieb elektrischer Bahnen, Krane und Aufzüge verwendet.
Für unterschiedliche Drehrichtungen sind unterschiedliche Klemmenbrettschaltungen erforderlich (Bild d).

Gleichstromstellmotor
Rotierende elektrische → Maschine der Steuerungs- und Regelungstechnik, die ein elektrisches Signal in einen Drehwinkel oder eine bestimmte Winkel-Zeit-Funktion umsetzt.
G. müssen folgenden Forderungen gerecht werden:
- schnelle Befehlsausführung durch kleine elektromechanische Zeitkonstanten und große Spitzendrehmomente;
- kleiner Energieaufwand bei der Stellbewegung durch kleine Trägheitsmomente.

Spezielle Konstruktionsformen des G. sind → Glockenläufermotor, → Scheibenläufermotor und nutenlose Gleichstrommaschine (→ Gleichstrommaschine, nutenlose). Deren gemeinsame Merkmale sind:
- Permanenterregung durch AlNiCo-Magnetwerkstoffe;

- eisenlose Wicklungen – die Ankerwicklungen liegen nicht in Nuten; das fehlende Eisen führt zu guten Kommutierungseigenschaften und damit zu hohen Stromüberlastungen;
- trägheitsarme Wicklungen durch das fehlende Eisen.

Gleichstrom-Tachogenerator
Elektromechanischer Wandler, der die Drehbewegung der Läuferwelle in eine elektrische Gleichspannung umformt.
Prinzipiell ist der Tachogenerator wie eine permanenterregte → Gleichstrommaschine aufgebaut. Da sie auch bei unterschiedlichen Umgebungstemperaturen konstante Spannungswerte liefern muß, sind für das Magnetfeld und für den Ankerwiderstand Kompensationsmaßnahmen erforderlich. Zur Temperaturkompensation des Magnetfelds werden Bleche aus einer speziellen Fe-Ni-Legierung parallel zu den Dauermagnetpolen angeordnet und abgeglichen. Zur Kompensation der Widerstandserhöhung der Ankerwicklung bei steigender Temperatur eignen sich niederohmige Vorwiderstände mit parallelgeschalteten Thermistoren.
Der proportionale Zusammenhang zwischen Spannungshöhe und Drehzahl kann nur mit einer bestimmten Genauigkeit eingehalten werden. Diese → Linearitätsabweichung ist bei Präzisionsmaschinen kleiner als 1 ‰, bei üblichen G. kleiner als 5 %. Die Spannung liegt je nach Ausführung bei 0,02 bis 0,2 V je Umdrehung und Minute. Präzisionstachogeneratoren werden für Leistungen von 1 bis 50 W, für niedrigere Genauigkeitsansprüche bis etwa 500 W ausgeführt.

Gleichstromwiderstandsmessung
Einzelprüfung eines Transformators zum Bestimmen des Gleichstromwiderstands (ohmscher Widerstand) der Wicklungen.
Die G. ist erforderlich, da durch den ohmschen Widerstand die ohmschen Spannungsabfälle und die Kurzschlußverluste des Transformators bestimmt werden können. Die Messung wird mit der Wheatstoneschen Meßbrücke durchgeführt, oder es erfolgt eine Strom-Spannungs-Messung. Fließt der Strom länger als eine Minute, ist die Stromstärke auf 20 % des Nennwerts zu begrenzen. Bei beiden Meßmethoden ist die Wicklungstemperatur zu bestimmen. Der Wick-

Gleichstromwiderstandsmessung

lungswiderstand ist dann auf die Betriebstemperatur umzurechnen:

$$R_x = \frac{R_\vartheta (235 + \vartheta_x)}{235 + \vartheta},$$

R_x Widerstand bei der Betriebstemperatur; R_ϑ Widerstand bei der Temperatur ϑ; ϑ_x Betriebstemperatur; ϑ Temperatur bei der Messung.

Gleitlager
→ *Lagerart, bei der zwischen einer sich drehenden Läuferwelle und einer feststehenden Lagerbuchse eine gleitende Reibung stattfindet.*
Kleine G. werden aus Sintereisen oder Sinterbronze gefertigt. Sie haben als Fertigteile durch Kalibrieren eine hohe Maßgenauigkeit. Sie sind selbstschmierend, verursachen nur geringe Laufgeräusche und bedürfen fast keiner Wartung. Solche G. werden überwiegend in Kleinstmaschinen eingesetzt. Größere G. werden entweder durchweg aus Rotguß oder Bronze gefertigt, oder eine Metallbuchse wird nur zum Teil mit Lagermetall (Weißmetall, Lagerbronze) ausgegossen bzw. ausgeschleudert. Diese G. werden über einen (zwei) Schmierring, der auf der Welle hängt, mit Öl aus der Ölkammer des → *Lagerträgers* versorgt. Schon während der Hochlaufzeit des Läufers bildet sich ein gleichmäßiger Ölfilm zwischen dem Wellenzapfen und der Lagerbuchse. Es findet ein ständiger Ölkreislauf statt; das Öl fließt, nachdem es in das G. gefördert wurde, über Schmiernuten und Abflußbohrungen wieder zurück in die Ölkammer.
Große G.maschinen sind mit einer Druckölschmierung und einer besonderen Ölkühleinrichtung ausgestattet. G.maschinen erfordern eine sorgfältige Betriebsüberwachung. Vor allem muß stets auf vorgeschriebenen Ölstand, Lagertemperatur und auf Mitlaufen der Schmierringe geachtet werden. Auch eine waagerechte Betriebslage der G.maschine und ein ausreichendes Axialspiel des Läufers sind von Bedeutung für die einwandfreie Funktion der G. Die Vorteile der G. liegen in ihrer hohen Belastbarkeit und in geringen Laufgeräuschen. Orgelgebläse und Aufzugsmotoren sind z. B. mit G. ausgerüstet (Bild).

Glimmschutzmaßnahme
Gezielte Vorkehrungen zur Sicherung der Wicklungsisolation vor zerstörenden Glimmentladungen.
Glimmentladungen treten bei Hochspannungsmaschinen verstärkt zwischen der Nutisolation und dem geerdeten Blechpaket auf. Es werden Inneng. und Außeng. unterschieden. Während die Inneng. das Entstehen von Lufteinschlüssen in den Nutisolationen verhindern sollen, beschränken sich die Außeng. auf die fertig isolierten Hochspannungsspulen. Der Außenglimmschutz wird dadurch erreicht, daß im Gefährdungsbereich der Formspule auf die Oberfläche der Isolierhülse eine halbleitende Schicht aufgebracht wird. Somit liegt längs der Isolationsoberfläche das Erdpotential an.
Um die Gefahr von Glimmerscheinungen an den Enden der geerdeten Isolierhülsen zu mindern, wird an diesen Stellen ein hochohmiger Lack aufgebracht.

Glockenläufermotor
Konstruktionsform eines → Gleichstromstellmotors, die durch ein Innenmagnetsystem und eine freitragende glockenförmige Ankerwicklung gekennzeichnet ist (Bild).

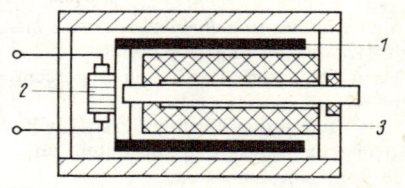

Glockenläufermotor. *1* Ankerwicklung; *2* Kommutator-Bürstensystem; *3* Magnetsystem

Der G. erfüllt höchste Forderungen an technische Parameter und wird für Leistungsbereiche von 100 mW bis 750 W gebaut.

Grenzstrom, dynamischer
Kenngröße eines → Stromwandlers, Schaltge-

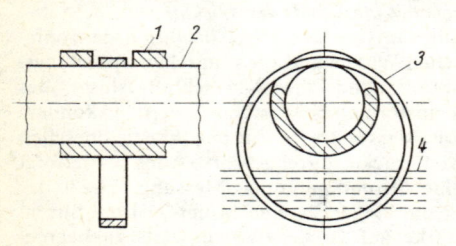

Gleitlager. *1* Gleitlagerbuchse; *2* Wellenzapfen; *3* Schmierring; *4* Schmiermittel der Ölkammer

Grenzstrom, dynamischer

räts oder Anlagenteils, die deren dynamische Belastbarkeit kennzeichnet.
Der d. G. des Stromwandlers ist der größtmögliche Wert der ersten Stromamplitude, deren Kraftwirkung der Stromwandler bei kurzgeschlossener Sekundärwicklung aushalten muß.
Der d. G. muß mindestens das 2,5fache des → thermischen Grenzstroms betragen. – Anh.: 65 / 49, 50.

Grenzstrom, thermischer
Kenngröße eines → Stromwandlers, Schaltgeräts oder Anlagenteils, die deren thermische Belastbarkeit kennzeichnet.
Der t. G. des Stromwandlers ist der Effektivwert des höchsten Primärstroms (in Kiloampere), dessen Wärmewirkung der Stromwandler eine Sekunde aushalten muß. In Fällen mit Auslösezeiten größer oder kleiner als eine Sekunde ist der erforderliche t. G. I_{th} des Stromwandlers aus dem Dauerkurzschlußstrom zu ermitteln.
$I_{th} = I_k \cdot t$,
I_k Dauerkurzschlußstrom; t Auslösezeit; I_k, I_{th} in kA; t in s.
Stromwandler, deren t. G. größer als das 100fache des Primärstroms ist, dürfen nur bei Anschluß von mindestens 25 % der Nennbürde betrieben werden. – Anh.: 65 / 49, 50.

Grenzübertemperatur
Differenz zwischen der höchstzulässigen Dauertemperatur (→ Wärmebeständigkeitsklasse) von Wicklungen oder anderen Bauteilen elektrischer Maschinen und der Temperatur des Kühlmittels.

Großtransformator
Meist → Öltransformator mit Nennleistung ab 6,3 kVA.
Die Nennleistungen der G. sind wie folgt abgestuft: 6,3; 10; 16; 25; 40; 63 kVA bzw. jeweils das 10-, 100fache usw. Ihre Oberspannungen liegen im kV-Bereich.
G. sind u. a. in der Energieerzeugung als Blocktransformator, in der Energieverteilung als Verteilungs- und Netztransformator, in der chemischen Industrie als Ofentransformator sowie im Verkehrswesen als Bahntransformator usw. eingesetzt.

Grunddrehzahl
Drehzahl eines Gleichstrommotors, die von der Höhe der angelegten Spannung und vom Erregerfluß bestimmt wird.
Nach der allgemeinen Generatorgleichung (→ Generatorprinzip) ist die im Läufer induzierte Gegeninduktionsspannung U_g von der Konstruktionskonstanten c_1, vom Erregerfluß Φ und von der Drehzahl n abhängig: $U_g = c_1 \cdot \Phi \cdot n$. Weiterhin ist die Gegenspannung die Differenz zwischen angelegter Spannung U und Spannungsabfall über dem Innenwiderstand R_i : $U_g = U - I \cdot R_i$. Durch Umformung beider Gleichungen entsteht

$$n = \frac{U}{c_1 \Phi} - \frac{I \cdot R_i}{c_1 \Phi}.$$

Wird nach der allgemeinen Motorgleichung (→ Motorprinzip) die Stromstärke I durch

$$I = \frac{M}{c_2 \Phi}$$

ersetzt, kann die Läuferdrehzahl wie folgt angegeben werden:

$$n = \frac{U}{c_1 \Phi} - \frac{R_i}{c_1 \cdot c_2 \cdot \Phi} \cdot M_w.$$

Die Läuferdrehzahl des Gleichstrommotors besteht somit aus der G. n_g (Minuend der oberen Gleichung) und einer Drehzahländerung Δn (Subtrahend), die dem Motormoment M bzw. dem Widerstandsmoment M_w proportional ist.
Die Drehzahl eines Gleichstrommotors kann unabhängig von der Belastung durch Ändern der G.

$$n_g = \frac{U}{c_1 \cdot \Phi}$$

gesteuert werden. Gesteuerte Gleichrichter (Thyristoren oder Thyratrons) verändern die anliegende Spannung U, Feldsteller den Erregerfluß Φ. Zusätzlich ändert sich durch den Erregerfluß auch die Drehzahländerung Δn, die auch durch Vergrößern des Innenwiderstands R_i mittels Vorwiderstands beeinflußbar ist. Dieser Vorwiderstand wird dann gleichzeitig zur Begrenzung des Anlaufstroms genutzt (Drehzahlstellenanlasser).

Grunderregerwicklung
→ Konstantspannungsgenerator

Grundstromkreis
Elementare Zusammenschaltung von Spannungsquelle als aktivem Zweipol und einem Außenwiderstand, in dem als passiver Zweipol eine Energieumwandlung erfolgt.

Grundstromkreis

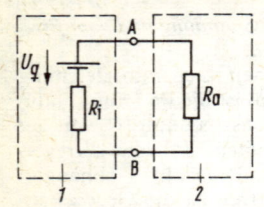

Grundstromkreis.
1 aktiver Zweipol;
2 passiver Zweipol

Auf diese Grundschaltung (Bild) lassen sich auch komplizierte Schaltungen zurückführen.

H

Halbleiter
Feste und flüssige Stoffe, die hinsichtlich ihrer Zahl frei beweglicher Ladungsträger zwischen → Leitern und → Nichtleitern stehen.
Der spezifische Widerstand (→ Widerstand, spezifischer) von H. liegt bei Zimmertemperatur zwischen $10^{-4}\,\Omega \cdot cm$ und $10^{10}\,\Omega \cdot cm$. Die Vorgänge in Halbleitern sind mit den Gesetzen der Quantenmechanik erklärbar. Danach kann ein Elektron nur ein bestimmtes Energieniveau erreichen, d. h., es hat einen definierten Energiewert. Es bilden sich Energiebänder (Bild), die durch die verbotenen Zonen getrennt sind.

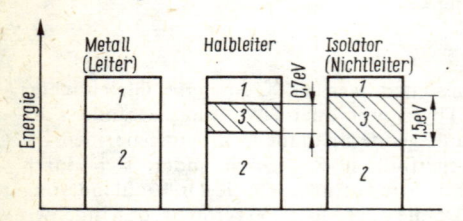

Halbleiter. *1* Leitungsband; *2* Valenzband; *3* verbotene Zone

Die hohe Leitfähigkeit der Metalle ergibt sich aus dem Fehlen einer verbotenen Zone, dagegen fehlt bei Isolierstoffen nahezu jede Leitfähigkeit.
Das Valenzband der H. ist nahezu vollbesetzt, das Leitungsband fast leer. Damit H. leitfähig werden, ist einigen Valenzelektronen eine Energie von der Breite der verbotenen Zone zuzuführen (Silicium 1,12 eV, Germanium 0,72 eV). Durch thermische Anregung können Elektronen vom Valenzband ins Leitungsband gehoben werden.
Elektronen und Defektelektronen (positive Löcher) sind die Ladungsträger im H. Existieren nur solche beweglichen Ladungsträgerpaare, spricht man von Eigenleitung. Durch geringe Mengen chemischer Zusätze, sog. Dotierungen, und durch Fehlstellen werden Störzentren erzeugt. Von den Donatoren wird je ein Elektron an das Leitungsband abgegeben und von den Akzeptoren je ein Elektron aus dem vollbesetzten Valenzband aufgenommen. Es liegt dann eine Störstellenleitung vor. Wichtige Halbleiterwerkstoffe sind Germanium, Silicium, Selen und Graphit.

Handantrieb
Antriebsart für Hoch- und Niederspannungsschaltgeräte, bei der das Schalten am Schaltort vorgenommen werden muß.
Der H. erfolgt mittels Schalthebels, bei großen Schaltern mittels Schaltrads. Bei Hochspannungsschaltern werden Steigbügelantriebe (Schalthebel) verwendet. Die Kraft wird durch Schaltgestänge und Übersetzung zur Kraftersparnis und zum Spannen von Federn auf die Schalterwelle übertragen, die ein Sprungschaltwerk in Bewegung setzt. H. und Schaltgestänge müssen am Einbauort justiert werden.

Handwicklung
→ Wechselstromwicklung oder → Kommutatorläuferwicklung, deren Einzelleiter von Hand, Windung für Windung in die halbgeschlossenen Nuten der → Blechpaketständer oder → Blechpaketläufer eingelegt werden.
Die H. ist eine material- und arbeitszeitaufwendige Wicklung, sie erfordert wenige Hilfsmittel für die Formgebung der Spulengruppen, vom Wickler aber Konzentration (zählen), Ausdauer und Geschick. Sie ist die älteste Wicklungsart und wird überwiegend als → Trommelwicklung und als Zweietagen- oder Dreietagen-Wechselstromwicklung ausgeführt. Als → Drahtisolation wird u. a. Baumwolle, Zellwolle, Seide, Papier oder Asbest verwendet. Die absolute gerade Lage der Windungen jeder Spule, die sich nur an einer gebogenen Spulenseite (→ Wicklungselemente) kreuzen, sowie die separate Isolierung und Befestigung der Wickelköpfe kennzeichnen die H. als eine äußerst betriebssichere und langlebige Wicklung (Bild).

Handwicklung 71

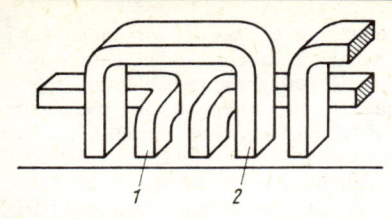

Handwicklung. Einschicht-Zweietagenwicklung (Ausschnitt). *1* Unterlage (Wickelkopf); *2* Oberlage (Wickelkopf)

Mit Einführung der polyesterisolierten Wikkeldrähte wurde die H. fast gänzlich von der schneller herzustellenden → Träufelwicklung abgelöst. Bei der Durchführung von Reparaturen hat die H. jedoch eine große Bedeutung, weil in manchen Fällen für eine Neuwicklung in geforderter Ausführung nicht die erforderlichen Voraussetzungen (Wickeldrahtabmessung, Wickelvorrichtung) vorhanden sind. Die ungünstigere Nutfüllung einer Träufelwicklung wird durch die geringe Isolationsdicke der heutigen Lackdrähte (→ Drahtisolation) und Nutisolation ausgeglichen. Vereinzelt kann sogar eine Kupfer-H. durch eine Aluminium-Träufelwicklung ohne Leistungsminderung ersetzt werden.

Hauptisolation
→ Transformatorisolation

Hauptpolwicklung
→ Gleichstrom-Polwicklung

Hauptreihe
Eine nach Einsatzkriterien abgeleitete Ordnung von Drehstromtransformatoren unterschiedlicher Leistung.
Transformatoren der H. sind nur gering überlastbar. Da ihr Wirkungsgrad zwischen Halb- und Nennlast am günstigsten ist, werden sie in Industriebetrieben mit gering schwankender Belastung eingesetzt. Die standardisierten Nennleistungen sind 5, 10, 20, 30, 50 und 100 kVA bei Oberspannungen von 10, 15 und 20 kV.
Im Unterschied zu den (Einheits-)Transformatoren der H. (HET) können die Transformatoren der Sonderreihe (SET) stark überlastet werden. Da durch die Wahl einer relativ kleinen Flußdichte Leerlaufstrom und -verluste gering sind, werden sie in Bereichen (meist Landwirtschaft) mit länger dauerndem Leerlauf oder schwacher Belastung eingesetzt. Die standardisierten Nennleistungen sind 5, 10, 15, 25, 37,5 und 50 kVA bei gleichen Oberspannungen wie die Transformatoren der H.

Hauptschlußerregung
→ Reihenschlußerregung

Hauptwicklung
→ Einphasen-Asynchronmotor

Heißleiter
Nichtlinearer Widerstand, bei dem sich der Spannungsabfall nicht proportional zur Stromstärke ändert, da durch den negativen → Temperaturkoeffizienten eine Erhöhung der Stromstärke zur Verringerung des Widerstands (Bild) führt.

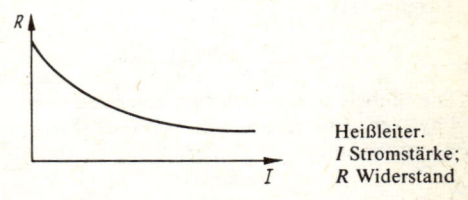

Heißleiter. *I* Stromstärke; *R* Widerstand

H. bestehen aus Metalloxiden. Sie werden zur Temperaturmessung, als Anlaß- und Regelh. verwendet.

Hell-Dunkel-Schaltung
Kontrollschaltung beim → Synchronisieren von Drehstrom-Synchrongeneratoren.
Die Schaltung wird mittels Glühlampen (Bild) so aufgebaut, daß eine (H1) an die gleichen Außenleiter, die beiden anderen

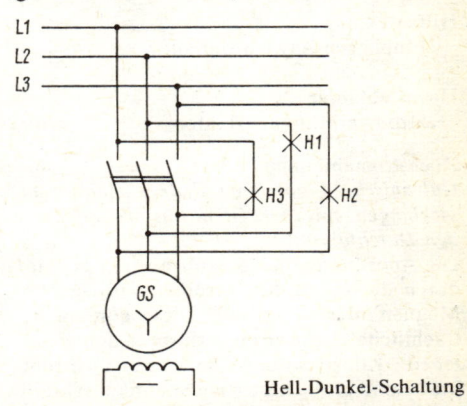

Hell-Dunkel-Schaltung

Hell-Dunkel-Schaltung

Hell-Dunkel-Schaltung

(H2 und H3) an verschiedene Außenleiter bei kleinen Spannungen direkt, sonst über Spannungswandler angeschlossen werden. Sind die Lampen kreisförmig angeordnet, erhält man bei abweichender Phasenlage ein umlaufendes Licht. Aus Umlaufrichtung und -geschwindigkeit ist die Größe und Richtung der Abweichung zu erkennen. Bei Synchronisation ist Lampe H1 dunkel, die beiden anderen leuchten hell. Leuchten alle drei Lampen rhythmisch auf, muß die Phasenfolge geändert werden.

Henry
Einheit des magnetischen → Leitwerts.
Kurzzeichen H
Der magnetische Leitwert beträgt 1 H, wenn für den Magnetfluß 1 Wb eine magnetische Durchflutung von 1 A erforderlich ist.

$$1 \text{ Henry (H)} = \frac{1 \text{ Weber (Wb)}}{1 \text{ Ampere (A)}}$$
$$= \frac{1 \text{ Voltsekunde (Vs)}}{1 \text{ Ampere (A)}}$$

Die Einheit wurde nach dem amerikanischen Physiker Joseph *Henry* (1797–1878) benannt. – Anh.: – / *75, 101.*

Hertz
Einheit der → Frequenz.
Eine sinusförmige Wechselgröße hat die Frequenz 1 Hz (Hertz), wenn in einer Sekunde eine Schwingung abläuft.

$$1 \text{ Hertz (Hz)} = \frac{1}{1 \text{ Sekunde (s)}}$$

Die Einheit wurde nach dem deutschen Physiker Heinrich *Hertz* (1857–1894) benannt. – Anh.: 41 / *75, 101.*

Hilfswicklung
→ Einphasen-Asynchronmotor

Hochstabläufer
→ Stromverdrängungsläufer

Hochstromableitung
Galvanische Verbindung der → Hochstromwicklungen eines → Ofentransformators mit den Durchführungen.
Die Anordnung und Ausführung der H. wird durch die von hohen Strömen verursachten Magnetfelder beeinflußt. Diese können beträchtliche Wirbelstromverluste in den metallenen Konstruktionsteilen, große Stromkräfte und große induktive Spannungsabfälle hervorrufen. Die um die H. wirkenden magnetischen Feldstärken werden durch die kompensierte Verlegung der Ableitungen gering gehalten, d. h., der Abstand zwischen Hin- und Rückleitung eines Stromkreises ist möglichst klein.
Die Schienendurchführungen werden bis etwa 20 kA je Durchführung verwendet. Bei höheren Strömen werden parallelgeschaltete Schienendurchführungen oder wassergekühlte Durchführungsrohre aus Kupfer eingesetzt. Dehnungsbänder vor der Durchführung gleichen die Wärmedehnung aus, so daß die dauerhafte Abdichtung der Durchführung gewährleistet ist.

Hochstromdurchführung
→ Hochstromableitung

Hochstromwicklung
Unterspannungswicklung eines → Ofentransformators.
Die Oberspannungswicklungen des Ofentransformators sind i. allg. mehrlagige papierisolierte Zylinderspulen. Die H. haben aufgrund der hohen Ströme bis zu 110 kA kleine Windungszahlen und große Kupferquerschnitte. H. mit einer Windung bilden die untere Grenze. Sie bestehen aus einem Kupfermantel, der aus einzelnen Teilringen zusammengesetzt wird. Bei H. mit mehreren Windungen werden die Teilringe in Reihe geschaltet oder als Einzelscheiben mit der entsprechenden Zahl von Windungen radial übereinander ausgeführt. Alle Scheibenspulen werden dann parallelgeschaltet.

Hysteresemotor
Synchronisierter → Asynchronmotor, dessen Drehmoment durch die Ummagnetisierung (Hysterese) des Läufereisens entsteht.
Der H. ist eine normale Drehfeldmaschine, so daß der Ständer dem eines Drehstrom- oder Einphasenmotors, meist aber einem Spaltpolmotor gleicht. Der rotierende Teil ist wicklungslos aus hartmagnetischem Werkstoff (Eisen-Cobalt-Vanadium-Legierung) mit großer remanenter Flußdichte als Trommel- oder Scheibenläufer aufgebaut. Das Hysteresemoment entsteht im Unterschied zu den anderen Arten der Momentbildung sowohl im Stillstand, im asynchronen als auch im synchronen Lauf. Dadurch gehen H. vom Stillstand auf einer asynchronen Kennlinie

Hysteresemotor

in den Synchronismus über. Der H. kann relativ große Trägheitsmomente beschleunigen und wird bei kleinen Leistungen in Hi-Fi-Geräten (Plattenspieler und Tonbandgeräte), in Zeitlaufwerken und Antrieben der Datenverarbeitung eingesetzt.

Hystereseschleife
Bild der funktionalen Abhängigkeit zwischen → Magnetflußdichte und magnetischer → Feldstärke (Bild).

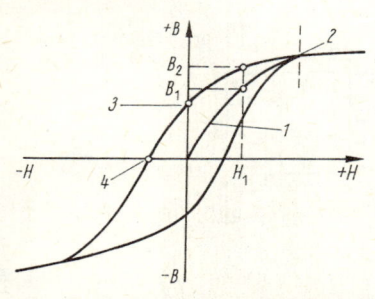

Hystereseschleife. B Magnetflußdichte; H magnetische Feldstärke; *1* Magnetisierungskurve; *2* Sättigungsbereich; *3* Restmagnetismus; *4* Koerzitivfeldstärke

Wird ein → ferromagnetischer Stoff magnetisiert, steigt mit zunehmender Feldstärke die Magnetflußdichte bis zur Sättigung. Beim Verringern der Feldstärke auf den Wert H_1 sinkt die Magnetflußdichte auf B_2, jedoch nicht wieder auf die beim Magnetisieren durch H_1 entstandene Magnetflußdichte B_1. Ist die Feldstärke Null, sind noch einige Elementarmagnete ausgerichtet. Ein Restmagnetismus, die sog. Remanenz, ist noch wirksam. Um sie zu beseitigen, muß eine entgegengesetzte Feldstärke, die sog. Koerzitivfeldstärke, wirken. Die entgegengesetzte Feldstärke magnetisiert ebenfalls bis zur Sättigung (negative Magnetflußdichte) auf. Es entsteht die H. als ein geschlossener Kurvenzug, die bei Wechselstrom ständig durchlaufen wird.
Im Unterschied zu weichmagnetischen → Werkstoffen haben → Permanentmagnete einen relativ großen Restmagnetismus und eine große Koerzitivfeldstärke.

Hystereseverlust
→ Leerlaufverlust

Induktion, elektromagnetische
Erzeugung von → Spannungen durch die zeitliche Änderung magnetischer Felder um einen elektrischen Leiter oder durch die relative Bewegung zwischen elektrischen Leitern und Magnetfeldern gleichbleibender Größe und Richtung.
Diese für elektrische Maschinen grundlegende Erscheinung wird durch das allgemeine → Induktionsgesetz beschrieben.

Induktionsbremse
Wirbelstrombremse, die ein gesteuertes Verringern der Drehzahl ermöglicht und wie die → Induktionskupplung wirkt.
Der Ständer trägt die Erregerwicklung, der umlaufende Teil besteht für große Leistungen aus einem Hohlzylinder, für kleine Leistungen aus einer Metallscheibe. I. arbeiten reibungsfrei und kühlen gut ab. Im Stillstand entwickeln sie kein Bremsmoment, so daß sie nicht zum Festhalten der Welle zu verwenden sind. Die I. eignen sich gut zum Einstellen kleiner Drehzahlen.

Induktionsgesetz
Gesetz, das die Umwandlung magnetischer Energie in elektrische beschreibt.
In einem elektrischen Leiter entsteht dann eine Induktionsspannung, wenn sich im oder um den Leiter der Magnetfluß zeitlich ändert. Die Änderung des Magnetflusses kann als → Ruheinduktion oder als → Bewegungsinduktion erfolgen.

Induktionskonstante
→ Permeabilität, magnetische

Induktionskupplung
Elektromagnetisch schaltbare Kupplung zur reibungsfreien Drehmomentübertragung durch ein Magnetfeld.
Die I. besteht aus einem Erregerteil und einem Ankerteil. Das Erregerteil liegt innen und wird über Schleifringe mit Gleichstrom gespeist. Der Anker ist wie der Kurzschlußläufer eines Asynchronmotors ausgebildet. Die Eigenheit der Übertragung erfordert eine Relativbewegung beider Teile zueinander,

Induktionskupplung

d. h., es tritt eine Drehzahlminderung (Schlupf) zwischen beiden Teilen auf. Daraus ergeben sich Verluste. Die I. gestattet einen weichen Anlauf, fängt Laststöße ab und kann, mit Einschränkungen, auch zum Drehzahlstellen verwendet werden. Ihre Drehmomenten-Schlupf-Kennlinie wird von der Art des Ankeraufbaus bestimmt.

Induktionsmotor
→ Asynchronmotor

Induktionsstelltransformator
→ *Stelltransformator, dessen Spannungseinstellung durch Verändern der induktiven (magnetischen) Verkettung beider Wicklungen erfolgt.*
Im Unterschied zum → Windungsstelltransformator sind die wirksamen Windungszahlen der Primär- und Sekundärwicklung konstant. Schleif- oder Schaltkontakte entfallen. Wicklungsteile werden nicht abgenutzt. I. sind deshalb unter rauhen Bedingungen, sogar im Kurzschluß, verhältnismäßig sicher. Trotz der relativ hohen Fertigungskosten sind sie zum Einstellen großer Leistungen und Ströme gut geeignet.
Die unterschiedliche induktive Verkettung kann durch eine geradlinige Bewegung der Wicklungen (→ Schubtransformator) oder durch eine Drehbewegung der Wicklungen (→ Drehtransformator) erreicht werden. − Anh.: 28, 29, 32 / 40, 41, 56, 65.

Induktivität
Physikalische Größe, die die Speicherfähigkeit einer stromdurchflossenen Spule für die magnetische Energie kennzeichnet.
Formelzeichen L
Einheit H (→ Henry)
$$L = \frac{N^2}{R_m},$$
N Windungszahl; R_m magnetischer → Widerstand.
Die Induktivität von Spulen ist als konstruktive Größe vorausbestimmbar. − Anh.: − / 75, 101.

Influenz
Ladungstrennung in Leitermaterial durch die Kraftwirkung des elektrostatischen Felds (→ Feld, elektrostatisches).
Die freien Elektronen des Leiters werden verschoben (Bild a). An seiner Oberfläche

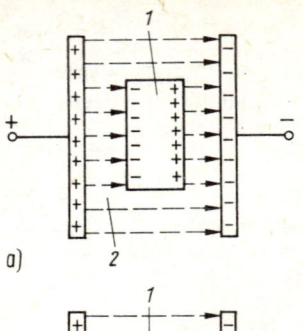

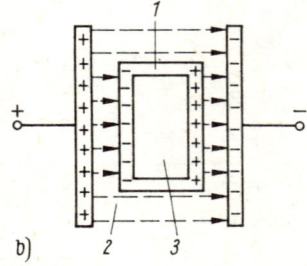

Influenz. *1* Leiter; *2* elektrostatisches Feld; *3* feldfreier Raum

entstehen positive und negative Ladungen, die sich so anordnen, daß die positiven des Leiters den negativen der Metallplatte gegenüberstehen und umgekehrt. Ist der Leiter hohl (Bild b), dann ist der vom Leitermaterial umschlossene Raum feldfrei. Nach diesem Prinzip (Faradayscher Käfig) können Menschen und empfindliche Meßgeräte abgeschirmt werden.

Influenz, magnetische
Ausrichten der Elementarmagnete in → ferro-

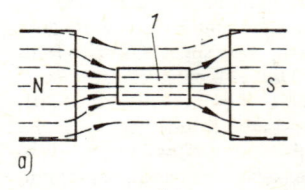

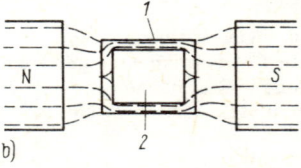

Influenz, magnetische. *1* ferromagnetischer Stoff; *2* feldfreier Raum

Influenz, magnetische

magnetischen Stoffen unter Einwirkung eines äußeren Felds.
Das führt zu einer Verstärkung des magnetischen Felds (Bündelung der Feldlinien) (Bild a). Ist der ferromagnetische Körper hohl, entsteht im Innern ein feldfreier Raum (Bild b). Diese magnetische Abschirmung dient z. B. zum Schutz von Meßwerken gegen störende Magnetfelder.

Influenzkonstante
→ Dielektrizitätskonstante

Innenpolmaschine
→ *Synchronmaschine, deren Erregerwicklung (Gleichstromwicklung) im Läufereisen und deren Arbeitswicklung (meist Drehstromwicklung) im Ständer angeordnet ist.*
Die zur Erregung notwendige Gleichstromleistung wird über Bürsten und Schleifringe übertragen. Die wesentlich größere Wechselstromleistung (Maschinenleistung) kann dagegen von festen Klemmen der Ständerwicklung abgenommen werden. Diese ist in den innenliegenden Nuten verteilt angeordnet. Die Nuten bei der Einphasenmaschine sind auf ungefähr zwei Drittel des Gesamtumfangs verteilt, während bei der Dreiphasenmaschine drei Spulen räumlich um je 120° versetzt sind. Hinsichtlich der Läuferform unterscheidet man den → Vollpolläufer und den → Schenkelpolläufer.
Im Unterschied zur → Außenpolmaschine ergibt sich eine vorteilhafte Konstruktionsform, die für größere Leistungen grundsätzlich verwendet werden muß.

Inselbetrieb
Betrieb eines → Synchrongenerators, der als einzige Spannungsquelle eine Anlage einspeist.
Notstromaggregate werden im I. gefahren, die bei Ausfall der Netzspannung wichtige Anlagen, z. B. Sendeanlagen der Post oder Anlagen in Krankenhäusern, mit Elektroenergie versorgen.

Integrationsglied
Grundglied der Regelungstechnik.
Beim I. ist die Änderungsgeschwindigkeit des Ausgangssignals der Größe des Eingangssignals proportional. Nach Anlegen eines Sprungsignals (→ Testsignal) an den Eingang des I. steigt dessen Ausgangssignal allmählich an. I. regeln Störungen nur langsam aus; das kann zu Pendelerscheinungen im Regelkreis führen. In Verbindung mit → Differential- und → Proportionalgliedern finden I. als zusammengesetzte → Übertragungsglieder Verwendung (Bild). – Anh.: 42 / 103.

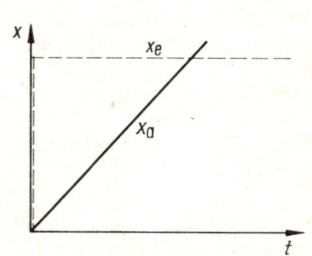

Integrationsglied. Sprungantwort; x_e Eingangssignal (Sprungsignal); x_a Ausgangssignal

Isolation
Galvanische Trennung von leitenden Teilen, die gegeneinander und/oder gegen Erde betriebsmäßig unter Spannung stehen.

Isolationskoordination
Auswahl und gegenseitige Zuordnung der → Isolationspegel und → Schutzpegel von Anlagen und Betriebsmitteln unter Beachtung ihrer Spannungsbeanspruchung am Einbauort mit dem Ziel, Beschädigungen der → Isolierungen mit einer wirtschaftlich und betrieblich vertretbaren Wahrscheinlichkeit zu vermeiden. – Anh.: 50, 51 / 99, 115.

Isolationspegel
Gruppe von → Nennstehspannungen, die das → Isoliervermögen gegenüber einer bestimmten Spannungsbeanspruchung kennzeichnet.

Isolationsspannung
Höchstzulässige Spannung für ein Betriebsmittel oder eine Anlage hinsichtlich der → Isolation.
Die I. dient als Bezugswert für die → Isolationskoordination.

Isolationswiderstandsmessung
Einzelmessung von Kleintransformatoren zum Nachweis des Isoliervermögens.
Die Widerstandsbestimmung ist mit einer Gleichspannung von 500 V ± 25 V eine Minute nach Anlegen der Spannung vorzunehmen. In dieser Reihenfolge ist zu messen:

Isolationswiderstandsmessung

- zwischen betriebsmäßig spannungführenden Teilen und berührbaren Metallteilen;
- zwischen Eingangs- und Ausgangswicklungen;
- zwischen Eingangs- und Ausgangswicklungen, nachdem die letzte mit dem Kern verbunden wurde;
- bei Transformatoren der Schutzklasse II zwischen spannungführenden Teilen und nicht berührbaren Metallteilen sowie
- zwischen nicht berührbaren und berührbaren Metallteilen.

Mindestwerte sind 5 MΩ zwischen Eingangs- und Ausgangswicklungen und 2 MΩ für andere Isolierungen. – Anh.: – / 69.

Isolierstoff
→ Nichtleiter

Isolierung
Gesamtheit der in ihre endgültige technische Form gebrachten Isolierstoffe.

Isoliervermögen
Fähigkeit der → Isolierung eines Betriebsmittels, allen Spannungen von gegebenem zeitlichem Verlauf bis zur Höhe der jeweiligen → Stehspannung mit einer bestimmten Wahrscheinlichkeit standzuhalten.

J

Joch
→ Transformatorkern

Jochbolzen
→ Preßkonstruktion

Joule
Einheit der elektrischen Arbeit (→ Arbeit, elektrische).
Kurzzeichen J
Die Arbeit 1 J wird verrichtet, wenn sich der Angriffspunkt einer Kraft von 1 N (Newton) um 1 m in ihrer Richtung verschiebt.
1 Joule (J) = 1 Newton (N) · 1 Meter (m) = 1 Wattsekunde (Ws)
Die Einheit wurde nach dem englischen Physiker James *Joule* (1818–1889) benannt. – Anh.: – / *75, 101.*

K

Käfigläufermotor
→ *Asynchronmotor, in dessen* → *Blechpaketständer eine Ein-, Zwei- oder Dreiphasen-Wechselstromwicklung untergebracht ist und dessen* → *Blechpaketläufer eine oder mehrere kurzgeschlossene* → *Käfigwicklungen trägt (Kurzschlußläufermotor).*
Der Käfigläufer ist über → Lagerträger zur Ständerblechpaketbohrung zentrisch gelagert (→ Gleitlager → Wälzlager), so daß ein nur geringer Luftspalt von etwa 0,2 ... 1,5 mm zwischen beiden aktiven Eisenkörpern besteht.

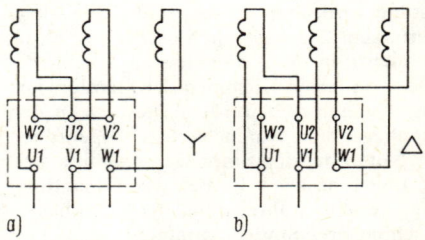

Käfigläufermotor. a) Sternschaltung; b) Dreieckschaltung

Wird die in Stern oder Dreieck geschaltete Dreiphasen-Wechselstromwicklung (Bilder a und b) vom Drehstrom durchflossen, bildet sich im Ständer ein magnetisches Drehfeld, das mit konstanter Drehzahl umläuft. In der Käfigwicklung entsteht durch Magnetflußänderung eine Gegeninduktionsspannung, die in der kurzgeschlossenen Wicklung einen Strom hervorruft (Transformatorprinzip). Nach dem Lenzschen Gesetz entsteht ein Drehmoment, das seiner Entstehungsursache entgegenwirkt und die Relativbewegung zwischen Ständerdrehfeld und Käfigläufer aufzuheben versucht. Der K. kann aber aus eigener Kraft niemals Gleichlauf mit der Ständerdrehfeld erreichen, weil in diesem Fall keine Magnetflußänderung im Läufer stattfinden würde. Er dreht sich asynchron. K. sind einfach gebaut, betriebssicher, wartungsarm und relativ billig, haben aber einen hohen Anlaufstrom und entwickeln ein geringes Anlaufmoment (→ Drehmomentenkurve). – Anh.: 13, 67 / *6, 12, 16.*

Käfigwicklung

Käfigwicklung
Wicklung, die als Kurzschlußwicklung blank in genutete → Blechpaketläufer von Ein- und Dreiphasen-Asynchronmotoren und als Dämpfer- und Anlaufwicklung in gelochte Polkerne (→ Polrad, → Polständer) von Dreiphasen-Synchronmaschinen eingebracht wird (Bilder a bis c).

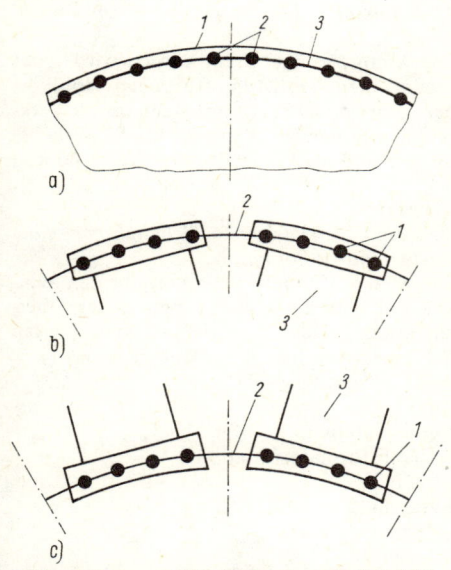

Käfigwicklung. a) Käfigläufer (Ausschnitt); *1* Läuferblechpaket (genutet); *2* Rundstäbe; *3* Kurzschlußring; b) Dämpferwicklung eines Innenpol-Wechselstrom-Synchrongenerators; *1* Dämpferstäbe; *2* Dämpferringsegment; *3* Polkern (gelocht); c) Dämpferwicklung eines Außenpol-Wechselstrom-Synchrongenerators; *1* Dämpferscheibe; *2* Dämpferringsegment; *3* Polkern (gelocht)

Man unterscheidet zusammengesetzte und gegossene K. Während die zusammengesetzte K. aus Einzelstäben (Kupfer, Aluminium, Bronze) besteht, die an den Stirnseiten durch Löten oder Schweißen verbunden sind, wird die gegossene K. vollständig im Aluminium-Druckgußverfahren in die Blechpaketläufer eingebracht. Die K. hat ohne Blechpaket das Aussehen eines Käfigs.

Kaltleiter
Nichtlinearer Widerstand, bei dem sich der Spannungsabfall nicht proportional zur Stromstärke ändert, da durch den positiven → Temperaturkoeffizienten eine Erhöhung der Stromstärke zur Erhöhung des Widerstands (Bild) führt.

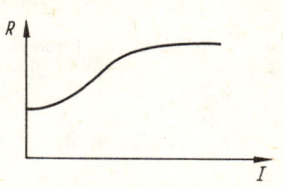

Kaltleiter. *I* Stromstärke; *R* Widerstand

Der überwiegende Teil der Metalle sind K., die als Stromkonstanthalter, Temperaturfühler u. a. eingesetzt werden.

Kapazität
1. Speichervermögen von Akkumulatoren.
Ladungsmenge, die ein geladener Akkumulator bis zum Erreichen der unteren zulässigen Zellenspannung (bei Bleiakkumulatoren 1,83 V) wieder abgeben kann. Die K. ist das Produkt aus Entladestromstärke und -dauer.

2. Speichervermögen von elektrischen Ladungen in Kondensatoranordnungen.
Als physikalische Größe wird die K. durch das Verhältnis der Ladungsmenge zur Spannung definiert.
Formelzeichen *C*
Einheit F (→ Farad)

$$C = \frac{Q}{U},$$

Q Ladungsmenge; *U* Spannung.

3. Konstruktionsgröße von → Kondensatoren, die durch die Art des Isolierstoffs, durch seine Dicke und durch die Plattenfläche bestimmt wird.

$$C = \frac{\varepsilon \cdot A}{l},$$

ε Dielektrizitätskonstante; *A* Plattenfläche; *l* Dicke des Isolierstoffs.
Die Reihenschaltung von Kondensatoren führt zu einer Verringerung der K. (die Gesamtk. ist kleiner als die kleinste Einzelk.), die Parallelschaltung zu einer Erhöhung (die Gesamtk. ist größer als die größte Einzelk.).
Reihenschaltung
$$\frac{1}{C_g} = \frac{1}{C_1} + \frac{1}{C_2} + \frac{1}{C_3} + \ldots$$
Parallelschaltung
$$C_g = C_1 + C_2 + C_3 + \ldots$$
Anh.: 66 / 75, 101, 102.

Kappsches Spannungsdreieck

Kappsches Spannungsdreieck
Teil des vereinfachten Zeigerbilds eines Transformators.
Das K. S. wird als rechtwinkliges Dreieck der Spannungszeiger durch den ohmschen (Gesamt)Spannungsabfall U_R, den (Gesamt)Streuspannungsabfall U_S und der → Kurzschlußspannung U_K gebildet (Bild).

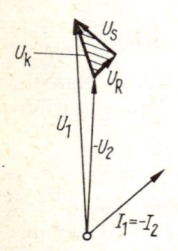

Kappsches Spannungsdreieck

Das K. S. verdeutlicht die Abhängigkeit der sekundären Klemmenspannung U_2 von der Höhe der Belastung (Länge der Zeiger U_R, U_S und U_K) und der Art der Belastung (Richtung der Zeiger U_R, U_S und U_K bzw. Lage des K. S.) bei konstanter Primärspannung U_1.

Karnaugh-Plan
Begriff aus der Schaltalgebra; Hilfsmittel zur Vereinfachung des Kürzens (→ Kürzungsregel).
Der K. ist nur bis zu vier Eingangsvariablen anwendbar.

Kaskadenschaltung
Drehzahlsteuerung durch zwei in Reihe geschaltete → Asynchronmotoren, die galvanisch und mechanisch verbunden sind.
Bei der K. wird ein Schleifringläufermotor (Vordermotor) an das Netz angeschlossen und seine Läuferwicklung mit der Ständer- oder Läuferwicklung eines zweiten Motors (Hintermotor) in Reihe geschaltet. Als Hintermotor kann entweder ein Käfigläufermotor oder ein Schleifringläufermotor mit gleicher oder ungleicher Polpaarzahl gegenüber dem Vordermotor eingesetzt werden. Ist der Hintermotor ein Schleifringläufermotor, dann muß der Anlasser an dessen Ständerwicklung angeschlossen werden.
Wird der Vordermotor eingeschaltet, laufen beide Motoren mit geringerer Drehzahl. Schaltet man nur den Vordermotor ein, so erhält man eine zweite Drehzahl. Wird nur der Hintermotor eingeschaltet und hat dieser eine andere Polpaarzahl als der Vordermotor, dann steht eine dritte Drehzahl zur Verfügung. Bei der K. sind Wirkungsgrad und Leistungsfaktor niedriger als bei Einzelmotorbetrieb. Sie wird nur noch vereinzelt angewendet.

Kegelbremse
Mechanischer Teil einer → Bremseinrichtung.
Der konusförmige Bremskörper wird axial gegen einen kegelstumpfförmigen Hohlkörper gedrückt. Bei Hebezeugen und Werkzeugmaschinen wird die K. als Sicherheitsbremse und als Feststellbremse verwendet.

Kennzahl
Bezeichnungsteil der → Schaltgruppe eines Drehstromtransformators.
Die K. mit 30° multipliziert, ergibt den Winkel, um den die Unterspannung der Oberspannung nacheilt. Die standardisierten Schaltgruppen haben die K. 0, 5, 6 und 11. — Anh.: 68 / 127.

Kernisolation
→ Transformatorisolation

Kernschnitt
→ Schachtelkern

Kippmoment
Größtes Drehmoment, bei dem der Motor die Arbeitsmaschine noch antreibt.
Bei Vergrößerung des → Widerstandsmoments über das K. hinaus kommt der Motor zum Stillstand. Das K. bestimmt die Überlastbarkeit (→ Überlastungsfaktor).

Klebeblech
Am Pol eines Gleichstrom-Elektromagneten etwas überstehend angebrachtes, meist unmagnetisierbares Metallplättchen (Blech), das bei angezogenem Anker einen kleinen keilförmigen Luftspalt offenhält.
Das K. verhindert ein Kleben des Ankers durch die Remanenz (Restmagnetismus) bei abgeschaltetem Erregerstrom.

Kleinstantrieb, elektrischer
Funktionelle und meist auch konstruktive Einheit eines elektromechanischen Energiewandlers kleiner Leistung mit der Ansteuerelektronik.

Kleinstantrieb, elektrischer

Zum e. K. gehören folgende Funktionsgruppen (Bild):
- anzutreibender Mechanismus
- Getriebe, um die mechanischen Größen Drehmoment und Drehzahl zwischen Motor und anzutreibendem Mechanismus anzupassen
- Motor als elektromechanischer Energiewandler
- Stellglied, das die elektrische Energie zur Erfüllung spezieller Bewegungsfunktionen des Motors wandelt (Spannung oder Frequenz)
- Schutzeinrichtung
- Hauptschalter zum Trennen des Antriebs von der Spannungsquelle.

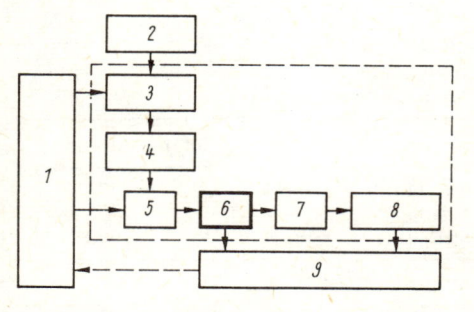

Kleinstantrieb, elektrischer. *1* Regel- oder Steuereinrichtung; *2* Speisequelle; *3* Hauptschalter; *4* Schutzeinrichtung; *5* Stellglied; *6* Motor; *7* Getriebe; *8* anzutreibender Mechanismus; *9* Meßglied, Grenzwertgeber

Nicht jeder Antrieb muß alle Systemelemente enthalten. Im einfachsten Fall sind Hauptschalter, Motor und anzutreibender Mechanismus vorhanden.

Kleinstmaschine, elektrische
Rotierende elektrische → Maschine im Leistungsbereich von 1 mW bis etwa 500 W mit Drehzahlen von einer Umdrehung je Woche bis 1 000 000 Umdrehungen je Minute.
Mit e. K. werden die notwendigen Bewegungsabläufe erreicht, z. B. von Meß-, Navigations- und EDV-Geräten, von Einrichtungen der Funk-, Foto- und Bürotechnik, in Geräten der Unterhaltungselektronik und in Uhren. – Anh.: – / 31, 32, 36.

Kleinstschrittmotor
→ Schrittmotor, überwiegend zum Antrieb von Zeigern in Uhren, deren Frequenz durch Schwingquarze erzeugt wird.
Eine eindeutige Raststellung außerhalb der geometrischen Symmetrielinie ergibt sich durch die unsymmetrische Gestaltung des Luftspalts (Bild), wenn die Wicklung nicht erregt ist.

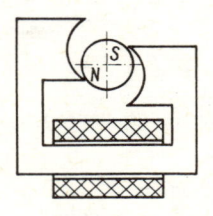

Kleinstschrittmotor

Damit ein Schritt kleiner als 180° ausgeführt wird, muß die Wicklung bipolar, d. h., in unterschiedlichen Stromrichtungen angesteuert werden. Der Schritt wird nach Abschalten der Wicklung auf 180° in die magnetische Raststellung ergänzt. Damit ist nur eine Drehrichtung möglich.

Kleintransformator
Meist → Trockentransformator mit einer maximalen Leistung von 6,3 kVA.
Ihr vielfältiger Einsatz in Spannungsebenen mit maximal 500 V erfordert unterschiedliche Bauformen, die besonders durch die Kernformen (→ Kernschnitte) bestimmt sind. Besondere Bedeutung haben K. als → Trenntransformator und zur Erzeugung von Schutzkleinspannungen in Anlagen mit → Schutzmaßnahmen gegen gefährliche elektrische Durchströmungen. Solche Schutztransformatoren sind z. B. Klingeltransformatoren, Spielzeugtransformatoren, Handlampentransformatoren u. a. – Anh.: 37, 38, 39, 40 / 43, 46, 55, 68, 69, 71, 112, 113.

Klemmenbezeichnung
Standardisierte Bezeichnung der Anschlußstellen an elektrischen Maschinen (Tafel auf Seite 80/81). (→ Klemmenbrett).
Bei Einphasen-Wechselstrommaschinen mit Kommutator erfolgt das Bezeichnen der Anschlußstellen nach der Bezeichnungssystematik der Gleichstrommaschine.

Klemmenbrett
Auf einer Isolierstoffgrundplatte angeordnete Metallbolzen, die mit der → Wicklung bzw.

Klemmenbrett

Bezeichnungen

- Transformatoren

	Oberspannungs-wicklung	Unterspannungs-wicklung
Einphasentransformator	U V	u v
Drehstromtransformator	U V W	u v w (n)

- Gleichstrommaschinen

		Anfang	Ende
Läuferwicklung	A–B	A1	A2
Wendepolwicklung[1]	G–H	B1	B2
Wendepolwicklung, geteilt (von beiden Seiten des Läufers geschaltet)	GA–HB	1B1	1B2
mit vier Anschlüssen	–	2B1	2B2
Kompensationswicklung	G–H	C1	C2
Kompensationswicklung, geteilt (von beiden Seiten des Läufers geschaltet)	GA–HB	1C1	1C2
mit vier Anschlüssen	–	2C1	2C2
Reihenschlußerregerwicklung	E–F	D1	D2
Nebenschlußerregerwicklung	C–D	E1	E2
Fremderregerwicklung	J–K	F1	F2

- Elektromaschinen

	Anschlüsse			Anfang	Ende
Offene Schaltung	6	1. Strang	U–X	U1	U2
		2. Strang	U–Y	V1	V2
		3. Strang	W–Z	W1	W2
Sternschaltung	3 oder 4	1. Strang	U	U	
		2. Strang	V	V	
		3. Strang	W	W	
		Sternpunkt	M_p	N	
Dreieckschaltung	3	1. Anschluß	U	U	
		2. Anschluß	V	V	
		3. Anschluß	W	W	
Offene Schaltung, polumschaltbar		Anschluß d. 1. Strangs	U_a–U_b	1U–2N;	2U
		Anschluß d. 2. Strangs	V_a–V_b	1V–2N;	2V
		Anschluß d. 3. Strangs	W_a–W_b	1W–2N;	2W
Erregerwicklungen von Synchronmaschinen	2		J–K	F1	F2
Schleifringläufer		1. Strang	u	K	
		2. Strang	v	L	
		3. Strang	w	M	
		Sternpunkt	m_p	Q	

[1] Bilden Wendepol- und Kompensationswicklung eine elektrische Einheit, ist der Buchstabe C als Anschlußstellenbezeichnung zu verwenden.

Klemmenbrett

Bezeichnungen

• Kommutatorlose Einphasen-Wechselstrommaschinen	Anschlüsse	Anfang	Ende
Hauptwicklung	U–V	U1	U2
Anlaufwicklung	W–Z	Z1	Z2
Zusatzanschlüsse für die Anlaufwicklung (Kondensator, Unterbrecher und andere)	–	X1	X2
Erregerwicklungen von Synchronmaschinen	J–K	F1	F2

mit anderen stromführenden Teilen in galvanischer Verbindung stehen.
Die K.bolzen bestehen aus Messing oder Stahl und sind entweder in eine Preßstoffgrundplatte eingebacken oder an einer Hartpapier- oder Hartgewebegrundplatte angeschraubt. Meistens werden an die Kabelausführungen der elektrischen Maschine Kabelschuhe angedrückt oder angelötet. Dadurch ist ein kontaktsicheres Verschrauben mit den K.bolzen möglich. Die Kabelausführungen werden oft direkt in die K.bolzen eingelötet. Am K. werden die elektrischen Maschinen mit der Netzzuleitung oder mit anderen Leitungen bzw. Kabeln verbunden. Um Fehlanschlüsse zu vermeiden, sind die Klemmenstellen mit Klemmenbezeichnungen versehen. Dreiphasen-Wechselstrommaschinen (Ständer) sind mit K. ausgerüstet, die sechs K.bolzen tragen, damit die Wicklung von Stern auf Dreieck umgeschaltet werden kann. Schleifringläuferwicklungen sind an ein separates K. mit drei K.bolzen angeschlossen. Gleichstrommaschinen und Einphasen-Wechselstrommaschinen erhalten zwei bis sechs, Umformer sechs bis etwa zwölf K.bolzen. K. müssen dem Schutzgrad der elektrischen Maschine entsprechen und für den Nennstrom ausgelegt sein.

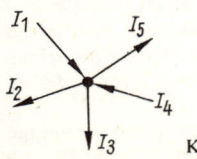

Knotenpunktsatz
1. Kirchhoffsches Gesetz. Gesetz, das den Gleichgewichtszustand in einem Knoten- oder Verzweigungspunkt zwischen den zu- und abfließenden Strömen beschreibt.
Die Summe der zum Knotenpunkt hinfließenden Ströme ist gleich der Summe der vom Knotenpunkt wegfließenden Ströme.
$\sum I_{zu} = \sum I_{ab}$
Für den im Bild gegebenen Knotenpunkt gilt: $I_1 + I_4 = I_2 + I_3 + I_5$.
Ändert sich z. B. durch Widerstandszunahme im Zweig der Strom I_5, dann ändern sich auch I_1 und I_4.

Koerzitivfeldstärke
→ Hystereseschleife

Kohledruckregler
Elektromechanischer Regler zum Konstanthalten der Spannung von Gleich- und Wechselstrommaschinen kleiner Leistung.
Beim K. sind viele dünne Kohleplättchen zu einer Säule übereinandergeschichtet. Die Ausgangsspannung des Generators bewirkt über eine elektromechanische Vorrichtung deren mehr oder weniger starkes Zusammendrücken. Mit dem Anpreßdruck verändert sich der Widerstand der Kohlesäule. Diese Säule ist in den Erregerkreis des Gleichstromgenerators oder der Erregermaschine des Drehstromgenerators geschaltet und verändert bei Ausgangsspannungs-Änderung den Erregerstrom. Ähnlich arbeiten auch Kohlewiderstandsregler, bei denen eine Widerstandsänderung durch Kippen der Kohleplättchen erfolgt.

Kombinationsschaltung
Begriff der digitalen Schaltungstechnik. Schaltungen, bei denen das Ausgangssignal einer → Steuerschaltung nur von der Kombination der Eingangssignale abhängig ist (→ Folgeschaltung.)

Kommutator
Stromübertragendes und stromrichtendes Bauteil eines Läufers, das mit einer → K.läuferwicklung und über → Bürsten und Anschluß-

Knotenpunktsatz

Kommutator

Kommutator

leitungen mit feststehenden Klemmen galvanisch verbunden ist.
Ein K. hat eine Anzahl hartgezogener, trapezförmiger und geschlitzter Kupferlamellen, die kreisförmig angeordnet und meist durch Mikanitplättchen gegeneinander isoliert sind. Je nach Befestigungsart der Lamellen unterscheidet man die Preßstoffbauart, die Schraubbauart (Bild) und die Schrumpfringbauart.

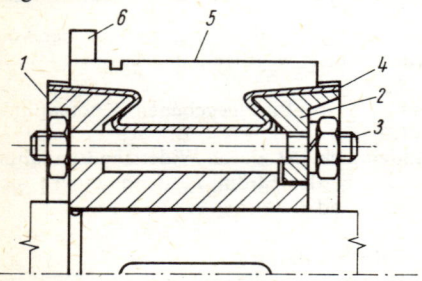

Kommutator. *1* Kommutatorbuchse; *2* Druckring; *3* Spannbolzen; *4* Mikanitmanschette; *5* Kupferlamelle; *6* Einlötfahne

Während bei der Preßstoffbauart die Lamellen unlösbar mit der Buchse verbunden sind, können Schraub- und Schrumpfringk. durch Abnehmen der mit Mikanitmanschetten belegten Stahldruckringe völlig zerlegt werden. Preßstoffk. werden für kleine Schraub- und Schrumpfringk. für mittlere und große K.läufermaschinen gebaut.
K. sind während des Betriebs hohen mechanischen und thermischen Belastungen ausgesetzt; deshalb müssen sie sorgfältig hergestellt, gewartet und repariert werden. Vor allem müssen die Lamellen festsitzen, die Mikanitplättchen dürfen keinesfalls über die Kupferlamellen hinausragen (Bürstenfeuer). Durch die Bürstenreibung nutzen sich meistens die weichen Kupferlamellen schneller ab als die Mikanitplättchen. In diesem Fall ist der K. zu überdrehen, die Mikanitplättchen sind in voller Breite etwa 1 ... 2 mm tief einzusägen. Die Kupferlamellen müssen nach dem Einsägen entgratet und mit Filz poliert werden. – Anh.: 14, 15 / 4, 5, 34.

Kommutatorlamelle
→ Kommutator

Kommutatorläuferwicklung
→ Ringwicklung oder → Trommelwicklung,

die über den Läuferumfang verteilt ist und mit einem Kommutator galvanisch verbunden ist.
Die K. wird überwiegend zweischichtig ausgeführt (→ Zweischichtwicklung) und aus rundem oder flachem Leitermaterial als → Spulenwicklung oder → Stabwicklung gefertigt. Gleichstrommaschinen, Ein- und Dreiphasenwechselstrom-Kommutatormaschinen sind mit K. ausgerüstet.

Kommutatormaschine
Rotierende elektrische Maschine, deren Läuferwicklung an den Kommutator (Kommutatorwicklung) oder Stromwender geführt wird.
Bevorzugt wird diese Bezeichnung nur für Einphasen-, oder Dreiphasenwechselstrommotoren verwendet, die die Vorzüge der → Gleichstrommotoren, feinstufiges, verlustarmes Drehzahlstellen, haben und direkt an das Wechselstromnetz angeschlossen werden können.
Schon 1883 ist der → Repulsionsmotor von *Thomson* ausgeführt worden. Kurz nach 1900 wurde dieser Motor von *Déri* weiterentwickelt. Drehstrom-Kommutatormotoren wurden bereits im letzten Jahrzehnt des vergangenen Jahrhunderts entwickelt, jedoch erst um 1920 verstärkt in der Industrie eingesetzt. Aufgrund der Entwicklung der Gleichrichtertechnik geht die Bedeutung der teuren und komplizierten Drehstrom-K. zurück.

Kompensationswicklung
→ Gleichstrom-Polwicklung

Kondensator
1. Anordnung von Leiter – Nichtleiter – Leiter, die die Eigenschaft hat, elektrische Ladungen zu speichern.
In Geräten und Anlagen entstehen oft unerwünschte K.anordnungen, z. B. zwischen parallelen elektrischen Leitungen, zwischen den Windungen der Spulen, zwischen Leitungen und benachbarten, leitfähigen nicht zum Betriebsstromkreis gehörenden Teilen, zwischen Schalterkontakten.
2. Grundbauelement der Elektrotechnik, das so konstruiert ist, daß es im Gleichstromkreis Ladungen speichern und im Wechselstromkreis als frequenzabhängiger Widerstand wirksam werden kann.
Die Speicherfähigkeit wird durch vielfältige Leiter-Nichtleiter-Leiter-Anordnungen er-

Kondensator

reicht und als → Kapazität bezeichnet. Es gibt K. mit fester Kapazität (Elektrolytk., Papierk., Keramikk.) und veränderbarer Kapazität (Drehk., Trimmerk.).

Kondensatormotor
Einphasen-Asynchronmotor, dessen Hilfswicklung ständig mit einem Betriebskondensator in Reihe geschaltet ist (Bild a).

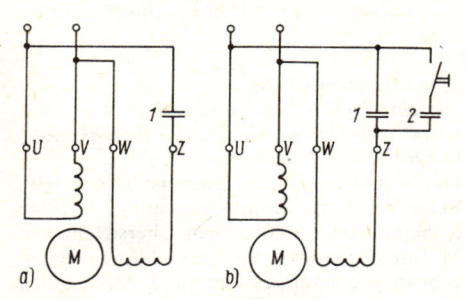

Kondensatormotor. *1* Betriebskondensator; *2* Anlaufkondensator

Reicht das vorhandene Auflaufmoment nicht aus, so kann, z. B. mittels Fliehkraftschalters oder Handtasters, kurzzeitig ein Anlaufkondensator parallel zum Betriebskondensator geschaltet werden (Bild b). Der K. wird häufig zum Antrieb von Haushaltmaschinen, z. B. Waschmaschinen, Pumpen, Kreissägen, bis zu einer Leistung von etwa 1,5 Kilowatt eingesetzt.

Konstantspannungsgenerator
Sonderform eines → Synchrongenerators, der sich selbst erregt und Spannungsschwankungen weitgehend ausgleicht.
Der K. besteht aus einer → Innenpolmaschine und einem sog. Drehfeldübertrager. Beide Teile haben getrennte Blechpakete für Ständer und Läufer, die auf einer gemeinsamen Welle in einem Gehäuse untergebracht sind (Bild).
Der Drehfeldübertrager besteht im Ständer aus einer Grunderregerwicklung (Drehstromwicklung), einer Zusatzerreger- und einer Korrekturwicklung sowie aus drei Luftspaltdrosseln, zu denen Resonanzkondensatoren parallelgeschaltet sind. Im Läuferblechpaket befindet sich die Erregerwicklung des Drehfeldübertragers, die über eine Gleichrichterschaltung mit der Polradwicklung der Innenpolmaschine verbunden ist.

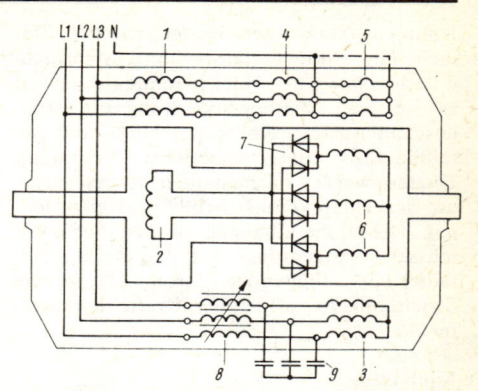

Konstantspannungsgenerator. *1* Arbeitswicklung des Synchrongenerators; *2* Polrad des Synchrongenerators mit Erregerwicklung; *3* Grunderregerwicklung des Drehfeldübertragers; *4* Zusatzerregerwicklung; *5* Korrekturwicklung; *6* Erregerwicklung des Drehfeldübertragers im Läufer; *7* Gleichrichterdiodenanordnung (auf Läuferwelle montiert); *8* Luftspaltdrosseln; *9* Resonanzkondensatoren

Bei Antrieb des K. entsteht durch den Restmagnetismus in der Arbeitswicklung der Innenpolmaschine eine kleine Spannung, die einen kleinen Strom über die Luftspaltdrosseln durch die Grunderregerwicklung des Drehfeldübertragers treibt. Die stromdurchflossene Grunderregerwicklung erzeugt ein entgegengesetzt zur Läuferdrehrichtung umlaufendes Drehfeld, das in der Erregerwicklung des Drehfeldübertragers eine Wechselspannung induziert. Diese wird gleichgerichtet. Die Polradwicklung wird mit Gleichstrom erregt. Der Synchrongenerator schaukelt sich so auf den Nennwert seiner Spannung hoch. Bei Belastung fließt der Strom zu der mit der Arbeitswicklung der Innenpolmaschine in Reihe geschalteten Zusatzerregerwicklung des Drehfeldübertragers. Verstärkte Erregung gleicht die durch die inneren Spannungsabfälle und durch die Ankerrückwirkung entstehende Spannungsabsenkung aus.

Kontaktanordnung
Form der räumlichen Anordnung von Kontakten.
Die K. wird wesentlich von der Form des Schalters und von der Spannung bestimmt. Weiteres Kriterium ist die Anschlußmöglichkeit. K. bezeichnet auch die Anzahl und die Lage der im Stromverlauf anzutreffenden

Kontaktanordnung

Kontakte. Man unterscheidet zwischen Einfach- und Doppelunterbrechung, Mehrfachunterbrechung bei Hochspannungsschaltern zur besseren Lichtbogenlöschung und Parallelschalten zweier Kontakte (Haupt- und Abreißkontakte unterschiedlicher Formung). Letztere werden nacheinander ausgeschaltet, um den Hauptkontakt lichtbogenfrei zu halten. Die Kontaktbahnen in den Schaltern müssen so angeordnet sein, daß die Magnetfelder des fließenden Stroms keine die Schaltkontakte öffnenden Kräfte hervorrufen.

Kontaktform
Form der Kontaktpaare bei Schaltern.
Die Form richtet sich nach der zu übertragenden Betriebs- und Kurzschlußstromstärke. Einfluß auf die K. haben Lichtbogenlöschfähigkeit, Abbrandminimierung, Schaltgeschwindigkeit, → Kontaktwiderstand, → Kontaktprellen, → Kontaktverschweißung und Verschmutzung. Bei Niederspannungsschaltern finden meist flächige Kontakte Verwendung. In der Hochspannungstechnik herrschen Kontakttulpen und Stifte, bei → Trennern Kontaktmesser vor. Im Relaisbau, zum sicheren Übertragen kleiner Ströme, werden oft Punkt-Flächen-Kontakte mit Kohle- oder Silberkontaktstücken verwendet.

Kontaktprellen
Vorgang, der überwiegend beim Einschalten von Kontakten, die durch Federkraft zusammengedrückt werden, entsteht.
Durch die hohe Aufschlaggeschwindigkeit öffnen und schließen die Kontakte nach der ersten Verbindung noch mehrfach kurzzeitig bis zur endgültigen Verbindung. Die Zeitdauer zwischen der ersten Kontaktgabe und der ruhenden Verbindung ist die Prellzeit. Das K. begünstigt die → Kontaktverschweißung und wirkt sich in Steuerungsanlagen wegen der mehrfachen Impulsgebung nachteilig aus.

Kontaktverbindung
Lösbare Verbindung zweier Leiter, die elektrischen Strom übertragen kann.
Kontakte schließen oder öffnen Stromkreise und sind nach der Stromstärke und dem Einsatzort zu bemessen und zu konstruieren, d. h., sie müssen eine zuverlässige elektrische Verbindung herstellen, die thermischen und dynamischen Kurzschlußbeanspruchungen genügt und die Erwärmungen im Dauerbetrieb aufnimmt (→ Kontaktwiderstand). Mechanische Festigkeit, Klimabeständigkeit und eine geringe Neigung zur → Kontaktverschweißung sind weitere Forderungen an Kontaktmaterial und -formung. Es wird zwischen festen, beweglichen (Schalter und Steckverbindungen) und gleitenden K. (Schleifringe und Stromabnehmer) unterschieden.

Kontaktverschweißung
Verschmelzen von Schaltkontakten durch Betriebs- oder Überströme, die das Kontaktmaterial bis zum Schmelzpunkt erhitzen.
Durch hohe Übergangswiderstände (Oxid, Verschmutzung, Kontaktabbrand) wird die K. begünstigt. Die Einschalt-Überströme von Motoren verursachen das Verschweißen ebenso wie häufiges Ein- und Ausschalten oder zu geringe Schaltgeschwindigkeiten. Durch geeignete Kontaktauswahl (Wälzkontakte) kann der K. entgegengewirkt werden.

Kontaktwiderstand
Widerstand zwischen den Kontaktflächen lösbarer und unlösbarer Verbindungen.
Der K. bildet sich aus dem Aus- und Entrittswiderstand der Kontaktflächen und dem durch Oxide und Öle hervorgerufenen dazwischenliegenden Fremdschichtwiderstand. Die durch Abbrand entstandenen Oberflächenunterschiede der Kontakte verringern die wirksame Übergangsfläche und tragen zur Widerstandserhöhung (Engewiderstand) bei. K. treten auch bei Löt- und Schweißverbindungen auf.

Kopplung, magnetische
Bedingung für den Vorgang der → Gegeninduktion.
Zwei Spulen sind dann magnetisch gekoppelt, wenn der von der ersten Spule erzeugte Magnetfluß Φ_1 von der zweiten Spule teilweise oder vollständig umfaßt wird. Der Magnetfluß Φ_1 enthält somit den Koppelfluß Φ_K, der von der zweiten Spule umfaßt wird, und den Streufluß Φ_S, dessen Feldlinien sich außerhalb der zweiten Spule schließen.
$$\Phi_1 = \Phi_K + \Phi_S$$
Aus dem Kopplungsgrad k, der als Verhältnis des Koppelflusses zum primär erzeugten Magnetfluß definiert ist, $k = \Phi_K/\Phi_1$, kann

Kopplung, magnetische

eine quantitave Aussage über die induktive Streuung, also über die Größe des Streuflusses gemacht werden. Man unterscheidet zwischen fester Kopplung, die durch Eisenkerne erreicht wird, $k \approx 1$, und loser Kopplung $k \ll 1$.

Kopplungsgrad
→ Kopplung, magnetische

Körperschluß
Durch einen Isolationsfehler entstandene elektrisch leitende Verbindung zwischen einem aktiven Teil und dem Körper (→ Fehlerspannung).
Man unterscheidet zwischen dem vollkommenen K. (praktisch widerstandslose Verbindung an der Fehlerstelle) und dem unvollkommenen K. (widerstandsbehaftete Verbindung an der Fehlerstelle) (Bild).

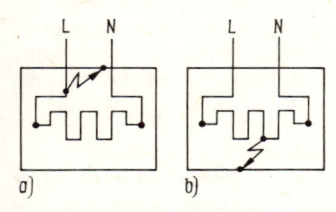

Körperschluß. a) vollkommener Körperschluß (direkte Verbindung Leiter – Gehäuse); b) unvollkommener Körperschluß

K. werden durch → Schutzmaßnahmen gegen gefährliche elektrische Durchströmungen verhindert (z. B. → Schutzisolierung), oder es werden durch sie die gefährlichen Auswirkungen von K. durch Potentialtrennung (→ Schutztrennung), Potentialausgleich oder Abschalten (→ Nullung, → Schutzerdung, → Fehlerspannungs- oder → Fehlerstrom-Schutzschaltung) beseitigt. – Anh.: 45, / 121, 123.

Kraft-Weg-Kennlinie
Diagramm in der Schaltgerätetechnik zum Bestimmen von Drehbewegungen und Geschwindigkeiten der Schaltmechanik.
Bei der Umformung von Drehbewegungen in geradlinige Bewegungen oder umgekehrt treten, abhängig vom Winkel des Schubgestänges zur umlaufenden Scheibe, unterschiedliche Kräfte am angetriebenen Teil auf, obwohl das treibende Moment gleichgroß bleibt. Damit ändert sich auch die Geschwindigkeit des angetriebenen Übertragungselements. Aus der K. für Schalterantriebe kann auf die Einschlag- und Lösekraft beim Schalten und die dabei auftretenden Geschwindigkeiten geschlossen werden. Die K. kann durch die Formgebung der Antriebselemente den Schaltanforderungen entsprechend verändert werden.

Kraftwirkung, elektromagnetische
1. Kraftwirkung eines Magnetfelds auf ferromagnetische Stoffe.
Elektromagnete können durch die magnetische Influenz vor allem Eisenteile anziehen. Typische Anwendungen sind elektromagnetisch betätigte Schaltvorrichtungen (Relais, Schütze), Haltevorrichtungen (Spannplatten) und Hebevorrichtungen (Lasthebemagnete).
2. Kraftwirkung auf stromdurchflossene Leiter im Magnetfeld.
Das Magnetfeld des stromdurchflossenen Leiters überlagert sich mit dem vorgegebenen Magnetfeld (Bild a) zu einem resultierenden Feld (Bild b).

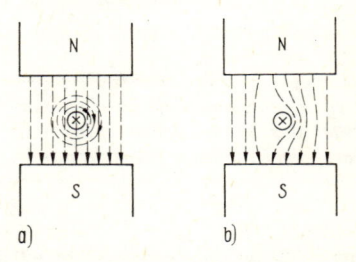

Kraftwirkung, elektromagnetische

Durch die Feldverstärkung bzw. -abschwächung wirkt eine Kräft auf den Leiter. Der Betrag der Kraft F ist von der → Magnetflußdichte B, der magnetisch wirksamen Leiterlänge l und der → Stromstärke I abhängig.
$$F = I \cdot B \cdot l$$
Diese Erscheinung wird technisch als → Motorprinzip genutzt.
3. Kraftwirkung zwischen stromdurchflossenen Leitern.
Bei parallelen, stromdurchflossenen Leitern überlagern sich die Einzelfelder so, daß bei gleichgerichteten Strömen die Leiter einander anziehen und bei entgegengerichteten

Kraftwirkung, elektromagnetische

Strömen sich abstoßen. Besonders bei hohen Kurzschlußströmen werden Sammelschienenanlagen und Maschinenwicklungen deformiert.

Krämermaschine
Sonderform eines → Gleichstromgenerators, der als Schweißgenerator bei abnehmendem äußerem Widerstand eine möglichst konstante Schweißstromstärke hat.

Das dabei notwendige Sinken der Spannung wird erreicht, indem das Erregerfeld durch eine fremderregte Wicklung, eine sie unterstützende Nebenschlußwicklung sowie eine entgegengesetzt wirkende Reihenschlußwicklung erzeugt wird.

Kreisdrehfeld
→ Drehfeld, elliptisches

Kreisfrequenz
Physikalische Größe zur Kennzeichnung der Geschwindigkeit, mit der sich eine sinusförmige Wechselgröße ändert.

Formelzeichen ω
Einheit Hz (→ Hertz)
$\omega = 2\pi \cdot f$,
f Frequenz – Anh.: 41 / 75, 101.

Kreislaufkühlung
→ *Kühlart einer rotierenden elektrischen Maschine, bei der das Kühlmittel die Maschine und den Wärmeübertrager im Kreislauf durchströmt.*

kritische Drehzahl
Biege-Eigenschwingungszahl eines → Vollpolläufers.

Durch die große Länge eines Vollpolläufers biegt sich die Welle durch. Sie wird durch eine immer vorhandene Restunwucht bei der k. D. zum Schwingen angeregt. Die Lager werden dadurch extrem beansprucht. Der Läufer kann u. U. am Ständer anlaufen. Betriebsdrehzahl und k. D. dürfen deshalb nicht übereinstimmen.
Ein Läufer wird als überkritisch bezeichnet, wenn die Betriebsdrehzahl über der k. D. liegt, die dann beim Anlauf durchfahren werden muß. Läufer für Maschinenleistungen über 20 MVA sind überkritisch.

Kübler-Schaltung
→ Scott-Schaltung

Kühlart
Bezeichnung der Art und Weise, besonders bei rotierenden elektrischen Maschinen, die Wärme abzuleiten.

Unerwünschte Wärmeentwicklungen entstehen in erster Linie durch → Stromwärme. Wird die zulässige Leitergrenztemperatur überschritten, kann die Wicklungsisolation beschädigt werden. Die Maschine wird zerstört. Zu einer ökonomischen Auslastung der Maschine gehört deshalb eine hinreichende Wärmeableitung.
Die Wirksamkeit der Kühlung wird von der thermischen Leitfähigkeit der Isolierstoffe, der Art des Kühlmittels, dessen Bewegung und Führung bestimmt. Kühlmittel sind Luft, Stickstoff, Wasserstoff und Kohlendioxid. Flüssige Kühlmittel, z. B. Öl oder Wasser, eignen sich auch zur Kühlung von Ständerteilen. Der Kühlkreislauf kann als freier Umlauf oder teilweise gerichtet aufgebaut sein (Methode des Kühlmittelumlaufs). Entsprechende Kurzzeichen (→ K.kennzeichnung) geben Hinweise auf die Art und Weise der Kühlung.

Kühlartkennzeichnung
Kurzzeichen zum Bestimmen der → Kühlart einer rotierenden elektrischen Maschine.

Das Kurzzeichen enthält:

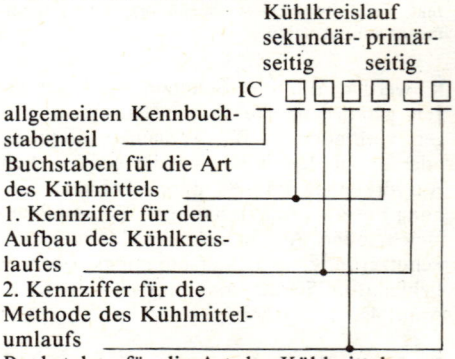

```
                          Kühlkreislauf
                       sekundär-  primär-
                         seitig    seitig
                  IC  □ □   □ □   □ □
allgemeinen Kennbuch-─┘ │   │ │   │ │
stabenteil              │   │ │   │ │
Buchstaben für die Art ─┘   │ │   │ │
des Kühlmittels             │ │   │ │
1. Kennziffer für den ──────┘ │   │ │
Aufbau des Kühlkreis-         │   │ │
laufes                        │   │ │
2. Kennziffer für die ────────┘   │ │
Methode des Kühlmittel-           │ │
umlaufs                           │ │
```

Buchstaben für die Art des Kühlmittels
A Luft   C Kohlendioxid
H Wasserstoff   W Wasser
N Stickstoff   U Öl

Beispiel: *IC A 0 1 H 4 1* Wicklungswärme wird durch Wasserstoff *H* an die Gehäuseoberfläche *4* abgeführt, der sich im Selbstumlauf *1* bewegt; Luft *A* als Sekundärkühlmittel führt im freien Umlauf *0* bei Selbstkühlung *1* die Wärme des Wasserstoffs ab.

Kühlung, beiderseitige

Kühlung, beiderseitige
→ *Kühlart einer rotierenden elektrischen Maschine, bei der das Kühlmittel auf beiden Seiten in die Maschine eintritt und in der Mitte austritt oder umgekehrt.*

Kupplung
Maschinenelement zum Übertragen von Motor-Drehmomenten auf Wellen, Getriebe, Antriebsmaschinen usw.
Es wird zwischen festen und losen K. unterschieden. Außerdem gibt es Sonderformen. Feste K. sind z. B. Scheibenk., Bolzenk. und Klauenk., meist mit elastischer (Leder-, Gummi-, Filz-) Zwischenlage zum Auffangen von Laststößen. Lose K. sind mechanische oder elektromagnetisch schaltbare K. Sie sind ein- und ausrückbar, d. h. sie gestatten das Kuppeln der Arbeitsmaschine während des Betriebs oder im Stillstand. Meist sind das Reibungsk. Sonderformen sind Rutschk., und Fliehkraftk.

Kupplung, elektromagnetisch schaltbar
Element zur Drehmomentenübertragung, durch das die Verbindung zweier Wellenenden elektromagnetisch hergestellt wird.
E. s. K. arbeiten nach unterschiedlichen Wirkungsprinzipien, die auf dem Elektromagnetismus basieren. Sie werden durch elektrische Energie, meist Gleichstrom, erregt, die mittels Schleifringen auf die rotierenden Teile übertragen wird. Bei einigen Ausführungen liegt ein Pol an Masse. Bei → Reibscheiben-, → Lamellen- und → Magnetpulverkupplungen erfolgt die Momentenübertragung kraftschlüssig durch Preßdruck, bei → Induktionskupplungen über ein elektromagnetisches Feld. Die e. s. K. werden mit baulichen Veränderungen auch als Bremsen verwendet.

Kupplungscharakteristik
Abhängigkeit der Drehmomentenübertragung von der Stromstärke durch den Kupplungsmagneten bei elektromagnetisch schaltbaren → Kupplungen.
Bei → Reibscheiben- und → Lamellenkupplungen treten nur die Betriebsfälle Ein – Aus auf, während bei → Magnetpulver- und → Induktionskupplungen das Moment bzw. die Drehzahl abhängig vom → Widerstandsmoment und von der Stromstärke durch den Elektromagneten der Kupplung übertragen.

Kurzschließer
Maßnahme zum Löschen von Fehlerlichtbögen.
Die durch Vogelflug oder Fremdschicht-(Schmutz-)Überschläge entstehenden Lichtbögen an Isolatoren und Stützern auf Leitungen und in Schaltanlagen werden in einigen Energieversorgungssystemen durch K. zum Verlöschen gebracht. Mit Hilfe eines Schaltgeräts (Trenners) wird die betroffene Leitung kurzgeschlossen. Damit wird dem Lichtbogen Energie entzogen, und der Leistungsschalter schaltet ab (→ Wiedereinschaltung, automatische).

Kurzschluß
Grenzbetriebszustand eines Generators oder eines Transformators, bei dem die Klemmen in ihrer Funktion als Spannungsquelle praktisch widerstandslos verbunden sind.
Die Klemmenspannung bricht zusammen. Eine Leistung kann an das Netz nicht mehr abgegeben werden. Die Maschinen werden extrem dynamisch und thermisch beansprucht. Ihr Verhalten im K. kann teilweise konstruktiv beeinflußt werden (→ Transformatork., → Generatork.).

Kurzschlußläufermotor
→ Käfigläufermotor

Kurzschlußring
Den Eisenkern eines Elektromagneten mit Wechselstrom-Erregung teilweise umschließender Kupferring.
Der K. bei Schaltschützen und Relais ist meist in die Pole, dem Anker gegenüber, in

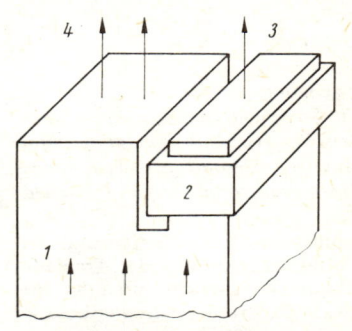

Kurzschlußring. Am Eisenkern des Wechselstrom-Schützes; *1* Eisenkern mit magnetischem Gesamtfluß; *2* Kurzschlußring; *3* phasenverschobener Teilfluß; *4* Hauptfluß

Kurzschlußring

Kurzschlußring

den Eisenkern eingesetzt. Er wirkt wie die kurzgeschlossene Sekundärwicklung eines Transformators und erzeugt dadurch bei Erregung des Elektromagneten einen zweiten Magnetfluß, der zum Magnetfluß der Spule phasenverschoben ist. Der resultierende Fluß (Gesamtfluß) durch den Eisenkern wird damit auch dann nicht Null, wenn der erregende Wechselstrom im Nulldurchgang ist. So ist immer eine Haltekraft im Eisenkern, die dem Flattern der Schütze entgegenwirkt und Brummgeräusche unterdrückt (Bild).
Weitere Anwendung finden K. bei Spaltpolmotoren. Der von ihnen erzeugte phasenverschobene Magnetfluß wirkt als Drehfeldkomponente und ist Voraussetzung für das Anlaufen des Spaltpolmotors. Die Drehrichtung wird von der Lage des K. im Ständer bestimmt und ist nicht veränderbar.

Kurzschlußschutz

Schutzeinrichtung, die Leitungen, Anlagenteile und Betriebsmittel vor mechanischen und thermischen Auswirkungen von Kurzschlußströmen schützen.
Der K. wird durch → Schmelzsicherungen oder elektromagnetische Auslöser (→ Schnellauslöser) gewährleistet. Um bei Kurzschlüssen nicht die gesamte Anlage, sondern nur den betroffenen Leitungsteil abzuschalten, werden die Auslöser und Sicherungen abgestuft, d. h., die in Energierichtung folgenden Schutzeinrichtungen haben kleinere Nennstromstärken als die davorliegenden (möglichst zwei Stufungen Unterschied). Dadurch sollen auch Fehlauslösungen vermieden werden, die durch unterschiedliche Auslösekennlinien der Schutzeinrichtungen entstehen können.

Kurzschlußspannung

Geometrische Summe der inneren Spannungsabfälle (ohmscher (Gesamt-)Spannungsabfall U_R und induktiver (Gesamt-)Streuspannungsabfall U_S) eines Transformators bei Nennbelastung.
Über den ohmschen Widerständen und den induktiven Streuwiderständen der Transformatorenwicklungen entstehen durch den Primär- und Sekundärstrom Spannungsabfälle, die einzeln nicht meßbar sind. Im sog. → Kurzschlußversuch kann ihre Summe, also die K., ermittelt werden. Da der Betrag der K. von der Transformierungsrichtung abhängig ist, wird die K. nicht in ihrem absoluten Wert in Volt, sondern als relative K. u_K angegeben. Die absolute K. wird auf die primäre Nennspannung U_1 bezogen:

$$u_K = \frac{U_K}{U_1} \cdot 100\,\%$$

Die relative K. beträgt bei Transformatoren kleiner und mittlerer Leistung 5 ... 8 % und großer Leistung 8 ... 16 %. Die K. hat für die Größe der sekundären Klemmenspannung das Kurzschlußverhalten des Transformators und für die Lastaufteilung im Parallelbetrieb Bedeutung.

Kurzschlußspannung, relative
→ Kurzschlußspannung

Kurzschlußstellung
→ Repulsionsmotor

Kurzschlußstrom

Strom, der infolge eines → Kurzschlusses zum Fließen kommt.
Formelzeichen: I_k
Nach Eintreten eines Kurzschlusses unterliegt der K. zunächst einem Ausgleichsvorgang. Sein stationärer Endwert ist nach etwa 1 s erreicht; danach fließt der Dauerk. Er ist für die thermische Bemessung der elektrotechnischen Betriebsmittel, wie Schaltgeräte, Wandler und Kabel, maßgebend.
Der K. mit der größten Amplitude (höchster Augenblickswert unmittelbar nach Eintritt des Kurzschlusses) wird als Stoßk. bezeichnet. Er ist für die mechanische (dynamische) Bemessung der elektrotechnischen Betriebsmittel, wie Sammelschienen, Schaltgeräte und Wandler, maßgebend. K. müssen rasch abgeschaltet werden (nach etwa 0,1 bis 5 s), um Zerstörungen an den betreffenden Betriebsmitteln, Brände o. dgl. zu vermeiden.

Kurzschlußstromfestigkeit

Eigenschaft eines elektrotechnischen Betriebsmittels, einen → Kurzschluß ohne Beschädigung oder Beeinträchtigung seiner Funktionsfähigkeit durch den → Kurzschlußstrom zu überstehen.
Man unterscheidet zwischen der thermischen K. (Schutz vor den thermischen Auswirkungen des Dauerkurzschlußstroms) und der mechanischen K. (Schutz vor den mechanischen Auswirkungen des Stoßkurzschlußstroms).

Kurzschlußverhalten, hartes
→ Transformatorkurzschluß

Kurzschlußverhalten, weiches
→ Transformatorkurzschluß

Kurzschlußverlust
In Transformatorwicklungen bei Belastung entstehende Verluste, die zur Erwärmung der Wicklungen führen.
Ursache der K. sind die ohmschen Widerstände R_1 und R_2 der Wicklungen und die Belastungsströme I_1 und I_2. Für die Primärwicklung ergeben sie sich aus $P_{K1} = 1{,}24 \cdot I_1^2 \cdot R_1$, analog für die Sekundärwicklung. Im Faktor 1,24 werden die Erhöhung des ohmschen Widerstands durch Erwärmung und die Zusatzverluste näherungsweise erfaßt.
Die K. werden im → Kurzschlußversuch meßtechnisch bestimmt. Die durch sie entstandene Wärme muß durch eine entsprechende Kühlung abgeführt werden.

Kurzschlußversuch
Einzelprüfung eines Transformators zum Bestimmen der → Kurzschlußspannung und der → Kurzschlußverluste.
Im K. (Bild) wird die Sekundärwicklung kurzgeschlossen. Primär wird die Spannung von Null erhöht bis mindestens das 0,25fache oder höchstens das 0,7fache des Nennstroms bei Nennfrequenz fließt. Vom Leistungsmesser werden die Kurzschlußverluste beider Wicklungen angezeigt, da die Leerlaufverluste vernachlässigbar klein sind. Durch die anliegende Spannung (Kurzschlußspannung), die wesentlich unter der Nennspannung liegt, wird der Kern nur wenig aufmagnetisiert.
Die Kurzschlußverluste sind quadratisch, und die Kurzschlußspannung ist linear mit dem Verhältnis Nennstrom zu Meßstrom zu multiplizieren und auf die für die Wärmebeständigkeitsklasse der Wicklungen gültige Bezugstemperatur umzurechnen.

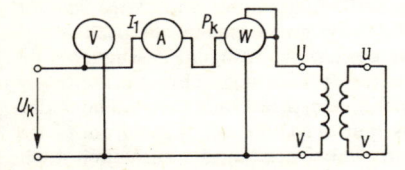

Kurzschlußversuch. U_k Kurzschlußspannung; P_k Kurzschlußverluste

Kürzungsregel
Begriff der → Schaltalgebra. K. und Ausklammerungen optimieren die aus den → Schaltbelegungstabellen ermittelten umfangreichen → Schaltfunktionen.
Durch Kürzen und Anwenden weiterer Rechenregeln der Schaltalgebra wird einmal bezweckt, Steuerschaltungen mit mehreren gleichartigen Eingangsvariablen auf möglichst wenige Glieder zurückzuführen, zum anderen die Funktionen so umzuformen, daß kontaktlose Steuerschaltungen nur mit einer Bausteingruppe oder mit wenigen Bausteingruppen aufgebaut werden können (vorzugsweise NOR- oder NAND-Bausteine). Der Arbeitsaufwand beim Kürzen ist oft beträchtlich. Liegen bis zu vier Eingangsvariable vor, kann mit Hilfe des Karnaugh-Plans das Verfahren vereinfacht werden.

Kurzzeitbetrieb
→ *Betriebsart einer elektrischen Maschine, die mit konstanter Belastung nur so lange betrieben wird, daß das thermische Gleichgewicht nicht erreicht wird, gefolgt von einer Pause so langer Dauer, daß die Maschine die Temperatur des Kühlmittels wieder annimmt (Bild).* – Anh.: 67 / –

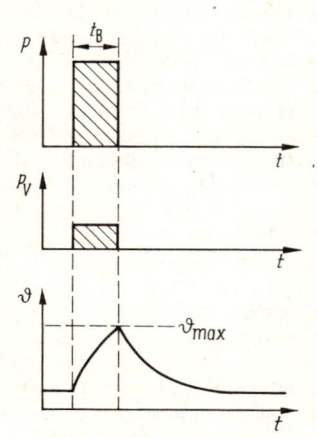

Kurzzeitbetrieb. t_B Belastungsdauer

Kurzzeitleistung
Charakteristische Leistungsgröße eines → Steuertransformators.
Die K. ist die Ausgangsleistung bei einem induktiven Leistungsfaktor $\cos \varphi = 0{,}5$ unter folgenden Belastungsbedingungen:

Kurzzeitleistung

- Bei Nennbelastung mit einem Leistungsfaktor cos φ = 1 darf die Ausgangsspannung höchstens ±5 % von der Nenn-Ausgangsspannung abweichen.
- Bei Belastung mit der K. darf die Ausgangsspannung höchstens 5 % gegenüber der Ausgangsspannung bei Nennbelastung (cos φ = 1) abfallen.

Die K. wird vom Hersteller festgelegt. Sie muß mindestens das 2fache der Nennleistung betragen. – Anh.: – / 58.

Kusa-Schaltung
→ Ständer-Anlaßwiderstand

L

Ladung elektrische
Grundeigenschaft der Elektronen und Protonen, die die elektrischen Vorgänge hervorruft. E. L. sind Ursache aller elektrischen Erscheinungen.
Formelzeichen Q
Einheit C (→ Coulomb)
Durch die zwischen ihnen wirkenden Kräfte werden positive und negative e. L. unterschieden; gleichnamige stoßen einander ab, ungleichnamige ziehen einander an. Der kleinste, nicht teilbare Ladungsbetrag ist die Elementarladung e = $-1{,}602 \cdot 10^{-19}$ C. Quantitativ wird die e. L. durch die Ladungsmenge bestimmt. Sie ist die Menge der Elementarladungen:
$Q = n \cdot (\pm e)$ $n = 1, 2, \ldots k.$
E. L. haben folgende Merkmale:
- Zwischen e. L. wirken Kräfte.
- E. L. können bewegt werden.
- Träger der beweglichen e. L. sind Elektronen und Ionen.
- Elektrisch geladene Körper streben den Ausgleich der Ladungen an.

Ladungsmenge
→ Ladung, elektrische

Lagegeber
→ Gleichstrommaschine, bürstenlose

Lagenisolation
→ Transformatorisolation

Lagenspule
→ Transformatorspule, bei der ein Draht oder mehrere Drähte gleichzeitig axial, in Richtung der Wickelachse gesehen, nebeneinander gewickelt sind (Bild). – Anh.: 68 / 65.

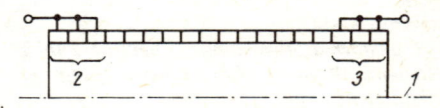

Lagenspule. *1* Wickelachse; *2* 1. Windung; *3* n-te Windung

Lagenspule, verdrillte
→ Wendelspule

Lager
Maschinenelemente, die zwischen dem feststehenden → L.träger und der rotierenden Welle einer elektrischen Maschine ein Drehpaar bilden.
L. haben die Aufgabe, den Läufer einer elektrischen Maschine in seiner Arbeitslage zu halten und die eigenen Läuferkräfte sowie zusätzliche Belastungen, die von außen auf die Welle einwirken, aufzunehmen. Die Belastungen können sowohl radialer als auch axialer oder radialer und axialer Art sein. Es wird zwischen → Wälzl. und Gleitl. unterschieden. Welche L.art verwendet wird, hängt von Bauform, Schutzgrad und anderen technischen Forderungen (z. B. Geräuscharmut), die an elektrische Maschinen gestellt werden, ab.

Lagerschild
→ Lagerträger

Lagerträger
Bauteile, die → Gleitlager oder → Wälzlager aufnehmen und den Läufer der elektrischen Maschine in zentrischer Lage halten.
Man unterscheidet zwischen Lagerschilden und Stehlagern (Lagerböcke), die nach Bauform, Schutzgrad und Belastung der Welle unterschiedlich gestaltet sind. Lagerschilde haben Zentrierungen sowie zentrisch angeordnete Lagersitzbohrungen (Passungen); sie werden am Ständer angeschraubt. Stehlager sind meist gemeinsam mit dem Ständer der elektrischen Maschine auf einer Grundplatte montiert, wobei der Ständer zusätzlich noch Lagerschilde tragen kann. Stehlager müssen mit ihrem Lagersitz zentrisch zum Ständer

Lagerträger

angeordnet sein. Sie werden am Fuß mit der Grundplatte verstiftet und verschraubt. L. bestehen aus Grauguß, Temperguß, Stahlguß, Stahlblech oder Aluminiumlegierungen. Kleine L. für einfache Gleitlager aus Sintermetall oder Plastwerkstoff haben unterschiedlich gestaltete Aufnahmebohrungen, in denen die Lagerbuchsen entweder zylindrisch oder in einer Kugelpfanne (Kalottenlager) geführt werden. Größere L., die Ringschmierlager aufnehmen, sind mit Ölkammern ausgerüstet, in die Schmierringe eintauchen. Manchmal werden die Lagerstellen wegen der besseren Montage bzw. Demontage der Lager geteilt ausgeführt. Gleitlager werden nach dem Einstellen des Axialspiels mit dem L. verschraubt. Bei kleinen Kugellagermaschinen haben die Lagerschilde oft Lagersitze mit einem angedrehten Begrenzungsbund, zwischen welchen diesen wird der Läufer über eine Federscheibe (Axialdehnung) geführt. Größere Kugellager werden durch angeschraubte Lagerdeckel begrenzt. Ein Kugellager des Läufers muß festsitzen und das andere ein geringes Seitenspiel haben. Sowohl Gleitlager als auch Wälzlager werden durch Wellendichtringe (Filz), die meist in einem Lagerdeckel untergebracht sind, vor schädlichen äußeren Einwirkungen geschützt.

Lamellenbremse
Bauteil zum Abbremsen elektrischer Antriebe.
Aufbau und Wirkungsweise entsprechen denen von Lamellenkupplungen. Die Erregerseite ist jedoch feststehend, so daß die Stromzuführung schleifringlos erfolgen kann. L. sind als Haltebremsen verwendbar, d. h., sie blockieren die Wellen im Stillstand.

Lamellenkupplung
Elektromagnetisch schaltbare → Kupplung, bei der die Kraftübertragung über kammartig ineinandergreifende, haftbeschichtete Metallamellen erfolgt, die auf der Antriebs- und der Abtriebsseite beweglich angebracht sind.
Eine das Magnetfeld aufbauende Erregerspule zieht einen Anker und dieser eine Tellerfeder an, die die ineinanderlaufenden Lamellenflächen gegeneinander pressen. Gleichzeitig werden die zum Lösen notwendigen Abdrückfedern zwischen den Lamellen gespannt. L. werden in Trocken- und in Öl-Ausführung hergestellt. Wegen ihrer großen Anpreßfläche können sie größere Drehmomente als Reibscheibenkupplungen übertragen. Sie können platzsparend gebaut werden. Der Erregerstrom wird über Schleifring und Masse zugeführt.

Längsglied
→ Transformator-Ersatzschaltplan

Last, durchziehende
Aktives → Widerstandsmoment, das Belastungsfälle, die antreibend auf den Motor wirken, bezeichnet.
D. L. tritt z. B. bei Talfahrt von Bahnen, bei Lasten an Kränen und in Aufzügen auf. In solchen Antriebssystemen sind mechanische Sperren, z. B. → Schneckenradgetriebe, oder besondere Maßnahmen der → Bremsung vorzusehen.

Lastschalter
Niederspannungsschalter zum Schalten von Strömen bis zum 1,25fachen des Nennstroms. Sie müssen Kurzschlußströme schadlos übertragen können.
L. sind alle Schalter, vom Lichtschalter über → Schaltschütze bis zu Motorschaltern, aber auch Schalter in Steuer- und Meldeanlagen. Ihr Einsatz in elektrischen Anlagen erfordert vielfältige Bauformen und Kontakteinrichtungen (Messer-, Wälz-, Druckschalter usw.). Der Antrieb erfolgt, außer bei Schaltschützen, von Hand mit Hebel-, Dreh-, Kipp- oder Druckknopfbetätigung. – Anh.: 78, 79 / –

Lasttrenner
Hochspannungsschaltgerät (→ Trenner) mit zusätzlicher Lichtbogenlöscheinrichtung.
L. werden in untergeordneten Anlagen zum Schalten von Betriebsströmen eingesetzt. Ihr → Nennausschaltvermögen ist gering, so daß der Kurzschlußschutz von zusätzlichen Sicherungen übernommen werden muß. Das → Nenneinschaltvermögen dagegen ist groß, so daß L. kurzschlußbehaftete Leitungen und Anlagen schalten können (Schalten auf Kurzschluß).

Lastumschalter
→ Stufenschalter

Latour-Wicklung
→ *Kommutatorläuferwicklung, die durch zwei zusammengeschaltete Wicklungen – eine ein-*

Latour-Wicklung

gängige → *Schleifenwicklung und eine meist zweigängige* → *Wellenwicklung – gebildet wird.*
Die geraden Spulenseiten beider Wicklungen sind in jeder Nut vierschichtig übereinander angeordnet. An jeder Lamelle des Kommutators sind vier Schaltendenausführungen angeschlossen. Eine L. kann nur entstehen, wenn beide Wicklungen die gleiche Anzahl paralleler Läuferzweige aufweisen. Bei der L. sind keine → Ausgleichsverbindungen erforderlich, weil durch die Wicklungskombination unerwünschte Zweigströme nicht auftreten können (Selbstausgleich). Die L. wird wegen ihrer Spulenform auch Froschbeinwicklung genannt. Sie ist seit 1910 bekannt.

Läuferdrehzahl
→ Schlupf

Läufererdschlußschutz
→ Generatorschutz

Läuferlängsfeld
→ Gleichstrom-Querfeldmaschine

Läuferspannung
→ *Spannung, die an den benachbarten ungleichnamigen* → *Bürsten einer Kommutatorläufermaschine anliegt. Die L. entspricht der Läuferzweigspannung.*

Läuferzweigspannung
→ Läuferspannung

Laufzeitglied
→ Verzögerungsglied

Lebensdauer, mechanische
Kenngröße für die mechanischen Teile elektrischer Schaltgeräte.
Die Vielzahl der Schaltgeräte und ihre unterschiedlichen Schaltzwecke stellen an die Ausführung der Elemente eines Schalters unterschiedliche Anforderungen. Während bei Niederspannungsschaltern die Schalthäufigkeit größer ist als bei Hochspannungsschaltern, werden diese von den mechanischen Anforderungen und den klimatischen Bedingungen stärker belastet. Bei der Konstruktion der Schalterteile sind die im späteren Betrieb auftretenden unterschiedlichen Bedingungen zu berücksichtigen. So können Schalter für Beleuchtungsanlagen in ihren mechanischen Teilen für eine geringere Zahl von Schaltspielen ausgelegt werden als Schaltschütze für Werkzeugmaschinen. In jedem Fall werden bestimmte Bauelemente, wie Wellen, Gelenke und andere Teile der Kraftübertragung, stärker abgenutzt als andere. Diese verschleißanfälligen Bauteile sind deshalb nach festgelegten Zeitabständen zu überprüfen und bei Bedarf auszuwechseln. Die m. L. wird so durch planmäßige Wartungs- und Instandsetzungsarbeiten erhöht bzw. gesichert. Bei Hochspannungs-Schaltgeräten, die selten betätigt werden, sind auch außerplanmäßige Wartungsarbeiten nach besonderen Schalterereignissen üblich. Die Nachweisführung über Schalterereignisse erlaubt Rückschlüsse auf die zu erwartende m. L. Da elektrische Kontakte eine weitaus kürzere Lebensdauer haben als mechanische Teile, müssen sie öfter als diese gewechselt werden. Die Konstruktion von Schaltern sollte es ermöglichen, schnell verschleißende Teile mit geringem Zeitaufwand zu wechseln.

Leerlauf
Grenzbetriebszustand einer elektrischen Maschine, bei dem diese ihrer Funktion entsprechend eine Spannung (Generator, Transformator) oder eine Drehbewegung (Motor) erzeugt, jedoch keine Energie abgibt.
Die Voraussetzungen und Merkmale des L. sind bei den Maschinenarten unterschiedlich (→ Generatorl., → Transformatorl., → Motorl.).

Leerlaufstrom
Im → *Transformatorleerlauf in der Primärwicklung fließender Strom.*
Seine Größe beträgt nur etwa 5 bis 10 % des Primärnennstroms, da die durch Magnetfluß in der Primärwicklung entstehende Selbstinduktionsspannung der angelegten Netzspannung U_1 (Primärspannung) entgegenwirkt. Der zur Primärspannung phasenverschobene L. I_0 besteht aus dem Magnetisierungsstrom I_μ (induktiver Blindstrom) bzw. dem Eisenverluststrom I_v (Wirkstrom). I_μ wird dann relativ groß, wenn der magnetische Widerstand des Transformatorkerns vor allem durch Luftspalte groß ist. I_v ist von den Leerlaufverlusten (Eisenverluste) P_0 abhängig.
Die mathematischen Beziehungen zwischen den Größen sind durch folgende Gleichun-

Leerlaufstrom

gen gegeben:

$$I_o = \sqrt{I_v^2 + I_\mu^2}; \quad I_v = \frac{P_o}{U_1}.$$

Leerlaufverlust
Im Transformatorkern durch Ummagnetisierung und Wirbelströme entstehender Verlust.
Die Ummagnetisierungs- oder Hystereseverluste und Wirbelstromverluste erwärmen den Kern, sie werden deshalb auch Eisenverluste genannt. Die Größe der L. P_o ist von der Qualität der Transformatorenbleche (durch die Verlustziffer $v_{1,0}$ erfaßt) vom Quadrat des Scheitelwerts der Magnetflußdichte $\hat{B}$ und von der Masse des Kerns m_{Fe} abhängig.
$P_o = v_{1,0} \cdot \hat{B}^2 \cdot m_{Fe}$ bezogene Größengleichung, P_o in W; $v_{1,0}$ in W/kg; $\hat{B}$ in T; m_{Fe} in kg.
Die L. werden im → Leerlaufversuch meßtechnisch bestimmt.

Leerlaufversuch
Einzelprüfung eines Transformators zum Bestimmen des → Leerlaufstroms und der Leerlaufverluste.
Im L. (Bild) wird an den Transformator die Nennspannung mit Nennfrequenz angelegt. Alle anderen Wicklungen bleiben unbelastet. Vom Leistungsmesser werden die → Leerlaufverluste angezeigt, da in der geöffneten Sekundärwicklung keine Strom-Wärme-Verluste entstehen und diese in der Primärwicklung vernachlässigbar klein sind (Leerlaufstrom ≪ Nennstrom).

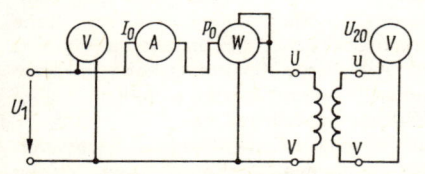

Leerlaufversuch. U_1 Nennspannung; I_o Leerlaufstrom; P_c Leerlaufverlust; U_{20} Leerlaufspannung

Leerschalter
Schaltgerät in Niederspannungsanlagen zum Trennen von Leitungsabschnitten, das nur im nahezu stromlosen Zustand geschaltet werden darf.
Der L. unterliegt den Beanspruchungen durch Kurzschlußströme (→ Trenner).

Leistung, elektrische
Leistung ist die auf eine Zeiteinheit bezogene Arbeit (Tafel). Die e. L. kann mit Hilfe der elektrischen Arbeit berechnet werden (→ Arbeit, elektrische).

Richtwerte einiger Geräte und Bauelemente

Bauelement	Elektrische Leistung W
Glühlampen	25 ... 200
Elektrische Haushaltgeräte	40 ... 2000
Straßenbahnmotor	≈ 200·10³
Generator eines Kraftwerks	100·10⁶ ... 500·10⁶

Formelzeichen P
Einheit W (→ Watt)
$P = U \cdot I$ bzw. $P = W/t$,
U Spannung; I Stromstärke; W verrichtete Arbeit; t Zeit. − Anh.: − / 75, 101.

Leistungsfaktor
→ Verschiebungsfaktor

Leistungsschalter
Schaltgerät in Hoch- und Niederspannungsanlagen zum betriebsmäßigen Ein- und Ausschalten von Lastströmen.
L. müssen ebenso Überströme, insbesondere Kurzschlußströme in der Größenordnung von mehreren Zehntausend Ampere sicher unterbrechen, ohne selbst Schaden zu nehmen. L. müssen außerdem Kurzschlußströme schadlos übertragen, die anderenorts geschaltet werden. Drehstroml. haben drei, Gleichstroml. zwei Schaltkontakte.
L. für Niederspannung bestehen aus Schaltkontakten, Sprungschaltwerk (→ Schaltschloß), → Schalterantrieb, Hilfskontakten, Auslöseeinrichtung und dem Trägerrahmen. Die Schalteinrichtung kann eine Unterbrechungsstelle oder zwei in Reihe geschaltete Unterbrechungsstellen haben. Bei letzterem unterbrechen zuerst die Vorkontakte, die gleichzeitig die Lichtbogenlöschung übernehmen. Die Hauptkontakte öffnen wenige Millisekunden später. Dadurch wird der Abbrand auf die leicht auswechselbaren Vorkontakte beschränkt. Der Schalterantrieb betätigt das Sprungschaltwerk, so daß eine gleichmäßige Schaltgeschwindigkeit unabhängig von der Betätigungsgeschwindigkeit erreicht wird. Als Hilfskontakte können je

Leistungsschalter

nach Bauart mehrere Öffner und Schließer zur Fernmeldung wahlweise angebracht werden. Überstrom- und Kurzschlußauslöser, die direkt auf das Schaltschloß wirken, ergänzen den Schalteraufbau. Moderne Niederspannungsl. können nach dem Baukastenprinzip zusammengesetzt und für spezielle Schaltaufgaben hergerichtet werden.

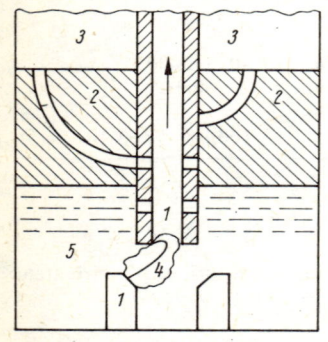

Leistungsschalter. Löschkammer eines Strömungsschalters; *1* Kontakttulpe und Schaltstift (hohl) mit seitlichen Strömungsöffnungen; *2* Stiftführung mit Strömungskanälen; *3* Entspannungsraum; *4* Lichtbogen mit Gasblase; *5* Löschmittel (flüssig)

Als Hochspannungsl. sind gegenwärtig Strömungs- und Druckluftschalter am häufigsten anzutreffen (Bild). Bei Strömungsschaltern dient ein Ölgemisch als Löschmittel (→ Lichtbogenlöschung). Durch den beim Abschalten entstehenden Lichtbogen wird das Löschmittel erhitzt, es entsteht ein Öl-Gas-Dampf-Gemisch mit hohem Druck, abhängig von der Stromstärke im Lichtbogen. Durch strömungstechnisch-konstruktive Gestaltung der → Löschkammer entweicht dieses Gemisch so, daß eine Umspülung des Lichtbogens einsetzt. Dabei wird er durch die Strömung verlängert. Seine Wärme wird abgeführt und die ionisierte Luft aus dem Zündbereich gebracht, so daß beim Erreichen einer entsprechenden Distanz der beiden Kontaktstücke (Tulpe und Stift) nach dem Nulldurchgang des Wechselstroms kein Wiederzünden erfolgt und die Strecke spannungsfest wird. Durch entsprechendes Auslegen der Löschkammern kann das Löschverhalten des Schalters beeinflußt werden. Bei weichem Verhalten wird bei großen und bei kleinen Strömen lichtbogenabhängig die Löschmittelintensität erzeugt, die den Lichtbogen nur im Nulldurchgang unterbricht. Hartes Verhalten dagegen löscht Lichtbögen mit kleinen Stromstärken auch während des Stromdurchgangs. Strömungsschalter werden für unterschiedlichste Schaltzwecke in vielen Varianten hergestellt, außer zum Schalten von Leitungen und Anlagen auch für Generatoren, Bahnen, Öfen usw.

Druckluftschalter löschen den Ausschaltlichtbogen durch ein fremderzeugtes Löschmittel, meist Druckluft. Neuerdings wird auch Schwefelhexafluorid (SF_6) wegen seiner guten entionisierenden Wirkung verwendet. Die Löschkammern dieser Schalter sind abgeschlossen; das Löschgas befindet sich im Inneren unter Druck. Beim Ausschalten geben die als Düsen geformten Kontakte eine Öffnung frei, durch die das Gas entweichen kann. Die einsetzende Kühlung und die Entionisierung durch den Gasstrom lassen den Lichtstrom abreißen. Für Hoch- und Höchstspannungsschalter wird dieses Prinzip noch erweitert. Die dafür verwendeten Schalter in Säulenbauform enthalten eine Leistungstrennstrecke und eine Spannungstrennstrecke. Erstere übernehmen durch ihr Öffnen die Lichtbogenlöschung, danach erst öffnen die Kontakte der Spannungstrennstrecke. Hierauf schließt sich die Leistungstrennstrecke wieder, so daß bei Wiedereinschalten nur die Spannungskontakte geschlossen werden müssen. Parallel zur Leistungstrennstrecke geschaltete Widerstände und Kondensatoren beeinflussen den Stromverlauf und die Spannungsverteilung während des Abschaltvorgangs. Um sehr hohe Spannungen sicher abschalten zu können, werden je nach Spannungshöhe mehrere Schalter hintereinandergeschaltet, aber gleichzeitig angetrieben.

Druckluftschalter haben ein hartes Schaltverhalten, d. h., der Löschmitteleinsatz erfolgt unabhängig von der zu schaltenden Stromstärke. Die für diese Schalter erzeugte Druckluft wird außer zur Lichtbogenlöschung auch zum Antrieb der Schaltmechanik benutzt. – Anh.: 80 / –

Leistungsschild

(auch Bezeichnungsschild). Metall- oder Plastschild mit den wichtigsten Kenndaten eines Geräts.

Solche Kenndaten sind z. B. Nennspannung, Stromart, Schutzgrad, der Name des Herstellers, die Herstellungsnummer und das Herstellungsjahr eines elektrotechnischen Erzeugnisses, z. B. einer Maschine. Diese Angaben sind für den ordnungsgemäßen Betrieb sowie im Störungsfall von großer Bedeutung; sie sollen darum jederzeit gut lesbar sein. – Anh.: 23 / *106*.

Leistungstransformator
Bezeichnung eines Voll- oder → Spartransformators, deren Wicklungen parallel zu den Energiesystemen geschaltet sind (Bilder a und b).

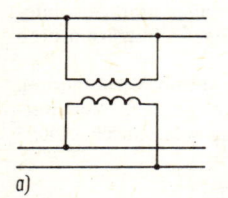

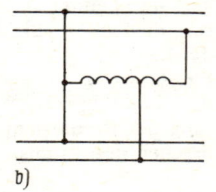

a)   b)

Leistungstransformator. a) Volltransformator; b) Spartransformator

Leiter, elektrischer
Stoff, der durch die große Zahl der frei beweglichen Ladungsträger den elektrischen Strom (→ Strom, elektrischer) gut leitet.
Bei Metallen und Metallegierungen (Leiter 1. Klasse) sind die Ladungsträger frei bewegliche Elektronen. Diese haben keine feste Bindung zu den Atomen des Kristallgitters und verhalten sich wie ein Elektronengas. Die unterschiedliche Leitfähigkeit verschiedener Stoffe ist durch die materialabhängige Elektronendichte, d. h. die Anzahl der freien Elektronen je Raumeinheit, und durch die Beweglichkeit bedingt. Bei Kupfer beträgt die Dichte $3,4 \cdot 10^{22}$ Elektronen je cm³, bei Aluminium $2,2 \cdot 10^{22}$ Elektronen je cm³.
Elektrolyte und ionisierte Gase (Plasma) sind Ionenleiter (Leiter 2. Klasse). Die Ladungsträger sind Kationen (positiv) und Anionen (negativ). Der Stromfluß erfolgt im Unterschied zu den Metallen durch Stofftransport. – Anh.: 55 / –

Leiterbezeichnung
Bezeichnung eines Leiters nach ausgewählten Merkmalen.
Man unterscheidet z. B. nach dem Leiterwerkstoff Kupfer-, Aluminium- und Stahlleiter, nach dem Halbzeug (Form) Rund-, Sektor-, Schienen-, rohr- und seilförmige Leiter (Massiv- und Litzenleiter, Leiterart), nach der Funktion Außen-, Neutral-, → Schutz- und Überwachungsleiter sowie nach der Isolierfähigkeit blanke und isolierte Leiter.

Leiterspannung
→ Sternschaltung

Leiterstrom
→ Dreieckschaltung

Leitfähigkeit, spezifische
Wekstoffgröße zur Kennzeichnung des Leitvermögens eines elektrischen Leiters.
Formelzeichen κ
Einheit $\dfrac{S \cdot m}{mm^2}$

Die s. L. eines Leiters ist sein → Leitwert, bezogen auf die Länge 1 m und auf den Querschnitt 1 mm². Für Kupfer beträgt die s. L. $56 \dfrac{S \cdot m}{mm^2}$ und für Aluminium $35 \dfrac{S \cdot m}{mm^2}$. – Anh.: – / *75, 101*.

Leitwert
Physikalische Größe als Maß für das Vermögen eines Stoffs, den elektrischen Strom zu leiten.
Formelzeichen G
Einheit S (→ Siemens)
$$G = \frac{I}{U} = \frac{1}{R},$$
I Stromstärke; *U* Spannung; *R* Widerstand.
Der L. ist als Verhältnis der Stromstärke zur Spannung definiert; er ist der Kehrwert des Widerstands.

Leitwert, magnetischer
Physikalische Größe, die die Durchlässigkeit eines Körpers gegenüber den magnetischen → Feldlinien kennzeichnet.
Formelzeichen Λ
Einheit H (Henry)
$$\Lambda = \frac{1}{R_m},$$
R_m magnetischer Widerstand.

Lenzsches Gesetz
Aus dem Energieerhaltungssatz abgeleitetes Gesetz, das eine Aussage über die Richtung der durch die elektromagnetische Induktion erzeugten Spannung macht (→ Induktion, elektromagnetische).

Lenzsches Gesetz

Die induzierte Spannung treibt einen gerichteten Induktionsstrom so an, daß dessen Magnetfeld der Entstehungsursache stets entgegenwirkt. Das Gesetz wurde nach dem russischen Physiker Heinrich Friedrich Emil Lenz (1804–1865) benannt.

Leonardschaltung
Schaltung zur Drehzahlsteuerung eines fremderregten Gleichstrommotors in weiten Grenzen.
Die Klemmenspannung des fremderregten Motors wird von einem eigenen Steuergenerator geliefert, der meist von einem Induktionsmotor angetrieben wird. Fehlt ein Gleichstromnetz für die Speisung der Erregerwicklungen vom Motor und Steuergenerator, muß noch ein Gleichstromgenerator vom Induktionsmotor angetrieben werden, der diesen Erregerstrom liefert. Der fälschlicherweise als Leonardumformer bezeichnete Maschinensatz wird zum Antrieb von Walzenmotoren, Werkzeugmaschinen, Förderanlagen und Seilbahnen verwendet.

Lichtbogenentstehung
Bildung einer den elektrischen Strom leitenden Plasmasäule (Lichtbogen).
Beim Unterbrechen von Stromkreisen erfolgt in der letzten Phase der Stromfluß über eine sehr kleine Fläche. Die daraus folgende hohe Stromdichte hat eine Erhitzung an dieser Stelle zur Folge. Es bildet sich ein Brennfleck aus, der eine Ionisation hervorruft. Die durch Temperatur und Ionisation entstehende leitende Gassäule, das Plasma, läßt den Strom weiter fließen. Dem Lichtbogen wird so ständig Engergie zugeführt, die dieser in Wärme sehr hoher Temperatur umwandelt (Leuchterscheinung).
Eine L. erfolgt selbständig, wenn infolge von Isolationsmängeln oder Überspannungen große elektrische Feldstärken Überschläge verursachen, die ihrerseits eine Ionisation bewirken, wie bei gealterter Isolation, Vogelflug bei Freileitungen, Schmutzschichten und Schaltüberspannungen.
Eine L. ist auch beim Einschaltvorgang mit geringen Schaltgeschwindigkeiten zu verzeichnen.

Lichtbogenlöschung
Maßnahmen, die Schalt- oder Fehlerlichtbögen zum Verlöschen bringen.
Zur L. gehören die Vorgänge, die in Leistungs- und Lastschaltern zum Unterdrücken oder Beenden der beim Ausschaltvorgang entstehenden Lichtbögen wirksam werden sowie Fehlerlichtbögen, entstanden durch Erdschlüsse, Kurzschlüsse, Isolationsfehler, verlöschen lassen. Neben der natürlichen L. gibt es bei Schaltern eine Anzahl konstruktiver Maßnahmen, z. B. → magnetische Beblasung, → Löschkammern, → Deionkammern.
Zur L. bei Fehlerlichtbögen werden die automatische → Wiedereinschaltung und die → Kurzschließer als besondere Betriebstechniken angewendet. An Hochspannungsisolatoren dienen → Lichtbogenschutzarmaturen der L.
Die L. erfolgt entweder durch Verlängerung des Lichtbogens, Wärmeentzug, Verringerung der Brennspannung oder durch Unterbrechen des Stroms.

Lichtbogenlöschung, natürliche
Unterbrechen von Lichtbögen durch die Formgebung der Löscheinrichtungen nach den Gesetzen der Lichtbogenphysik.
Durch die vom Lichtbogen erzeugte Wärme steigt dessen Plasmasäule nach oben (thermischer Auftrieb), verlängert sich dabei und reißt ab. Vom Stromfluß durch den Lichtbogen hervorgerufene elektromagnetische Kräfte zwischen aufsteigendem und absteigendem Ast unterstützen das Verlängern (Bild). Dieser Effekt liegt der Formgebung mancher Schaltkontakte (→ magnetische Beblasung) und bei → Lichtbogenschutzarmaturen zugrunde.

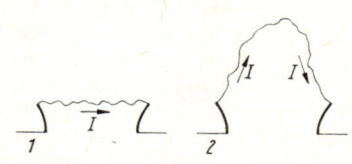

Lichtbogenlöschung, natürliche. *I* Lichtbogenstrom; *1* entstandener Lichtbogen; *2* durch thermischen Auftrieb verformter Lichtbogen

Lichtbogenlöschung, stromunabhängige
Löschsystem bei Hochspannungsschaltern.
Die s. L. liegt bei Schaltern vor, bei denen die Löschmittelmenge, i. allg. Druckluft oder Gas, unabhängig von der Stromstärke bei jeder Schaltung maximal ist. Große Ströme werden dabei sehr sicher im Nulldurchgang

Lichtbogenlöschung

unterbrochen. Bei kleinen Strömen kann jedoch ein Abreißen im Verlauf der Sinuskurve erfolgen. Das hat komplizierte → Einschwingvorgänge zur Folge (→ Löschung, stromabhängige).

Lichtbogenschutzarmatur
Überspannungsschutzeinrichtung von Öltransformatoren mit Nennspannungen über 10 kV (→ Transformatorschutz).
Die meisten elektrischen und magnetischen Zustandsänderungen in elektrischen Kreisen haben Überspannungen zur Folge. Die Überspannungswellen werden teilweise reflektiert oder erhöhen sich durch Resonanz. Damit die Isolation der Wicklungen nicht überbeansprucht oder u. U. durchschlagen wird, erhalten die Deckeldurchführungen L., d. h. Funkenableiter, deren Hörner eine Parallelfunkenstrecke zum Durchführungsisolator bilden. Die Überschlagsfestigkeit der Durchführung wird so auf die Spannungsfestigkeit im Inneren des Transformators abgestimmt. Bei Überspannung entsteht an den L. ein Überschlag zur Erde. Der Lichtbogen verlischt selbständig, so daß der Erdschluß nur kurzzeitig besteht.

Lichtbogenzeit
→ Gesamtausschaltzeit

Linearitätsabweichung
Qualitätsmerkmal eines → Gleichstrom-Tachogenerators und eines Wechselstrom-Tachogenerators.
Kurzzeichen ΔL

$$\Delta L = \frac{\Delta U}{U},$$

ΔU Spannungsabweichung, U Nennspannung.

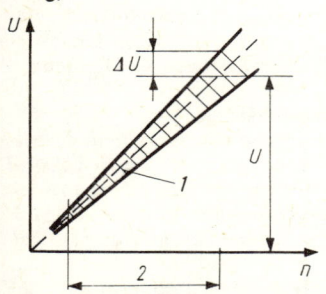

Linearitätsabweichung. *1* zulässiger Bereich; *2* Gültigkeitsbereich

Die L. ist die auf die Nennspannung bezogene Spannungsabweichung. Bei üblichen Tachogeneratoren beträgt sie weniger als 5 %.
Die induzierte Spannung U_i des Tachogenerators ist nach der Generatorgleichung der Drehzahl n proportional. Durch Spannungsabfälle und magnetische Streuung weicht die Klemmenspannung U von der idealen Kennlinie (Bild) in einem bestimmten Gültigkeitsbereich ab, z. B. 0,1- bis 1,25faches der Nenndrehzahl. – Anh.: – / 35.

Linearmotor
Sonderform des → Käfigläufermotors, der keine Drehbewegung, sondern eine lineare Schubbewegung ausführt.
In einem kastenförmig ausgebildeten, genuteten Blechpaketständer ist eine Dreiphasen-Wechselstromwicklung untergebracht. Zwischen dem Blechpaketständer und einem magnetischen Rückschluß (Blechpaket) ist anstelle des Käfigläufers eine Kupfer- oder Aluminiumschiene angeordnet, die einseitig oder beidseitig über einen geringen Luftspalt induktiv gekoppelt ist (Bild).

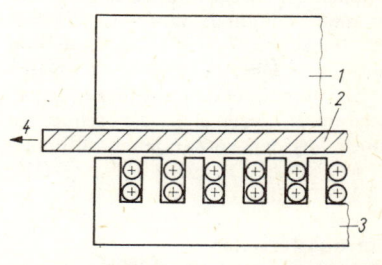

Linearmotor. *1* magnetischer Rückschluß; *2* Kupfer- oder Aluminiumschiene; *3* Blechpaketständer mit Dreiphasen-Wechselstromwicklung; *4* Schubbewegung

Wird die Wicklung eingespeist, so wirkt anstelle des Drehfelds ein Wanderfeld, das direkt auf die Schiene eine translatorische Bewegung ausübt. Die Bewegungsgeschwindigkeit wird wie beim → Asynchronmotor von der Polpaarzahl, der Frequenz und dem Schlupf bestimmt.
Eine Bewegungsrichtungsänderung kann durch Vertauschen zweier Netzzuführungen erreicht werden. Der Einsatz der L. erfolgt z. B. in Fördereinrichtungen und Fahrzeugen. – Anh.: – / 37.

Linke-Hand-Regel

Linke-Hand-Regel
Regel zur Bestimmung der nach dem → Motorprinzip wirkenden Kraft.
Hält man die linke Hand so in das Magnetfeld, daß die Feldlinien in den Handteller eintreten und die vier ausgestreckten Finger die Stromrichtung anzeigen, dann zeigt der abgespreizte Daumen in Kraftrichtung.
Die Richtung der Feldlinien, des Stroms und der Kraft bilden zueinander einen Winkel von 90°.

logisches Grundglied
Übertragungsglied der digitalen Steuerungstechnik, bei dem der Wert des Ausgangssignals in unterschiedlicher Weise vom Wert des Eingangssignals abhängt.
L. G. haben zwei Eingänge und einen Ausgang. Ihre Betätigungsenergie kann hydraulischer, pneumatischer oder elektrischer Art sein. Meist wird Elektrizität verwendet. Sie können sowohl kontaktbehaftet (Relais) als auch kontaktlos (Halbleiterbauelemente) die Eingangsinformationen übertragen und verkoppeln. Die zwei möglichen Eingangssignale x_1 und x_2 können unterschiedliche 0- oder 1-Wert haben und weisen, abhängig von ihrer Zusammenschaltung, damit 16 verschiedene Möglichkeiten 0 oder 1 an y auf. Von den vielfältigen Übertragungsmöglichkeiten werden aus Vereinfachungsgründen nur wenige verwendet, weil sich die fehlenden Funktionen aus den vorhandenen aufbauen lassen (→ NAND-, NICHT-, NOR-, ODER-, UND-Glied). – Anh.: 42 / *103.*

Lokomotivtransformator
Sondertransformator zur elektrischen Ausrüstung von Vollbahnlokomotiven oder elektrischen Industrielokomotiven.
L. sind Einphasentransformatoren meist in Sparschaltung (→ Spartransformator). Bei einer Fahrdrahtspannung von 15 kV und einer Frequenz von 16 $\frac{2}{3}$ Hz können sie z. B. eine Traktionsleistung von etwa 3 000 kVA aufweisen. Die Leistung der Heizwicklung beträgt 600 kVA und die der Hilfsbetriebswicklung 80 kVA. Als 50-Hz-Transformator können L. auch für eine Fahrdrahtspannung von 10 kV (Traktionsleistung etwa 6 200 kVA) oder für eine Fahrdrahtspannung von 25 kV ausgelegt sein.
L. einer elektrischen Vollbahn-Güterzuglokomotive für 25 kV (50 Hz) Fahrdrahtspannung können auch aus einem → Stelltransformator und einem → Stromrichtertransformator, deren Wicklungen auf einem gemeinsamen Kern untergebracht sind, bestehen. Der Kern ist meist als stehender Dreischenkelkern ausgeführt, von dem zwei Schenkel bewickelt sind. Der mittlere Schenkel trägt die Wicklung des Stromrichtertransformators. Der bewickelte Außenschenkel, der einen etwa halb so großen Querschnitt wie der Mittelschenkel hat, trägt die Wicklung des Stelltransformators sowie die Heiz- und Hilfsbetriebswicklung. Bei einer Traktionsleistung von 4 400 kVA betragen die der Heizwicklung etwa 400 kVA und der Hilfsbetriebswicklung 150 kVA. – Anh.: 25, 52 / –

Löschkammer
Teil der Last- und Leistungsschalter, in dem die Kontakte geöffnet werden und die → Lichtbogenlöschung erfolgt.
Die L. von Niederspannungsschaltern bestehen meist aus Keramik, bei älteren Modellen aus Asbeststoffen, bei Hochspannungsschaltern aus Kunststoffen (Isolierstoffen). Ihre Formgebung unterstützt die Lichtbogenlöschung, bzw. die Bereitstellung des Löschmittels (Lichtbogenlöschung, → Lastschalter, → Leistungsschalter).

Löschkondensator
Hilfsmittel zur Lichtbogenlöschung an Leistungsschaltern.
L. sind Ölpapierkondensatoren, die parallel zur Schaltstrecke geschaltet sind. Sie halten in Verbindung mit ohmschen Widerständen, durch ihr Spannungs-Zeit-Verhalten die Lichtbogenspannung so klein, daß dieser verlischt. Kondensatoren sind Wechselstromwiderstände, die auch nach dem Öffnen des Schalters einen geringen Stromfluß aufrechterhalten, so daß ein endgültiges Unterbrechen durch Trenner gesichert werden muß.

Löschung, stromabhängige
Vorgang in Hochspannungsschaltern, bei denen Löschmittelmenge und -druck während des Ausschaltvorgangs vom Lichtbogen stromabhängig erzeugt werden, z. B. in Öl-Strömungsschaltern, früher auch Hartgasschaltern.
Durch entsprechende Formgebung der Löschkammern in Verbindung mit der s. L. wird erreicht, daß große und kleine Ströme

in jedem Fall im Strom-Nulldurchgang verlöschen. Das hat ein günstiges Einschwingverhalten zur Folge (→ Einschwingvorgang, → Lichtbogenlöschung, stromunabhängige).

Luftentfeuchter
Zusatzeinrichtung eines Freiluft-Öltransformators größerer Leistung, um die hohe Durchschlagfestigkeit des Transformatoröls zu erhalten.
Entsteht durch Ausdehnung oder Rückgang des Öls im Ausdehnungsgefäß ein Über- oder Unterdruck, wird durch die Ölvorlage und durch das Entfeuchtungsmittel die Luft ausgedrückt bzw. eingesaugt. Die Atemluft gelangt trocken in das Ausdehnungsgefäß. Es diffundiert keine Feuchtigkeit in das Öl. An den Wänden des Ausdehnungsgefäßes bildet sich kein Kondensat.
Als Entfeuchtungsmittel wird ein Kieselsäureanhydrid, das mit Kobaltnitrat imprägniert ist, verwendet. Die himmelblauen glasartig harten Kristalle können bis zu 40 % ihres Eigengewichts Wasser aufnehmen. Dabei entfärben sie sich. Das Entfeuchtungsmittel kann bei 200 bis 300 °C mehrmals reaktiviert werden. – Anh.: – / 70.

Lüfter
Ventilator, der innerhalb oder außerhalb einer elektrischen Maschine auf der Welle angeordnet ist und die Stromwärme der → Wicklung und der → stromübertragenden Teile umwälzen bzw. abführen soll.
Es werden Radiall. und Axiall. unterschieden. Radiall. saugen die Luft innen an und schleudern sie nach außen. Axiall. hingegen befördern die Luft in axialer Richtung. Gestaltung und Anordnung der L. sind unterschiedlich und werden von → Bauform, → Schutzgrad und Kühleffekt der elektrischen Maschine bestimmt. Verstärkt kommen auch drehrichtungsabhängige L. zum Einsatz, die größere Luftmengen bewegen und höhere Stromdichten in den Wicklungen zulassen. Mit solchen L. ausgerüstete elektrische Maschinen haben ein günstigeres Masse-Leistungs-Verhältnis. L. werden u. a. aus Plast, Stahlblech, Leichtmetallguß oder Stahlguß hergestellt.

M

Magnetantrieb
Antriebsart überwiegend für Niederspannungsschalter kleiner bis mittlerer Schaltleistung.
Eine am → Schaltschloß angebrachte Spule mit Eisenkern wird je nach Bauart von Gleich- oder Wechselstrom erregt. Der Anker des Elektromagneten schaltet dadurch das Schaltschloß, so daß die Kontakte schließen. Die Einschaltlage wird durch das Schaltschloß gehalten. Der Erregerstrom braucht nur kurzzeitig zu fließen. Eine andere Art des M. wird bei → Schaltschützen angewendet. Bei ihr fließt der Erregerstrom während der gesamten Einschaltdauer.

Magnetbremslüfter
Elektrischer Teil einer → Bremseinrichtung für Motoren größerer Leistung.
M. arbeiten meist über ein Gestänge auf → Backenbremsen oder → Bandbremsen und werden hinsichtlich der Stromart unterschieden.
• Gleichstrom-M. Das für niedrige Spannungen ausgelegte Magnetsystem befindet sich in einem Gußzylinder. Der Zuganker gleitet in einem Führungsrohr. Dadurch ist eine einstellbare Luftdämpfung möglich. Zum Herabsetzen des Haltestroms wird nach dem Einschalten ein Vorwiderstand zur Gleichstromwicklung, die parallel zum Motor liegt, geschaltet.
• Drehstrom-M. Annähernd gleicher Aufbau wie Gleichstrom-M. Der Magnetkern muß jedoch zum Verringern der Wirbelstromverluste lamelliert sein. Der Anzugstrom ist relativ hoch. Nach dem Ansprechen sinkt wegen des verringerten Luftspalts (magnetischer Widerstand wird kleiner, Induktivität und induktiver Blindwiderstand werden größer) der Strom selbsttätig ab. Klemmt der Anker jedoch durch Verschmutzung, verbrennen häufig die Magnetspulen.

Magnetfluß
Physikalische Größe zur quantitativen Bestimmung der Wirkungen des magnetischen Felds (→ Feld, magnetisches).
Formelzeichen Φ
Einheit Wb (→Weber) – Anh.: – / 75, 101.

Magnetflußdichte

Magnetflußdichte
Physikalische Größe zur Kennzeichnung der Verteilung des → Magnetflusses in einer bestimmten, vom Magnetfluß durchsetzten Querschnittsfläche.
Formelzeichen B
Einheit T (→ Tesla)

$$B = \frac{\Delta \Phi}{\Delta A},$$

$\Delta \Phi$ Verteilung des Magnetflusses; ΔA Querschnittsfläche.
Die M. ist eine wichtige Größe bei der Bemessung von Kernquerschnitten der Transformatoren und der Pole rotierender Maschinen. – Anh.: – / 75, 101.

magnetische Beblasung
Prinzip der Lichtbogenlöschung, überwiegend in Niederspannungsschaltern.
Mit den Kontaktbahnen des Schalters ist eine Spule mit Eisenkern und U-förmig gebogenen Eisenblechen in Reihe geschaltet. Zwischen diesen liegen die Schaltkontakte, an denen beim Ausschalten der Lichtbogen entsteht. Der durch den Lichtbogen aufrechterhaltene Stromfluß erzeugt ein Magnetfeld, das den Lichtbogen nach außen drückt, ihn dadurch verlängert und zum Abreißen bringt. Die als Hörner ausgebildeten Schaltkontakte unterstützen den Löscheffekt. Beim Einbau von Schaltern mit m. B. ist auf richtige Polung zu achten (Bild).

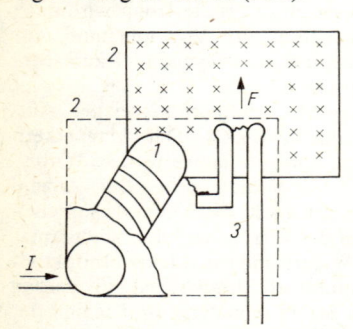

magnetische Beblasung. *1* Eisenkern mit stromdurchflossener Blasspule; *2* Blasbleche; *3* Kontaktstücke (öffnend); *F* Auftriebskraft; *I* Stromfluß

magnetischer Kreis
Raum um stromdurchflossene Leiter oder Spulen, der von magnetischen → Feldlinien durchsetzt ist.
Im unverzweigten m. K. (Zweischenkelkern eines Einphasentransformators) ist der → Magnetfluß an allen Stellen gleich groß. Der Mantelkern des Einphasentransformators ist dagegen ein verzweigter m. K.

Magnetisierungskurve
→ ferromagnetischer Stoff

Magnetisierungsstellung
→ Repulsionsmotor

Magnetisierungsstrom
→ Leerlaufstrom

Magnetjoch
→ Polständer

Magnetpole
Stellen der größten → Magnetflußdichte im magnetischen Feld (→ Feld, magnetisches).
An den M. ist deshalb die größte magnetische Wirksamkeit vorhanden. Es entstehen immer gleichzeitig ein magnetischer Nordpol und ein magnetischer Südpol. Ungleichnamige M. ziehen einander an, gleichnamige stoßen einander ab.

Magnetpulverbremse
Bauteil zum Verringern der Drehzahl bzw. zum Bremsen elektrischer Antriebe.
M. arbeiten wie → Magnetpulverkupplungen, deren eine Seite feststeht. Die Bremswirkung kann vom Erregerstrom beeinflußt werden. Die M. kann eine stillstehende Welle festhalten, wenn äußere Momente angreifen.

Magnetpulverkupplung
Elektromagnetisch schaltbare, steuerbare Reibungskupplung.
Die M. besteht aus Innen- und Außenteil. Beide sind an je einem Wellenstumpf befestigt. Beide Teile bilden einen abgeschlossenen Hohlraum, in dem sich eine Eisenpulver-Speziallegierung oder eine Eisenpulver-Öl-Suspension befindet. Das Erregerfeld wird von einer Spule im Innenteil erzeugt. Die Stromzuführung erfolgt über Schleifringe. Andere Ausführungen der M. haben feststehende Erregerspulen, deren Magnetfeld in die umlaufenden Teile eindringt. Das Magnetfeld verfestigt das Eisenpulver im Hohlraum zwischen Innen- und Außenteil und bewirkt damit die Kraftübertragung. Da der

Magnetpulverkupplung

Grad der Verfestigung stromstärkeabhängig ist, kann die M. zum weichen Ankoppeln der Arbeitsmaschine verwendet werden. Das Prinzip der M. wird in veränderter Bauart als → Magnetpulverbremse eingesetzt.

Mantelkern
→ Transformatorkern

Maschensatz
2. Kirchhoffsches Gesetz. Gesetz, das den Gleichgewichtszustand in einem Stromkreis und in einer Maschine zwischen den Spannungen beschreibt.
Die Summe der vorzeichenbehafteten Spannungen ist stets gleich Null.

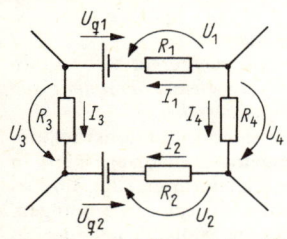

Maschensatz. I Stromstärke; U Spannung; R Widerstand; E Urspannung

Der im Bild gegebene Stromkreis soll in unterschiedlichen Richtungen durchlaufen werden.
- Umlauf im Uhrzeigersinn:
  $+ U_{q1} + (- U_1) + (+ U_4) + (+ U_2)$
  $+ (- U_{q2}) + (- U_3) = 0$
- Umlauf entgegen dem Uhrzeigersinn:
  $- U_{q1} + (+ U_3) + (+ U_{q2}) + (- U_2)$
  $+ (- U_4) + (+ U_1) = 0$

Die Spannungen sind positiv, wenn ihre Richtungen mit der frei wählbaren Umlaufrichtung übereinstimmen.
Wird ein Widerstandswert verändert, stellt sich das Gleichgewicht der Spannungen durch die Änderung der Stromstärken selbständig wieder her.

Maschine, elektrische
Energiewandler, bei dem zwei elektrische Kreise durch einen magnetischen Kreis gekoppelt sind.
Die e. M. können in ruhende e. M. (→ Transformator) und in rotierende e. M. eingeteilt werden. Der Zweck der e. M. ergibt sich aus ihrer Einordnung in den Prozeß der Energieumwandlung bei der Erzeugung, Übertragung und beim Verbrauch der elektrischen Energie.

Maschine, rotierende elektrische
Energieumwandler mit umlaufenden Bauteilen, bei dem eine an der Umwandlung beteiligte Energieart die elektrische ist.
Die Träger der elektrischen Kreise verändern ihre Lage zueinander. Je nach der Arbeitsweise werden → Generatoren, → Motoren und → Umformer unterschieden.

Maschinentransformator
→ *Stelltransformator, der die in Wärme- und Kernkraftwerken sowie in Pumpspeicherwerken erzeugte Generatorspannung auf die Übertragungsspannung transformiert.*
Die Übersetzung des M. beträgt z. B. 231 (1 ± 0,11) kV/10,5 kV im Leistungsbereich von 125 bis 235 MVA oder für das 380-kV-Übertragungsnetz 410 (13 ± 3,64) kV/15,75 kV bei einer Nennleistung von 250 MVA.

Maschinenverstärker
Rotierende elektrische Maschinen, die kleine Eingangsgrößen in hohe Ausgangsgrößen unter Verwendung einer Hilfsenergie umwandeln oder mit kleinen Steuerenergien große Ausgangsenergien verändern und beeinflussen.
Der bekannteste M. ist die Amplidyne, eine Gleichstrommaschine (Generator), die außer den Kohlebürsten für die Energieabnahme noch ein zweites, um 90 Grad verschobenes Bürstenpaar hat, das über einen Widerstand verbunden ist. Im Ständer sind mehrere Feldwicklungen untergebracht, die wahlweise mit unterschiedlichen elektrischen Stellgrößen beaufschlagt werden können. Durch ihre innere Schaltung überträgt die Amplidyne Änderungen im Steuerkreis sofort auf die abgegebene Spannung; die Übertragung erfolgt linear. Eine weniger verbreitete Bauart, die Rapidyne, vereinigt in zwei Verstärkerstufen zwei getrennte Gleichstromgeneratoren. Im weiteren Sinne können auch Leonardsätze als M. angesehen werden.

Maschinenwicklung
→ *Wechselstromwicklung oder* → *Kommutatorläuferwicklung, die mit hochproduktiven Wickelmaschinen in isolierte, genutete* → *Blechpaketständer oder* → *Blechpaketläufer halb- oder vollautomatisch eingebracht wird.*

Maschinenwicklung

Diese Wickeltechnik ist nur bei der Massenfertigung effektiv. Überwiegend werden Ständer kleiner Einphasen- und Dreiphasen-Motoren sowie Polständer und Kommutatorläufer kleiner Außendurchmesser (bis 60 mm) maschinell bewickelt. Technisch lassen sich Wechselstrom-M. als Einschicht-Zweietagenwicklungen mit Spulen ungleicher Weite (→ Spulenweite) ausführen. Die Wickeltechnik der M. ist der der → Handwicklung ähnlich, nur daß hier der Wickeldraht mittels programmgesteuerten Drahtlegefingers in die Nuten eingebracht wird.

Nach dem Wickelvorgang werden die Nuten mit Isolierkappen verschlossen, die Wickelköpfe, die unterschiedlichen Wicklungssträngen angehören, durch die → Wickelkopfisolation getrennt und die Schaltenden isoliert und geschaltet bzw. an das → Klemmenbrett geführt. Dann werden die Wickelköpfe nachgeformt und meist maschinell mittels Kordel- oder Glasseidenschnur fest zusammengeschnürt. Nach Sichtkontrolle und elektrischer Prüfung werden die Wicklungen getränkt und ausgehärtet.

Bei Einphasen-Wechselstromständern wird auch die Einziehtechnik angewendet. Das gesamte Wicklungssystem wird auf einem Wickelautomaten außerhalb der genuteten Blechpaketständer gewickelt und anschließend eingezogen und verfestigt.

Kleine Kommutatorläufer werden in der Fertigung nur maschinell gewickelt. Die Nuten der → Blechpaketläufer werden herkömmlich isoliert oder plastbeschichtet und auf einem Wickelautomaten mit einer meist fortlaufenden → Schleifenwicklung bewickelt. Die erforderlichen → Schaltendenausführungen werden automatisch herausgezogen und mit den Lamellen des → Kommutators galvanisch verbunden (verquetscht). Die Nuten werden entweder mit Isolierkappen verschlossen oder offen gelassen. Nach Prüfung der Läufer folgen das Verfestigen und das sorgfältige → Auswuchten.

Mehrmotorenantrieb
Antrieb einer Arbeitsmaschine oder eines Antriebssystems durch mehrere Motoren.
M. liegt vor, wenn eine Arbeitsmaschine, vor allem ein Maschinensystem, aufgrund fertigungstechnologischer Bedingungen von mehreren Motoren gleichzeitig angetrieben werden muß.

Bei M. kann es sich um lange Bandförderungen, Walzstraßen u. ä. handeln. An ersteren müssen gleiche Drehzahlen aller Motoren durch geeignete Regelschaltungen garantiert werden, letztere erfordern untereinander abgestufte, aufeinander abgestimmte konstante Drehzahlen.

M. wird auch zur Drehzahländerung und zur Bremsung elektromotorischer Antriebe angewendet. Dazu arbeiten zwei Motoren auf eine Antriebswelle, so daß sich ihre Drehmomente addieren. Zur Drehzahlverringerung oder Bremsung wird einer der Motoren in die entgegengesetzte Drehrichtung umgeschaltet und dadurch das Drehmoment des Antriebs verringert.

Mehrphasenwechselspannung
→ *Spannung, die aus mehreren, meist sinusförmigen Schwingungen gleicher Frequenz und gleichen Effektivwerts besteht.*
M. werden in getrennten Induktionswicklungen mit einem gemeinsamen Erregerkreis in einem Mehrphasengenerator erzeugt. Im Gegensatz zu Zweiphasenwechselspannungen, die heute außer in der Meß- und Niederfrequenztechnik kaum noch technische Bedeutung haben, wird die elektrische Energie überwiegend als → Dreiphasenwechselspannung übertragen.

Mehrschichtwicklung
→ Wicklungsschicht

Meßglied
Bauteil der Regelungstechnik zum Erfassen des Istwerts der Regelgröße.
Meßglieder werden am Ausgang der Regelstrecke eingebaut, um den momentanen Zustand der Regelgröße zu erfassen und im Bedarfsfall eine Regelung zu veranlassen. M. können je nach Bauart kontinuierlich (Thermoelement-Spannungsmessung) oder diskontinuierlich (Schaltthermometer-Relais) arbeiten. Meist sind mit M. noch Wandler gekoppelt, um die erfaßte Größe an die Regeleinrichtung anzupassen, sowie Anzeige- und Registriergeräte für Kontrollzwecke zu betreiben. – Anh.: 42 / 103.

Meßwandler
Sondertransformator kleiner Leistung, der Verbindungsglied zwischen den meist unter Hochspannung stehenden Anlagenteilen und

Meßwandler

den Meß-, Steuer- und Schutzeinrichtungen ist.
M. dienen folgenden Hauptzwecken:
- Umwandeln von Strömen (→ Stromwandler) und Spannungen (→ Spannungswandler) auf meßtechnisch einfach zu erfassende einheitliche Größen
- galvanische Trennung der Hochspannung von sekundär angeschlossenen, der Berührung zugänglichen Meßgeräten und Relais
- Schutz empfindlicher Instrumente vor den Wirkungen von Netzkurzschlüssen
- Summieren von Strömen und Spannungen verschiedener Stromkreise für spezielle Meß- und Schutzschaltungen. – Anh.: 65 / 49.

Mittelfrequenzumformer
→ *Motorgenerator, der aus einem Asynchronmotor oder Gleichstrommotor und einem Mittelfrequenzgenerator besteht.*
Häufig werden M. in Einwellenausführung gebaut, d. h., Motor- und Generatorläufer sitzen auf einer Welle. Bis 1 000 Hz werden die Generatoren in der → Wechselpolbauart mit entsprechend großer Polpaarzahl als Klauenpoltype ausgeführt. Die sinusförmigen Klauenpole umfassen die ringartige Erregerspule. Auf diese Weise sind alle Polpaare parallelgeschaltet. Durch die sinusförmige Polschuhform wird praktisch eine sinusförmige Feldverteilung erreicht. Die Ständerwicklung ist eine Einlochwicklung mit einer Nut je Pol und Strang. Für höhere Frequenzen baut man die Mittelfrequenz- und Hochfrequenzmaschinen in der → Gleichpolbauart mit wicklungsfreien Läufern, die einem Zahnrad ähnlich sind.

Mittelpunktschaltung
Schaltung von → Stromrichtertransformatoren zur Einspeisung von mehranodigen Gleichrichtern.
Die Primärwicklungen werden zum Anschluß der Dreiphasenwechselspannungen im Stern oder im Dreieck geschaltet. Durch Doppelstern- (Bild a) oder Gabelschaltung (Bild b) der Sekundärwicklungen wird eine für die Gleichrichtung günstigere Sechsphasenwechselspannung erzeugt.

Mittenumsteller
→ *Umsteller eines Verteilungstransformators, der an die in der Mitte der Oberspannungsspulen liegenden Anzapfungen angeschlossen ist (Bild).*
Bei dem M. können die Oberspannungsspulen sowohl im Stern als auch im Dreieck geschaltet werden. Im Unterschied zum → Sternpunktumsteller entstehen keine Unsymmetrien zwischen den wirksamen Windungen und den Jochen des Kerns. – Anh.: – / 59.

Momentenumrechnung
Rechnerische Umwandlung von Antriebs- oder Widerstandsmomenten in Antriebssystemen.
Bei der rechnerischen Erfassung von → Antriebssystemen mit unterschiedlichen Drehzahlen und Bewegungsformen ist das Umrechnen von Drehmomenten und Trägheitsmomenten erforderlich. Die Bezugsgröße ist i. allg. die Motordrehzahl. Drehzahl und

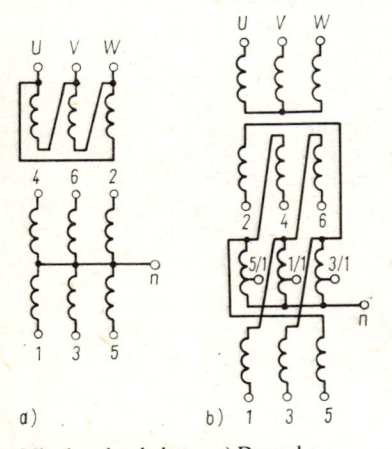

Mittelpunktschaltung. a) Doppelschaltung; b) Gabelschaltung

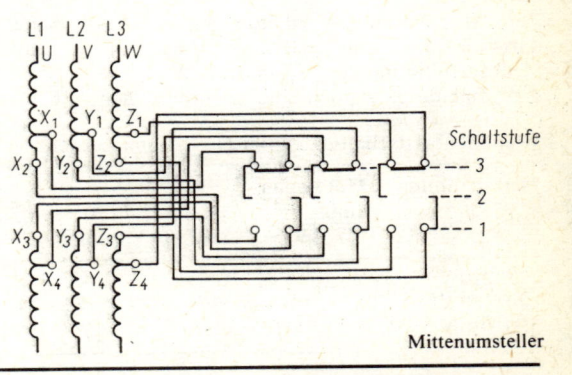

Mittenumsteller

Momentenumrechnung

Momentenumrechnung

Drehmoment stehen dabei im umgekehrten Verhältnis zueinander, d. h., beim Verringern der Drehzahl durch Elemente der → Drehmomentenübertragung erhöht sich das Drehmoment und umgekehrt. Die Trägheitsmomente werden mit dem Quadrat des vorliegenden Drehzahlverhältnisses übertragen. Bei der M. ist auch der Wirkungsgrad des Übertragungsgliedes und evtl. der Schlupf zu berücksichtigen. Bei der Umformung von Rotation in Translation (geradlinige Bewegung, z. B. bei Kolbenpumpen) werden Drehmoment und Drehzahl in Kraft und Geschwindigkeit und die bewegte Masse in das Trägheitsmoment umgerechnet.

Montageart
Lage einer rotierenden elektrischen Maschine als Ganzes am Aufstellungsort hinsichtlich Wellenachsen und Befestigungselementen.
Die M. wird in der → Bauformkennzeichnung mittels einer zweistelligen Kennziffer erfaßt.

Motor
(Elektromotor). Rotierende elektrische → Maschine, die elektrische Energie vom Netz bezieht und mechanische Energie an eine Arbeitsmaschine oder Vorrichtung liefert.
Je nach Spannungs- bzw. Stromart werden → Gleichstromm., Wechselstromm. und Drehstromm. unterschieden. Ihre Wirkungsweisen sind auf das → M.prinzip zurückzuführen, bei dem die dominierende Grundgesetzmäßigkeit die elektromagnetische → Kraftwirkung ist.

Motoranschluß
Verbindung eines Elektromotors mit dem speisenden Netz.
Zum M. gehören die Zuleitung und im Bedarfsfall die Anlasserleitung sowie die Steuerverbindung der → Schützschaltung. In die Zuleitung werden die erforderlichen Schaltgeräte eingebaut. Das sind z. B. → Schaltschütze, → Motorschutzschalter und zusätzliche Schalter mit speziellen Schaltaufgaben. Drehstrommotoren werden über vieradrige Leitungen (drei Außenleiter, ein Schutzleiter), Wechsel- und Gleichstrommotoren je nach Netzart über zwei- oder dreiadrige angeschlossen. Der Leiterquerschnitt richtet sich nach der auf dem Leistungsschild angegebenen Stromstärke. Diese ist auch für das Einstellen des → Bimetallauslösers im Motorschutzschalter maßgebend. Die Zuleitung geht von den Sicherungen einer Haupt- oder Unterverteilung ab. Die Sicherungen übernehmen den Kurzschlußschutz für den M. In der Zuleitung liegen bei Gleichstrom-M. auch die → Anlasser und Drehzahlsteller (→ Steller). Seltener sind die bei Drehstrom-Kurzschlußläufermotoren erforderlichen Ständeranlasser oder Anlaßtransformatoren zu finden. Der Anschluß der Zuleitung erfolgt am Klemmenbrett. Dabei muß das Zusammenschalten der Spulen in Stern- oder Dreieckschaltung vorgenommen werden. Die Art der Zusammenstellung richtet sich nach der Netzspannungshöhe und nach der Spannung, für die der Motor ausgelegt ist (Tafel). Drehstrom-Schleifringläufermotoren benötigen außerdem eine dreiadrige Verbindungsleitung zwischen dem Läuferklemmenbrett und dem Läuferanlasser. Ihr Querschnitt richtet sich nach der Läuferstromstärke (Leistungsschild), die wesentlich von der Ständerstromstärke abweichen kann. Diese Leitung darf nicht unterbrechbar sein, d. h., es dürfen weder Schalter noch Sicherungen eingebaut werden.
Schalter mit speziellen Schaltzwecken sind u. a. Stern-Dreieck-Schalter, Drehrichtungsumkehr-Schalter und Polumschalter. Diese Schaltzwecke können auch kombiniert und von → Schaltschützen übernommen werden. Stern-Dreieck-Schalter dienen als Anlaßhilfe bei Drehstrom-Kurzschlußläufermotoren.

Klemmenbrettschaltungen bei Drehstrommotoren

Netzspannung	Motorspannung		
	127/220 V	220/380 V	380/660 V
127/220 V	Y	D	–
220/380 V	–	Y	D
380/660 V	–	–	Y

Y Sternschaltung;
D Dreieckschaltung;
– Anschluß nicht möglich

Motoranschluß

Zum Verringern des Anlaßstroms wird der Motor in der Sternschaltung eingeschaltet (Widerstandserhöhung, weil zwei Spulen zwischen zwei Leitern). Nach dem Hochlaufen erfolgt das Umschalten in die Dreieckschaltung, die eigentliche Betriebsschaltung des Motors. Von diesem Schalter gehen sieben Leiter zum Klemmenbrett des Motors. Drehrichtungsumkehr- (Wende-) Schalter sind Dreistellen-Schalter (rechts-aus-links). Für Drehstrommotoren vertauschen sie zwei Leiter der Motorzuleitung miteinander und geben so dem Drehfeld die entgegengesetzte Richtung. Bei Wechsel- und Gleichstrommotoren werden durch diese Schalter die Läuferanschlüsse miteinander vertauscht. Polumschalter für Dahlanderschaltungen ändern bei Drehstrommotoren die Polpaarzahl und ermöglichen so ein stufenweises Verändern der Drehzahl des Motors.

Motorantrieb
1. Antrieb von Arbeitsmaschinen bzw. Antriebssystemen mit Motoren (→ Antriebssystem, → Einzelantrieb, → Mehrmotorenantrieb).
2. Bei Schaltgeräten Betätigen der Schaltkontakte mittels Motoren.
Bei Niederspannungsschaltern wird durch M. die Schaltwelle über Getriebe und Exzenter von einem Motor angetrieben. Die Einschaltzeit wird dadurch größer als bei anderen Kraftantrieben. Ein Sprungschaltwerk sichert aber eine hohe Einschaltgeschwindigkeit. Niederspannungsschalter für große Stromstärken und Hochspannungsschaltgeräte werden von → Federkraftspeichern angetrieben, bei denen der M. die Schaltfedern spannt.

Motorauslegung
Auswahl der Antriebsmaschine zur technisch- und wirtschaftlich-optimalen Gestaltung eines Antriebssystems.
Kriterien der M. sind neben Leistung und Drehzahlverhalten und -stabilität, Wartungsbedarf, Überlastungsfähigkeit, Erwärmung und Kühlungsbedingungen sowie Leerlaufverluste. Für die M., insbesondere im Hinblick auf die Erwärmung, muß die Art der Belastung durch die Arbeitsmaschine bekannt sein, z. B. Dauerbetrieb, Kurzzeitbetrieb, Kurzzeitbelastung usw. Bei besonderen Betriebsbedingungen und Drehzahlstell-Forderungen spielen auch der schaltungstechnische und der regelungstechnische Aufwand eine Rolle. Aus materialökonomischen Gründen soll die Leistung des Motors dem Leistungsbedarf entsprechen. Bei Drehstrommotoren hat eine zu hohe Leistungsreserve einen schlechten Leistungsfaktor zur Folge (zu großer Blindleistungsanteil), der zu hohen Verlusten in der Zuleitung führt.

Motorbelastung
Betriebszustand eines Motors, bei dem dieser mechanische Energie an eine Arbeitsmaschine oder Vorrichtung abgibt und diese antreibt.
Je nach Belastungshöhe muß der Motor ein Drehmoment entwickeln, das das abbremsend wirkende Drehmoment der Arbeitsmaschine überwindet. In einem relativ großen Bereich paßt sich der Motor selbsttätig durch eine entsprechende Stromaufnahme der Belastungshöhe an. Die Anpassung ist außer bei den → Synchronmotoren mit einer Drehzahlverringerung gegenüber dem → Leerlauf verbunden.

Motorbremslüfter
Elektrischer Teil einer → Bremseinrichtung.
Als M. werden Drehstromkurzschluß- oder Schleifringläufermotoren eingesetzt, die mit Hilfe einer großen Übersetzung mittels einer kleinen Kurbel den Bremshebel lüften. Der Vorteil im Vergleich zum → Magnetbremslüfter besteht darin, daß kleine Ströme den mechanischen Teil einschalten und halten. Hubweg und Hubkraft sind leicht einstellbar.

Motorgenerator
Maschinensatz, der aus mindestens zwei miteinander mechanisch gekuppelten rotierenden elektrischen Maschinen besteht. Die Maschinen arbeiten elektrisch unabhängig voneinander.
Durch mehrfache Energieumwandlung ist der Wirkungsgrad des M. klein. Der Wirkungsgrad ergibt sich aus dem Produkt der Wirkungsgrade beider Maschinen. Je nach dem Verwendungszweck können die unterschiedlichsten Maschinen kombiniert werden, die lediglich in Nennleistung und -drehzahl aneinander angepaßt sein müssen.

Motorgleichung, allgemeine
→ Motorprinzip

Motorgleichung

Motorleerlauf

Motorleerlauf
Grenzbetriebszustand eines Motors.
Merkmale
- Nennspannung liegt an.
- An die Welle ist keine Arbeitsmaschine oder Vorrichtung gekoppelt.
- Der Motor entwickelt ein kleines Drehmoment zur Überwindung der Reibung.
- Die Drehzahl ist gleich oder etwas größer als die Nenndrehzahl.
- Die Stromaufnahme ist gering.

Motormoment
Nach dem → Motorprinzip von einem Elektromotor an der Welle abgegebenes Drehmoment.
Das M. ist unterschiedlich groß. Es ist meist drehzahlabhängig und paßt sich dadurch der jeweiligen Belastung (→ Widerstandsmoment) an. Für die funktionale Abhängigkeit $M = f(n)$ werden drei Grundformen unterschieden (Bild).

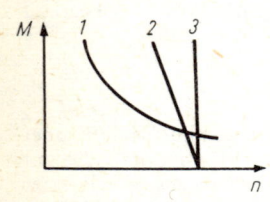

Motormoment. *1* Reihenschlußverhalten; *2* Nebenschlußverhalten; *3* Synchronverhalten

Beim sog. Reihenschlußverhalten wird ein großes M. nur durch eine stark sinkende Drehzahl erreicht. Beim Nebenschlußverhalten 2 dagegen wird eine wenig geminderte Drehzahl gegenüber dem Leerlauf zu einem deutlichen Steigen des M. führen. Beim Synchronverhalten werden trotz konstanter Drehzahl je nach Belastungshöhe unterschiedliche M. entwickelt.

Motorprinzip
Grundgesetzmäßigkeit aller rotierenden elektrischen Maschinen, insbesondere Wirkprinzip eines Elektromotors, das auf elektromagnetischen → Kraftwirkungen beruht.
Die auf stromdurchflossene Leiter im Magnetfeld wirkende Kraft wird durch die Form und Lagerung des Leiters (drehbare Leiterschleife) so genutzt, daß eine Drehbewegung entsteht. Das Drehmoment M_d wird nach der allgemeinen Motorgleichung durch eine Maschinenkonstante c, den Magnetfluß Φ und durch die Stromstärke I bestimmt.
$M_d = c \cdot \Phi \cdot I$
Die Richtung der Kraft kann durch die → Linke-Hand-Regel bestimmt werden.

Motorschutzschalter
Niederspannungsschalter mit Schutzeinrichtungen vor zu hoher Erwärmung und Kurzschlüssen.
M. sind Last- bzw. Überlastschalter mit zusätzlich in zwei oder drei Leitungsbahnen eingesetztem → Bimetall- und vielfach auch → Schnellauslöser. Sie werden für unterschiedliche Nennstrombereiche geliefert und sollen bei zu hoher Erwärmung des Motors infolge Fehlers oder Überlastung durch Bimetall oder bei Kurzschlüssen durch Schnellauslösung abschalten. Das Bimetall des M. kann den Erfordernissen des Antriebs entsprechend eingestellt und verändert werden. M. sollen nicht zum betriebsmäßigen Schalten verwendet werden.

N

NAND-Glied
→ Logisches Grundglied, negierte Konjunktion (NICHT-UND-Glied), auch Sheffer-Glied. Übertragungsglied, das am Ausgang ein Signal 1 hat, wenn an wenigstens einem der Eingänge kein Signal (0) anliegt.
Elektromechanisch wird das durch parallelgeschaltete Öffner, elektronisch durch eigens dafür hergestellte Schaltkreise erreicht (Bild).
– Anh.: 42 / 103.

x_1	x_0	y
0	0	1
0	1	1
1	0	1
1	1	0

$y = \overline{x_0 \, x_1}$

NAND-Glied. Wertetabelle, Formel und Symbol

Nebenschlußerregung
Form der → elektromagnetischen Erregung von → Gleichstrommaschinen, bei der die Erregerwicklung parallel, im sog. Nebenschluß zur Läuferwicklung geschaltet ist.

Nebenschlußerregung

Da die Läuferspannung bei der N. an der Erregerwicklung anliegt, wird die Erregerstromstärke durch einen kleinen Drahtquerschnitt und durch eine relativ hohe Windungszahl der Erregerwicklung begrenzt.

Nebenschlußverhalten
→ Motormoment

Nennausschaltvermögen
Kenngröße von Leistungsschaltern aller Spannungsebenen, die angibt, welche höchste Leistung (Kurzschlußleistung) der Schalter unterbrechen kann, ohne selbst Schaden zu nehmen.
Das N. ist das Produkt aus Nennspannung und Ausschaltstrom. Es liegt je nach Schalterart und Spannungsebene im Bereich von 250 bis mehreren Zehntausend Megavoltampere. Gegenwärtig wird in zunehmendem Umfang auch der Ausschaltstrom als N. bezeichnet (→ Grenzstrom, thermischer, dynamischer).

Nennbegrenzungsspannung
Vereinbarter Spannungsscheitelwert, auf den Überspannungen durch Überspannungsschutzgeräte begrenzt werden.

Nennbelastung
→ Belastung

Nennbürde
Belastung eines → Meßwandlers unter Nennbedingungen. 1. Scheinleitwert der sekundärseitig an einem → Spannungswandler angeschlossenen Geräte und ihrer Zuleitungen, der zur Einhaltung der Nennleistung (→ Wandlernennleistung) nicht überschritten werden darf.
Die N. des Spannungswandlers wird in Siemens unter Hinzufügen des Leistungsfaktors angegeben.
2. Scheinwiderstand der sekundärseitig an einem → Stromwandler angeschlossenen Geräte und ihrer Zuleitungen, der zur Einhaltung der Nennleistung nicht überschritten werden darf.
Die N. des Stomwandlers wird in Ohm unter Hinzufügen des Leistungsfaktors angegeben.

Nenneinschaltvermögen
Kenngröße von Leistungsschaltern zur Kennzeichnung des höchsten Momentanwerts eines Einschaltstroms, den der Leistungsschalter, ohne die Kontakte zu verschweißen, einschalten kann.
Das N. muß besonders beim Schalten auf Kurzschlüsse berücksichtigt werden. Es liegt in der Größenordnung von mehreren Zehntausend Ampere.

Nennmoment
Drehmoment eines Motors, das er bei Nennbelastung entwickelt (→ Drehmomentenkurve).

Nennstehspannung
Vereinbarter Spannungsscheitelwert oder -effektivwert, dem eine Isolierung unter bestimmten Prüfbedingungen mit einer Spannungswelle von vereinbartem zeitlichem Verlauf standhält.

Nennüberstromzahl
Kenngröße eines → Stromwandlers, die sein Verhalten im Überstrombereich kennzeichnet.
Die N. ist das Vielfache des Nennprimärstroms, dessen Stromfehler bei → Nennbürde infolge der Sättigung des Eisenkerns -10% beträgt.
Die N. n wird selten als Festwert der Form $n = \ldots$, sondern meist als Grenzwert der Form $n < \ldots$ oder $n > \ldots$ angegeben. Für Labormessung und Verrechnungszählung ist $n < 10$, für Schutzzwecke $n > 10$. – Anh.: 65 / 49, 50, 52.

Netzparallelbetrieb
→ Transformator-Parallelbetrieb

Netztransformator
→ *Drehstromtransformator, der in Umspannwerken die 380-kV- oder 220-kv-Übertragungsnetze mit den 110-kV-Verteilungsnetzen koppelt sowie die Hochspannung von 110 kV, auf 30, 20 oder 15 kV heruntertransformiert.*
Mittels Stufenschalters werden über einen relativ großen Bereich Spannungseinstellungen unter Last vorgenommen. N. werden im MVA-Leistungsbereich für Freiluft- und Innenraumaufstellung hergestellt.

neutrale Zone
Bereich des Erregerfelds einer → Gleichstrommaschine, in dem in der Läuferwicklung keine Spannung induziert wird (Bild a).

neutrale Zone

Die n. Z. ist für den funkenfreien Lauf wichtig. Die Bürsten müssen so angeordnet werden, daß sie die Spule der Läuferwicklung, die sich gerade in der n. Z. befindet, kurzzeitig kurzschließen. Im Bild b ist es Spule B, die mit den Lamellen *1* und *2* des flächenhaft auseinandergezogenen Kommutators verbunden ist. Werden die Kommutatorlamellen *2* und *3* durch falsche Bürstenstellung überbrückt, entsteht Bürstenfeuer.

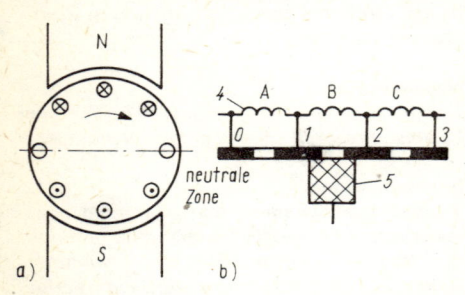

neutrale Zone. *0* bis *3* Lamellen; *4* Läuferspule; *5* Kohlebürste

NICHT-Glied

→ *Logisches Grundglied, Negator. Übertragungsglied, an dessen Ausgang das Eingangssignal entgegengesetzt anliegt (0-1, 1-0).*

x	y
0	1
1	0

$y = \bar{x}$

NICHT-Glied. Wertetabelle, Gleichung und Symbol

Elektromechanisch läßt sich das N. durch einen Öffner darstellen (Bild). – Anh.: 42 / 103.

Nichtleiter

Feste, flüssige und gasförmige Stoffe, die keine oder nur wenige freie Ladungsträger enthalten und deshalb dem elektrischen Strom einen hohen → Widerstand entgegensetzen (→ Strom, elektrischer).
N. (Isolierstoff, Dielektrikum) isolieren spannungs- und stromführende Leiter gegeneinander oder gegen leitfähige, nicht zum Betriebsstromkreis gehörende Teile oder gegen Erde. Die wichtigsten Anforderungen sind elektrische und mechanische Festigkeit, möglichst hohe Temperaturbeständigkeit und Unempfindlichkeit gegen chemische Einwirkungen.
Wichtige Nichtleiter sind
- Keramik, Hartpapier, Lacke, Quarz, Glimmer
- Öle, Benzine, Alkohole, destilliertes Wasser
- Vakuum und Gase unter bestimmten Bedingungen.

Anh.: 50, 51, 56, 57, 58, 59, 60, 61, 62 / 99, 108, 109, 115.

NOR-Glied

→ *Logisches Grundglied, negierte Disjunktion (NICHT-ODER-Glied), auch Pierce-Glied. Übertragungsglied, das nur dann am Ausgang ein Signal 1 hat, wenn an den Eingängen kein Signal (0) anliegt.*

x_1	x_0	y
0	0	1
0	1	0
1	0	0
1	1	0

$y = \overline{x_1 \vee x_0}$

NOR-Glied. Wertetabelle, Formel und Symbol

Elektromechanisch wird das durch in Reihe geschaltete Öffner, elektronisch durch eigens dafür hergestellte Schaltkreise erreicht (Bild). – Anh.: 42 / 103.

N-Seite

Bei einem Elektromotor oder Generator die der → D-Seite gegenüberliegende Seite.

Nullimpedanzmessung

Sonderprüfung eines Verteilungstransformators zum Bestimmen des Scheinwiderstands je Strang der Unterspannungswicklung bei Nennfrequenz.
Für die N. gelten folgende Bedingungen:
- Der Transformator ist in den Kessel einzusetzen.
- Betriebsmäßig geschlossene Ausgleichswicklungen dürfen während der Messung nicht geöffnet werden.
- Bei den Schaltgruppen Dy5 und Yz5 darf der Sternpunkt max. mit dem Nennstrom belastet werden.
- Bei den Schaltgruppen Yy0 ist der Meßstrom im Sternpunkt auf 10 % des Nennstroms zu begrenzen.

Nullimpedanzmessung

Durch Strom- und Spannnungsmessung ist die Nullimpedanz (Bild)

$$Z_0 = \frac{3 \cdot U}{I}$$

Anh.: – / 57.

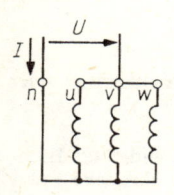

Nullimpedanzmessung

Nullung

→ *Schutzmaßnahme gegen gefährliche elektrische Durchströmungen als Folge eines* → *Körperschlusses.*
Die N. findet ausschließlich in TN-Netzen Anwendung. Dabei werden die Körper in einem TN-C-Netz mit dem Nulleiter (klassische N.) und in einem TN-S-Netz mit einem gesonderten, betriebsmäßig nicht stromführenden → Schutzleiter verbunden (stromlose N.).
Bei Eintritt eines Körperschlusses mit einem Außenleiter wird der fehlerbehaftete Außenleiter oder der gesamte Betriebsstromkreis selbsttätig unterbrochen, wenn der Fehlerstrom (einpoliger Kurzschlußstrom) den Abschaltstrom der Überstromschutzeinrichtung erreicht (→ Schutzerdung).
Die N. ist in Verbindung mit dem Potentialausgleich die am meisten angewendete Schutzmaßnahme. Sie ist einfach durchzuführen und erfordert geringe Investitionskosten; ihre Zulassung für die betreffende Abnehmeranlage bestimmt der für das Energieversorgungsnetz Verantwortliche.
Ist die Abschaltbedingung nicht erfüllt, so kann im Fehlerfall ein FI-Schutzschalter die automatische Unterbrechung des Fehlerstromkreises übernehmen (FI-N., schnelle N. oder N.-schutzschaltung) (Bild); denselben Zweck erfüllt die → Nulleiterspannungsüberwachung.
Die Prüfung der Wirksamkeit der N. erfolgt grundsätzlich wie die der Schutzerdung in TN-S-Netzen. – Anh.: 45 / *121, 123.*

Nullzweig

→ Umgruppierungsschaltung

Nutschritt

→ *Spulenweite, Abstand zusammengehörender gerader Spulenseiten unter Angabe der Nutentfernung.*

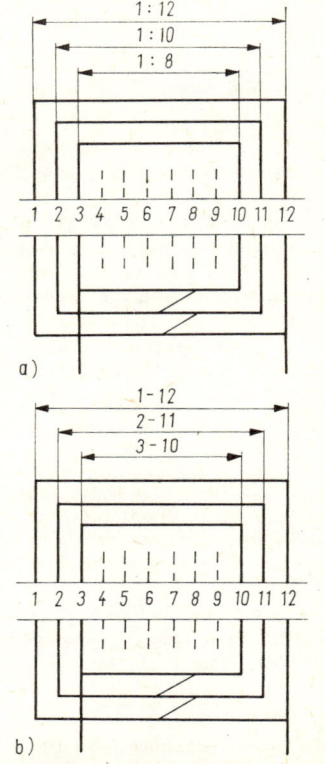

Nullung. FI-Nullung; 1 FI-Schutzschalter; *2* Verbrauchsgerät

Nutschritt

Nutschritt

Liegt die erste gerade Spulenseite einer Spule in Nut 1 und die zweite gerade Spulenseite (→ Wicklungselemente) in Nut 8, so lautet die N.angabe 1:8 (eins zu acht). Bei mehreren Teilspulen einer Spulengruppe in konzentrischer Anordnung, ist die N.angabe entsprechend 1:8, 1:10, 1:12 (Bild a). Teilweise wird der N. auch mit den tatsächlichen Nutzahlen angegeben, z. B. 1–12; 2–11; 3–10 (Bild b).

Nutzbremsung
→ Bremsverfahren

O

Oberflächenkühlung
→ *Kühlart einer rotierenden elektrischen Maschine, bei der das Kühlmittel entlang der äußeren Oberfläche der Maschine geführt wird.*

Oberlage
→ Zweischichtwicklung

Oberspannungswicklung
Bezeichnung einer → *Transformatorenwicklung, die für die höchste Nennspannung ausgelegt ist.*
Die O. kann sowohl → Primärwicklung als auch → Sekundärwicklung sein. Die Anschlußstellen (Klemmen) der O. und bei Drehstromtransformatoren auch ihre Schaltung werden mit Großbuchstaben bezeichnet. Beispiele: Einphasentransformator: Klemmenbezeichnung U und V; Drehstromtransformator: Dreieckschaltung D.

ODER-Glied
→ *Logisches Grundglied, Disjunktion. Übertragungsglied, das nur dann ein Ausgangssignal 1 hat, wenn wenigstens ein Eingangssignal 1 ist.*

x_1	x_0	y
0	0	0
0	1	1
1	0	1
1	1	1

$y = x_0 \vee x_1$

ODER-Glied. Wertetabelle, Gleichung und Symbol

Elektromechanisch läßt sich das O. durch parallelgeschaltete Schließer darstellen (Bild). – Anh.: 42 / 103.

Ofendrossel
→ Ofentransformator

Ofentransformator
Sondertransformator für Einphasen- oder Dreiphasenbetrieb zur Speisung von Öfen mit elektrischer Energie.
Im Lichtbogen oder durch Widerstandsheizung des Füllguts wird die elektrische Energie in Wärmeenergie umgewandelt, und Metalle oder Glas werden geschmolzen bzw. chemische Reaktionen werden herbeigeführt.
Spannung und Strom auf der Ausgangsseite des O. sind durch die Leistung bedingt, die zur Wärmebehandlung des Füllguts erforderlich ist. Neben den Wirkwiderständen des Füllguts und des Lichtbogens sind die induktiven Streuwiderstände zwischen Primärnetz und Lichtbogen zu berücksichtigen. Charakteristisch für den O. sind sekundäre Spannungen bis etwa 400 V und Ströme bis etwa 110 kA.
Neben den Problemen der → Hochstromwicklungen, ihren Ableitungen (→ Hochstromableitungen) und Durchführungen muß besonders die Spannungseinstellung beachtet werden. Während bei Netztransformatoren die einstellbare Spannung selten mehr als ±16 % von ihrem Hauptwert abweicht – das ist ein Einstellbereich von 1:1,4 –, muß am O. teilweise ein Verhältnis von 1:4 erreicht werden, da sich der Herdwiderstand je nach Füllung stark verändert. Oft müssen die während des Einschmelzvorgangs auftretenden hohen Ströme im einspeisenden Netz durch Drosselspulen (Ofendrosseln) begrenzt werden.

Ohm
Einheit des → *Widerstands.*
Kurzzeichen Ω
Der Widerstand zwischen zwei Punkten eines homogenen Leiters beträgt 1 Ω, wenn bei einer Spannung von 1 V zwischen den Punkten ein Strom der Stärke 1 A fließt. Die Einheit wurde nach dem deutschen Physiker Georg Simon *Ohm* (1789–1854) benannt. – Anh.: – / *75, 101.*

Ohmsches Gesetz
→ Widerstand, linearer

Ölkonservator
→ Ausdehnungsgefäß

Öltransformator
→ *Transformator meist größerer Leistung, dessen Kühl- und Isoliermittel Transformatorenöl ist.*
Der Vorteil der Ö. gegenüber den → Trokkentransformatoren besteht in der höheren Wärmekapazität des Öls gegenüber Luft und in der höheren elektrischen Festigkeit. Diese ist wegen der hohen Durchschlagsfestigkeit des Öls und durch die Anpassung der Dielektrizitätskonstanten der unterschiedlichen Isolierstoffe gegeben. – Anh.: 26, 60, 70 / 40, 41, 42.

Operateur
Fachmann, der automatische Regelungen zielgerichtet beeinflußt und deren Arbeitsweise überwacht. Er gibt die Größe des Sollwerts (→ Sollwertgeber) vor. – Anh.: 42 / 103.

Ortskurve
→ Frequenzgang

P

Paketnockenschalter
→ *Lastschalter für Niederspannung.*
Bei Nockenschaltern werden durch bewegliche Isolierstoff-Schaltsegmente federnd gelagerte Schaltfinger auf einen Gegenkontakt gedrückt (Bild).
Der Kontaktwerkstoff muß schwer-oxydierbar sein und geringe Neigung zur → Kontaktverschweißung haben. P. bestehen aus einem mechanischen Sprungschaltwerk und einzelnen, einpoligen Schaltkammern, die in beliebiger Anzahl und Schaltungsart zu einem Schalterpaket zusammengestellt werden können. Bei einigen Typen sind auch die Schaltsegmente in ihrer Kontaktstellung veränderlich, so daß mittels P. selten benötigte Sonderschalter aufgebaut werden können. Diese Schaltungen liegen im Bereich der Steuerungs- und der Meßtechnik. Andere P. werden bei entsprechender Belastbarkeit zum Schalten kleiner Leistungen (Motoren, kleine Heizgeräte) in unterschiedlichen Schaltungskombinationen verwendet.

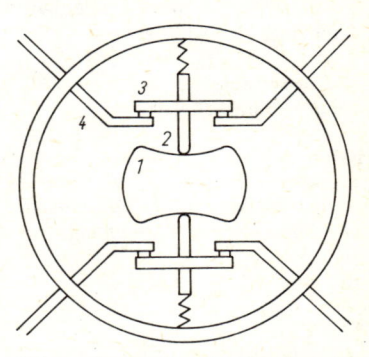

Paketnockenschalter. Schalterplatte eines 2poligen Paketnockenschalters; *1* drehbare Antriebsscheibe; *2* isolierte Schaltstifte; *3* Schaltkontakte mit Zweifachunterbrechung; *4* Gegenkontakte

PAM-Motor
Drehstrom-Käfigläufermotor mit Spezialwicklung, um eine in Stufen steuerbare Drehzahl zu erreichen.
Der P. unterscheidet sich von den polumschaltbaren in Dahlanderschaltung dadurch, daß, trotz nur einer umschaltbaren Wicklung, zwei Drehzahlen von einer im Verhältnis 1:2 abweichenden möglich sind. Bei einer vier- und sechspoligen Auslegung entstehen die Drehfelddrehzahlen 1 000 und 1 500 min^{-1}.
Die Umschaltung der verschiedenen Wicklungsstränge bewirkt dabei eine „Pol-Amplituden-Modulation", d. h., durch die Modulation oder Überlagerung von Felderregerkurven mit verschiedenen Ordnungszahlen entstehen neue Durchflutungsschwingungen anderer Ordnungszahlen.

Parallellaufbedingung
Bedingung, die bei → Transformator-Parallelbetrieb und → Generator-Parallelbetrieb eingehalten werden muß, um Kurzschlüsse, unvorteilhafte Lastaufteilungen oder Spannungsschwebungen zu vermeiden.
P. der Transformatoren: gleiche Übersetzung; Kurzschlußspannungen müssen annähernd gleich sein, eine max. Abweichung von $\pm 10\,\%$ ist zulässig; Leistungsverhältnis zwischen dem größten und dem kleinsten Trans-

Parallellaufbedingung

formator nicht größer als 3:1; Schaltgruppen gleicher Kennzahl; Ausnahme: Schaltgruppen 5 und 11 bei veränderten Schaltverbindungen.
P. der Generatoren: Spannungsgleichheit; Frequenzgleichheit; Phasengleichheit.

Parallellauf-Drosselspule
→ Transformator-Parallelbetrieb

Parallelschaltung
Schaltungstechnische Verbindung von Bauelementen der Art, daß alle Eingänge und alle Ausgänge der Bauelemente untereinander verbunden sind.

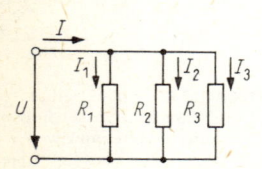

Parallelschaltung

An jedem Bauelement liegt dieselbe Spannung an. Bei P. z. B. von Widerständen (Bild) ist der wirksame Gesamtwiderstand
$$\frac{1}{R_g} = \frac{1}{R_1} + \frac{1}{R_2} + \frac{1}{R_3} + ...,$$
also immer kleiner als der kleinste Einzelwiderstand. Der Strom I wird in die Teilströme I_1, I_2, I_3 ... aufgeteilt. Das Verhältnis der Teilströme ist gleich dem Kehrwert der zugehörigen Teilwiderstände:
$$\frac{I_1}{I_2} = \frac{R_2}{R_1} \text{ oder } \frac{I_1}{I} = \frac{R_g}{R_1}.$$
Die P. mehrerer Widerstände wirkt als Stromteiler.

Parallelwicklung
→ Schleifenwicklung

paramagnetischer Stoff
→ Permeabilität, magnetische

Periodendauer
Physikalische Größe, die die Zeit für den Ablauf einer Schwingung (Bild) angibt.

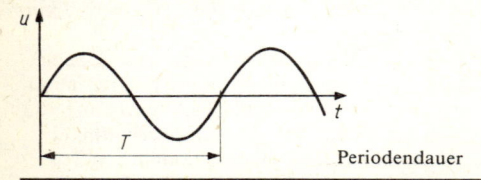

Periodendauer

Formelzeichen T
Einheit $\frac{1}{s}$ – Anh.: 41 / 75, 101.

Permanenterregung
→ Erregungsarten

Permanentmagnet
(Dauermagnet). Körper aus → ferromagnetischem Stoff, der sich durch ein äußeres Magnetfeld stark magnetisieren läßt und dessen magnetische Wirkung als Restmagnetismus (→ Hystereseschleife) auch ohne äußere Wirkung bestehen bleibt.
P. sind z. B. Wolfram-, Chromstahl, Alnico (Abk. für Aluminium-Nickel-Cobalt-Stahl), Maniperm und Oerstit. Einen besonders hohen Restmagnetismus haben keramische Magnetwerkstoffe (Ferrite) aus kristallinen Verbindungen zwischen Eisen(III)-oxid und Bariumoxid. Verwendet werden sie u. a. für Fahrraddynamos und Kleinstmotoren.

Permeabilität, magnetische
Materialwert, der einen Werkstoff hinsichtlich seiner Durchlässigkeit gegenüber den magnetischen Feldlinien kennzeichnet.
Formelzeichen μ
$$\mu = \frac{B}{H}.$$
B Magnetflußdichte, H magnetische Feldstärke.
Die m. P. ist als Verhältnis der → Magnetflußdichte zur magnetischen Feldstärke definiert (→ Feldstärke, magnetische). Zur besseren Charakterisierung werden die magnetisch beanspruchten Werkstoffe mit dem Vakuum verglichen und als Vielfaches seiner m. P. angegeben. Somit setzt sich die m. P. eines Werkstoffs aus einer Naturkonstanten, der Induktionskonstanten $\mu_o = 1{,}256 \cdot 10^{-6}$ Vs/Am (absolute Permeabilität des leeren Raums), und der relativen Permeabilität μ_r zusammen.
$\mu = \mu_o \cdot \mu_r$.
Die relative Permeabilität gibt an, wievielmal besser oder schlechter sich der Werkstoff im Vergleich zum Vakuum magnetisieren läßt bzw. die magnetischen Feldlinien durchläßt. Diamagnetische Stoffe (Cu, Ag, Sb, Bi, Pb usw.) wirken abweisend auf Feldlinien: $\mu_r < 1$. Bei paramagnetischen Stoffen (Al, Si, Co, Pt, Mn usw.) ist $\mu_r > 1$. Sie verhalten sich annähernd wie das Vakuum bzw. wie Luft.

Permeabilität

Ist $\mu_r \gg 1$ (einige tausend), wird bei diesen → ferromagnetischen Stoffen das von außen wirkende Magnetfeld verstärkt. Da es keinen Stoff gibt, der die Feldlinien durchläßt (keinen „magnetischen Isolierstoff"), ist immer $\mu_r > 0$.

Permeabilität, relative
→ Permeabilität, magnetische

Phasenkompensation
Aufheben der → *Phasenverschiebung zwischen Strom und Spannung im Wechselstromnetz.*
Betriebsmittel wie Motoren, Transformatoren und Drosseln belasten die Netze mit ihrer induktiven → Blindleistung erheblich, ohne daß nach außen wirksame Energie umgesetzt wird. Diese induktive Blindleistung kann am günstigsten direkt an den genannten Betriebsmitteln kompensiert werden, wenn zu ihnen Kondensatoren parallelgeschaltet werden. Die Blindleistung pendelt dann zwischen Betriebsmittel und Kondensator. Der Leistungsfaktor des Netzes kann den Maximalwert 1 erreichen, d. h., das Netz wird mit der Leistung belastet, die in den Betriebsmitteln in Wärme- oder mechanische Energie umgewandelt wird.

Phasenschieberbetrieb
Betrieb eines → *Synchronmotors, in dem durch Änderung der Erregung die Phasenlage zwischen Strom und Spannung im angeschlossenen Netz verändert werden kann.*
Wird bei konstanter Belastung – die Wirkstromaufnahme des Synchronmotors ist konstant – die Erregung verringert, nimmt der Motor einen zusätzlichen induktiven Blindstrom aus dem Netz auf. Der Leistungsfaktor des Motoranschlusses verringert sich. Bei Übererregung wirkt der Synchronmotor dagegen wie ein Kondensator. Induktive Phasenverschiebungen des Netzes können kompensiert werden.
Die Stromaufnahme I (Scheinstrom) des Motors ist somit von der Höhe der Belastung (Wirkstromanteil) und von der Erregung bzw. vom Erregerstrom I_e (Blindstromanteil) abhängig. Seine Belastungskennlinien $I = f(I_e)$ bilden die sog. V-Kurven (Bild).

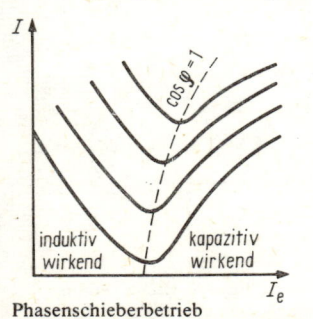

Phasenumformer
Rotierender elektrischer Motorgenerator oder Einankerumformer, der entweder die Phasenzahl eines Wechselstroms in eine andere umwandelt, einen mehrphasigen Wechselstrom in Gleichstrom oder Gleichstrom in einen ein- oder mehrphasigen Wechselstrom umformt.

Phasenverschiebung
Erscheinung im Wechselstromkreis, bei der die Wechselgrößen zu unterschiedlichen Zeitpunkten ihre Nulldurchgänge bzw. ihre Scheitelwerte erreichen.
Phasenverschiebungen können zwischen gleichen elektrischen Größen, z. B. Verschiebung der Spannungen im Drehstromnetz und zwischen unterschiedlichen Größen, z. B. Verschiebung von Strom und Spannung am induktiven Blindwiderstand, auftreten.

Phasenverschiebungswinkel
Winkel, der die Größe der → *Phasenverschiebung angibt.*
Formelzeichen φ
Der P. zwischen zwei sinusförmigen Wechselgrößen gleicher Frequenz ist die Differenz ihrer Nullphasenwinkel, d. h. der zur Zeit $t = 0$ vorhandenen Phasenwinkel.

Pierce-Glied
→ NOR-Glied

Polfolge
Reihenfolge der Polarität der in einem Polständer angeordneten Haupt- und Wendepole (→ Gleichstrom-Polwicklung).
Beim Gleichstrommotor folgt einem Hauptpol in Drehrichtung ein gleichnamiger Wendepol. Beim Gleichstromgenerator hingegen folgt einem Hauptpol in Drehrichtung ein Wendepol entgegengesetzter Polarität.

Polkern
→ Polständer

Phasenschieberbetrieb

Polrad

Polrad
Rotierender Teil einer Dreiphasen-Wechselstrom-Synchronmaschine in Schenkelpolausführung für Drehzahlen bis 1 500 min^{-1}.
P. sind je nach Konstruktion und Fertigung unterschiedlich aufgebaut. Sie bestehen grundsätzlich aus einer Welle und aus einem Magnetjoch, an dem der → Polteilung entsprechend die mit konzentrierten Wicklungen (→ Wicklung, konzentrierte) bestückten massiven oder lamellierten Polkerne angebracht sind. Der zur Luftspaltseite liegende Teil der Polkerne heißt Polschuh (→ Polständer). Durch seine Breite wird die Magnetflußverteilung bestimmt. Weil die Ständernutung einen magnetischen Wechselfluß bedingt, müssen die Polschuhe immer lamelliert sein. Magnetjoch und Polkerne hingegen können wegen des gleichbleibenden Magnetflusses massiv ausgeführt werden, bestehen aber aus fertigungstechnischem Grund oft ganz aus geschichteten Einzelblechen (Polkreuz). Die Polschuhe sind meistens gelocht. In diesen Öffnungen ist die Dämpferwicklung angeordnet, die mit ihren Stirnringsegmenten von Pol zu Pol kurzgeschlossen wird (→ Käfigwicklung, Bild). Über → Schleifringe auf der Welle wird die Erregerwicklung mit Gleichstrom eingespeist. Es gibt auch schleifringlose Wechselstrom-Synchrongeneratoren, bei denen auf derselben Welle selbsterregte Wechselstrom-Außenpol-Erregermaschinen mit rotierendem Gleichrichtersatz angeordnet sind, die belastungsabhängig die P.wicklung einspeist.

Polradwinkel
Winkel zwischen dem synchronumlaufenden Erregerfeld und dem Drehfeld von → Synchrongeneratoren und → Synchronmotoren.
Im Motorbetrieb eilt das Drehfeld dem Erregerfeld und damit dem Polrad voraus; im Generatorbetrieb dagegen nach.

Polschuh
→ Polständer

Polständer
Feststehender Teil einer Gleichstrommaschine oder eines Außenpol-Wechselstrom-Synchrongenerators.
In einem meist runden Gehäuse aus Stahlguß oder Walzstahl, dem Magnetjoch, sind der → Polteilung entsprechend die mit konzentrierten Wicklungen (→ Wicklung, konzentrierte) bestückten massiven oder lamellierten Haupt- und Wendepolkerne angeschraubt. Der zur Luftspaltseite liegende Teil der meist rechteckigen Hauptpolkerne heißt Polschuh. Durch seine Breite wird die Magnetflußverteilung bestimmt. Die Läufernutung bedingt einen magnetischen Wechselfluß. Deshalb müssen die Polschuhe immer lamelliert sein. Das Gehäuse und die anderen Polkerne hingegen können wegen des gleichbleibenden Magnetflusses massiv sein. Die Polschuhe der Hauptpole sind zuweilen genutet oder gelocht. In diese Öffnungen werden bei Gleichstrommaschinen die Kompensationswicklung und bei Außenpol-Wechselstrom-Synchrongeneratoren die Dämpferwicklung (→ Käfigwicklung) eingebracht. Der richtige Luftspalt zwischen Läufer und Polkernen wird mittels dünner Einstellbleche (Dynamoblech, Alublech) hergestellt, die zwischen Polkerne und Gehäuse gelegt und zusammen mit den Polkernen angeschraubt werden (Bild). Der P. hat Zentrierungen und Gewindebohrungen zur Auf-

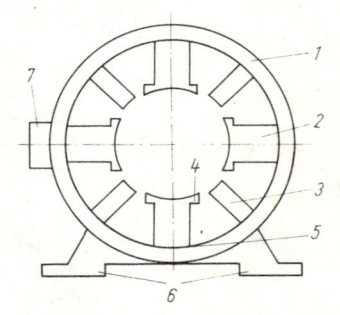

Polständer. *1* Gehäuse (Magnetjoch); *2* Hauptpolkern; *3* Wendepolkern; *4* Polschuh; *5* Einstellblech; *6* Füße; *7* Klemmenkasten

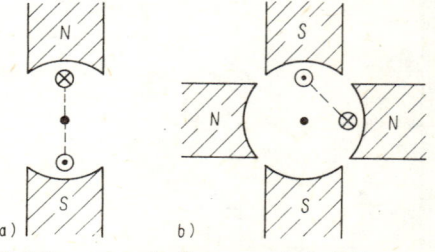

Polteilung. a) zweipolige geometrische Teilung; b) vierpolige geometrische Teilung

Polständer

nahme und Befestigung der Lagerschilde und Klemmenkästen sowie Traghaken, Tragösen oder Bohrungen zur Aufnahme der Lasthebemittel.

Polteilung
Abstand zweier ungleichnamiger Pole im → Motor und → Generator (→ Feldlinienverlauf) (Bild).
Die P. wird geometrisch im Winkelmaß oder elektrisch im Bogenmaß angegeben.

Potential
Spannung, die auf einen frei wählbaren Punkt bezogen ist.
Der Bezugspunkt, z. B. Erde, ist der P.nullpunkt und hat das P. Null. Zwischen zwei beliebigen Punkten einer Schaltung mit unterschiedlichem P. ist die P.differenz als Spannung meßbar.

Potentialnullpunkt
→ Potential

Prellzeit
→ Kontaktprellen

Preßkonstruktion
Mechanische Bauteile eines → Transformatorkerns, die Transformatorenbleche zu einem kompakten Ganzen fügen.
Wegen der im Rhythmus der Frequenz auftretenden Ummagnetisierung schwingen die Bleche. Der Transformator „brummt". Deshalb soll die P. annähernd einen Druck von 50 bis 80 $N \cdot cm^{-2}$ erzeugen. Je nach Kerngröße werden Niete, Bolzen, Preßplatten oder Spannbänder verwendet. Dabei muß durch die Teile der P. unbedingt ein Blechkurzschluß vermieden werden. Zusätzliche Festigkeit erhalten die Schachtelkerne der Kleintransformatoren auch durch die Spulenkörper der aufgesetzten Wicklungen.

Primärwicklung
→ *Transformatorenwicklung, die elektrische Energie aus dem Wechselstrom- oder Drehstromnetz aufnimmt.*
Die P. wirkt am Netz als Verbraucher. Sie ist → Oberspannungswicklung, wenn der Transformator die Spannung herabtransformiert oder → Unterspannungswicklung, wenn er die Spannung herauftransformiert.
Alle konstruktiven, elektrischen und magnetischen Größen erhalten im Formelzeichen den Index 1, z. B. primärer Drahtquerschnitt A_1, Primärstrom I_1, primäre Durchflutung Θ_1.

Proportionalglied
P-Glied. Grundglied der Regelungstechnik.
Beim Anlegen eines Sprungsignals (→ Testsignal) an den Eingang des P. erscheint an dessen Ausgang die Abbildung des Signals, also ebenfalls eine Sprungfunktion. P. werden am häufigsten verwendet. Sie sind einfach und beseitigen Regelabweichungen schnell. In Verbindung mit → Integrations- und → Differentialgliedern werden P. auch als zusammengesetzte → Übertragungsglieder eingesetzt. – Anh.: 42/ 103.

Prüfspannung
Physikalische Größe zum Nachweis des Isoliervermögens elektrotechnischer Betriebsmittel.
Die P. beträgt ein in Standards festgelegtes Vielfaches der Nennspannung des Betriebsmittels.

Pulsfeldmaschine
Rotierende elektrische → Maschine, in der im Unterschied zu den → Drehfeldmaschinen reine Wechselfelder oder pulsierende Gleichfelder auftreten.

Q

Quellenspannung
Spannungsabfall einer leerlaufenden Spule.

Querfeldverstärkermaschine
→ Amplidyne

Querglied
→ Transformator-Ersatzschaltplan

R

Radiallüfter
→ Lüfter

Radiatorenkessel
→ Transformatorkessel

Rechte-Faust-Regel
Regel zur Bestimmung der Feldlinienrichtung des elektromagnetischen Felds (→ Feld, elektromagnetisches).
- Umfaßt man einen stromdurchflossenen Leiter mit der rechten Faust so, daß der abgespreizte Daumen in Stromrichtung zeigt, geben die gekrümmten Finger die Richtung der um den Leiter in konzentrischen Kreisen verlaufenden magnetischen Feldlinien an. Auf einer analogen Aussage beruht auch die sog. Schraubenzieherregel oder Korkenzieherregel.
- Umfaßt man eine stromdurchflossene Spule mit der rechten Faust so, daß die gekrümmten Finger in Stromrichtung der durchflossenen Windungen zeigen, dann gibt der abgespreizte Daumen die Feldlinienrichtung im Innern der Spule an. Der Daumen zeigt somit auf den von der Spule erzeugten Nordpol.

Rechte-Hand-Regel
Regel zum Bestimmen der Richtung der nach dem → Generatorprinzip induzierten Spannung.
Wenn bei einer Bewegung des Leiters die magnetischen Feldlinien in den Handteller der geöffneten rechten Hand eintreten und der abgespreizte Daumen in die Bewegungsrichtung des Leiters weist, dann zeigen die vier Finger in Richtung der induzierten Spannung. Die Richtungen der Feldlinien, der Bewegung und der induzierten Spannung bilden zueinander einen Winkel von 90°.

Regelabweichung
Abweichung des sich nach erfolgter Regelung einstellenden Werts vom Sollwert.
Die R. ist die Differenz von Istwert und Sollwert nach Abschluß des Regelvorgangs und ein Merkmal der Regelgenauigkeit. – Anh.: 42 / 103.

Regeleinrichtung
Gesamtheit der Bauteile, die die Regelung eines → Regelkreises bewirken.
Die R. umfaßt die Meßglieder, Wandler, Übertragungsglieder und Stelleinrichtungen, Sollwertgeber und Energiequellen für die Regelenergie. – Anh.: 42 / 103.

Regelgröße
Größe, die durch Regeln beeinflußt, meist konstant gehalten werden soll, z. B. Temperatur, Drehzahl, Mischungsverhältnis. – Anh.: 42 / 103.

Regelkreis
Abgegrenztes Regelungssystem, in dem vorgegebene Zustände dadurch aufrechterhalten werden, daß von außen einwirkende Störungen von der → Regeleinrichtung selbständig erkannt und kompensiert werden.
Der R. setzt sich aus → Regelstrecke und Regeleinrichtung zusammen. Voraussetzung für den Aufbau eines R. ist das Vorliegen einer meß- und veränderbaren → Regelgröße (Bild). – Anh.: 42 / 103.

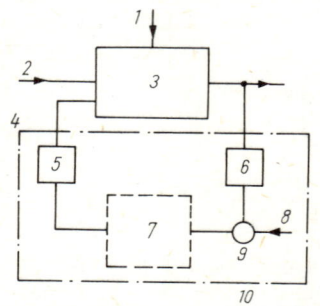

Regelkreis. *1* Störgröße; *2* Regelgröße; *3* Regelstrecke; *4* Stellgröße; *5* Stelleinrichtung; *6* Meßglied; *7* Verstärker, Wandler u. a.; *8* Führungsgröße; *9* Vergleichsglied; *10* Regeleinrichtung

Regelstrecke
Bereich zwischen Eingangs- und Ausgangsgröße eines zu regelnden Systems, in dem die Auswirkungen von → Störgrößen auf die Ausgangsgröße kompensiert werden können.
Innerhalb der R. liegen die Elemente, die durch die Regelung beeinflußbar sind. Ein Gleichstrommotor mit Eingangsgröße Spannung und Ausgangsgröße Drehzahl ist eine R., die magnetischen Felder von Anker und Feldwicklung sind dabei die beeinflußbaren Elemente. – Anh.: 42 / 103.

Regelstrecke mit Ausgleich
Regelung in der sich bei Änderung der Stellgröße die Ausgangsgröße selbsttätig auf einen neuen Beharrungszustand einstellt und damit den Regelvorgang unterstützt.
Die Sprungantwort strebt einem festen End-

Regelstrecke mit Ausgleich

wert zu. R. m. A. haben ein proportionales Verhalten. Beispiel für diese Regelung ist die elektrische Beleuchtungsanlage, bei der die Eingangsgröße Spannung verändert wird.
– Anh.: 42 / 103.

Regelstrecke ohne Ausgleich
Regelung, in der sich nach Änderung der Stellgröße die Ausgangsgröße fortlaufend weiter ändert und somit den Regelvorgang erschwert.
Derartige Strecken mit Integrationscharakter wirken einer Regelung entgegen. Beim Anlegen eines Sprungsignals (→ Testsignal) strebt die → Sprungantwort den Grenzwerten des Systems zu. So z. B. muß bei der Kursänderung von Fahrzeugen, Schiffen und Flugzeugen beim Erreichen des gewollten Kurses erneut eine Korrektur erfolgen. Auch beim Füllen von Behältern ist zum Beenden des Füllvorgangs ein zweites Signal erforderlich.
– Anh.: 42 / 103.

Regelung
→ Steuerung, geschlossene

Regelverstärker
Bauglied der Regelungstechnik zum Ändern der Verstärkung bei Frequenzänderungen.
Mittels R. wird der → Frequenzgang der Regeleinrichtung verändert und der Regelstrecke optimal angepaßt. Dazu werden frequenzabhängige Korrekturnetzwerke, das sind entsprechend bemessene RC-Kombinationen, entweder in den Regelkreis geschaltet oder als Rückführung an den Eingang der Regelstrecke gelegt. Je nach Schaltung von Netzwerk und Frequenz der Signaländerung wird die Verstärkung des Signals verändert.

Reibscheibenkupplung
→ *Elektromagnetisch schaltbare Kupplung zum Übertragen von Motordrehmomenten auf Arbeitsmaschinen.*
Die R. besteht aus der Erregerseite und der Ankerseite, beide sind auf je einem Wellenende angebracht. Die Erregerseite trägt den Spulenkörper mit der Erregerspule, einen Reibring und die Schleifringe für Stromzufuhr. Auf der Ankerseite befinden sich, in Achs-Richtung beweglich gelagert, der elektromagnetische Anker und, mit diesem verbunden, ein zweiter Reibring. Beim Stromfluß durch die Erregerspule wird die Anker-

seite vom Magnetfeld angezogen und preßt die Reibbeläge aufeinander, gleichzeitig werden die Rückholfedern gespannt. Durch die kraftschlüssige Drehmomentenübertragung unterliegen die Reibbeläge dem Verschleiß und müssen in gewissen Zeitabständen erneuert werden.

Reibungslast
Konstantes → Widerstandsmoment bei Arbeitsmaschinen, die Werkstoffe überwiegend reibend bearbeiten, z. B. in der Folien- und Papierherstellung.
Im weiteren Sinn wird als R. auch die bei Leerlauf durch die Lagerreibung in der Arbeitsmaschine entstehende Belastung angesehen.

Reihenschaltung
Schaltungstechnische Verbindung von Bauelementen derart, daß der Ausgang des einen mit dem Eingang des nächsten verbunden ist.
Die Stromstärke ist in allen Bauelementen gleich groß. Bei einer R. z. B. von Widerständen (Bild) ist der wirksame Gesamtwiderstand
$$R_g = R_1 + R_2 + R_3 \ldots,$$
also immer größer als der größte Einzelwiderstand. Die anliegende Spannung U wird in die Teilspannungen U_1, U_2, U_3, ... aufgeteilt. Das Verhältnis der Teilspannungen ist gleich dem Verhältnis der zugehörigen Teilwiderstände:
$$\frac{U_1}{U_2} = \frac{R_1}{R_2} \text{ oder } \frac{U_1}{U} = \frac{R_1}{R_g}.$$
Die R. mehrerer Widerstände wirkt als Spannungsteiler.

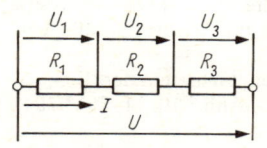

Reihenschaltung

Reihenschlußerregung
Form der → elektromagnetischen Erregung von → Gleichstrommaschinen, bei der die Erregerwicklung in Reihe, im sog. Hauptschluß zur Läuferwicklung geschaltet ist.
Der Läuferstrom ist gleichzeitig Erregerstrom. Die Erregerwicklung muß deshalb bei der R. mit großem Drahtquerschnitt und relativ kleiner Windungszahl ausgeführt werden.

Reihenschlußverhalten

Reihenschlußverhalten
→ Motormoment

Reihenwicklung
→ Wellenwicklung

Relais
Schalter, deren Triebsysteme elektromagnetisch oder elektrothermisch arbeiten.
Elektromagnetische R. bestehen aus Elektromagnet, Anker und Kontakten. Je nach dem Aufbau können die Kontakte bei Erregung des Elektromagneten schließen (Schließer), öffnen (Öffner) bzw. umschalten.
Zeitr. ermöglichen das verzögerte Schalten. Die Anzugs- oder Abfallverzögerungen reichen von einigen Millisekunden bis zu einigen Stunden.
Thermor. (Bimetallr.) tragen anstelle des Elektromagneten einen Bimetallstreifen mit Heizwicklung. Fließt ein zu hoher Strom durch die Heizwicklung, wird diese erwärmt, der Bimetallstreifen biegt sich und betätigt die Kontakte mit zeitlicher Verzögerung.
Neutrale R. arbeiten unabhängig von der Stromrichtung durch den Elektromagneten. Je nach Ausführung arbeiten sie mit Gleichstrom oder Wechselstrom.
Polarisierte R. arbeiten mit Gleichstrom. Sie müssen richtig gepolt angeschlossen werden. Häufig tragen sie Umschaltkontakte, deren Mittelfedern sich in Mittelstellung befinden. Bei Erregung des Elektromagneten wird, je nach Richtung des durch die Spule fließenden Stroms, die Mittelfeder an die vordere oder an die hintere Kontaktfeder gelegt.
Primärr. werden unmittelbar durch die Wirkungsgröße geschaltet. Sekundärr. erfordern einen Wandler, der die Wirkungsgröße entsprechend verändert.
R. werden auf allen Gebieten der Elektrotechnik eingesetzt, – Anh.: 10, 11, 79 / 104.

Reluktanzmotor
Synchronisierter → Asynchronmotor, dessen Drehmomentbildung durch unterschiedliche magnetische Widerstandswerte (Reluktanz) am Läuferumfang entsteht.
Der Ständer von R. ist wie der von Asynchronmotoren (Drehstrom- oder Einphasen- oder Spaltpolmotor) aufgebaut. Der Läufer ist eine Sonderform des Käfigläufers, indem etwa die Hälfte der Polteilung bis an den Nutengrund ausgefräst wird (Bild a). Dadurch erhält der magnetische Widerstand des Läufers unterschiedliche Werte. Es entsteht eine Achse mit niedrigem und eine mit hohem magnetischem Widerstand. Die gleiche Wirkung wird auch durch zusätzliche Luftspalte im Läufereisen erreicht (Bild b) oder für sehr niedrige Drehzahlen durch eine spezielle Konstruktion mit gezahntem Ständer und Läufer (Bild c).

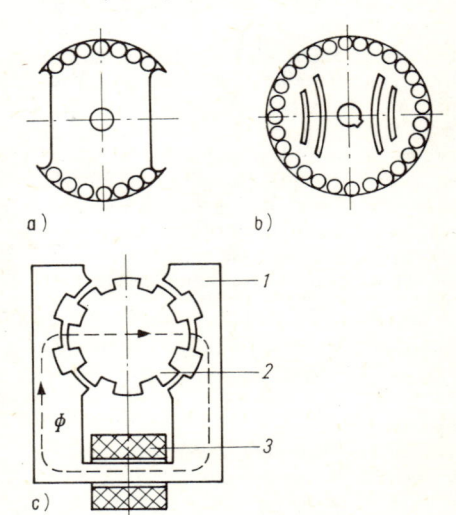

Reluktanzmotor. a) Läufer; b) Luftspalte im Läufereisen; c) Ständer mit Zähnen; 2 Läufer mit Zähnen; 3 Erregerwicklung

Als Kleinstmaschine wird der R. bei Zeitmessern, Programmgebern und Fonogeräten (Plattenspieler) bei Netzbetrieb verwendet. Da auch schon Leistungen bis 10 kW erreicht werden, findet er große Verbreitung in der Textilindustrie. Durch exakte Übereinstimmung zwischen Frequenz der anliegenden Spannung und Läuferdrehzahl ist der Gleichlauf vieler Antriebe gegeben.

Repulsionsmotor
→ *Kommutatormaschine, die am Einphasenwechselstromnetz angeschlossen wird.*
Der Ständer des R. ist wie ein Drehstrom- → Asynchronmotor aufgebaut. Das aktive Eisen ist geblecht und am Umfang gleichmäßig genutet. Die Ständerwicklung ist jedoch eine einsträngige Mehrloch-Wechselstromwicklung. Der Läufer gleicht dem der Gleichstrommaschinen.

Repulsionsmotor

Der Bürstenstern zur Drehzahlstellung ist betriebsmäßig in Umfangsrichtung verstellbar. Über ein außenliegendes Handrad ist ein Ritzel zu betätigen, das in einen Zahnkranz eingreift und durch das die Stellung des Bürstensterns verändert werden kann. Nach der Anordnung der Bürsten unterscheidet man
- R. mit Durchmesserbürsten (Bild a)
- R. mit Doppelsehnenbürsten (Bild b) und
- R. mit doppeltem Bürstensatz (→ Déri-Motor).

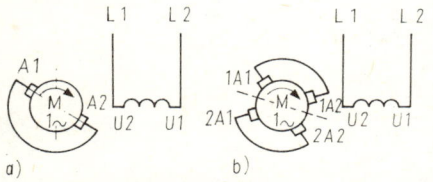

Repulsionsmotor. a) mit Durchmesserbürsten; b) mit Doppelsehnenbürsten

Bei den beiden ersten Ausführungen werden die Bürsten in gleichbleibender gegenseitiger Lage gegenüber dem Ständer verschoben. Wird die Ständerwicklung an eine Wechselspannung angeschlossen, induziert das Wechselfeld in der Läuferwicklung eine Spannung. Zur Entstehung eines Drehmoments muß in der Läuferwicklung ein Strom fließen, dessen Größe von der Stellung der Bürsten abhängig ist. Stehen Bürstenachse und damit die Achse der Läuferwicklung rechtwinklig zur Achse der Ständerwicklung (Magnetisierungsstellung), ist an den Bürsten A1 und A2 die Spannung der Läuferwicklung Null. Läuferwicklung und Kurzschlußverbindung sind stromlos. Durch das fehlende Drehmoment entsteht keine Drehbewegung. Verstellt man die Bürsten um einen bestimmten Winkel nach links oder rechts, steigt die von den Bürsten abgegriffene Läuferspannung, der Läuferstrom steigt. Der Läufer dreht sich. Mit weiterer Verstellung steigt auch die Drehzahl. Diese ist so stufenlos verstellbar. Die maximale Drehzahl wird je nach Auslegung des Motors zwischen einem Verstellwinkel von 65 bis 80 elektrische Grade erreicht. Vergrößert man den Verstellwinkel weiter, verringert sich die Drehzahl bei stark ansteigendem Ständerstrom. Bei 90 elektrischen Grad ist die Drehzahl Null (Kurzschlußstellung). Läufer- und Ständerstrom sind maximal. Sowohl in der Magnetisierungs- als auch in der Kurzschlußstellung darf der R. keinesfalls längere Zeit eingeschaltet bleiben.

Der Drehsinn des Läufers ist der Verstellrichtung der Bürsten entgegengesetzt. Die beiderseitige Bürstenverschiebung ermöglicht daher eine Änderung der Drehrichtung und Drehzahl.

R. mit Durchmesserbürsten werden für kleinere Krananlagen und mit fester Bürstenstellung als Aufzugsmotoren für Federkraftspeicher großer Hochspannungsschalter verwendet. Die Leistungsgrenze liegt etwa bei 4 kW.
R. mit Doppelsehnenbürsten werden als Fahrmotoren mit Leistungen von 30 bis 40 kW verwendet. Der besondere Vorteil des R., hohes Anzugsmoment, das zwischen dem 1,5- bis 4,5fachen des Nennmoments liegt, wird hier genutzt. Der Anlauf erfolgt stetig vom Stillstand aus, ohne Anlasser.

Resonanz
Gleichheit von induktivem Blindwiderstand und kapazitivem → Blindwiderstand in einem → Schwingkreis.
Bei einer Reihenschaltung führt das zu großen Teilspannungen über den Blindwiderständen. Die Teilspannungen sind größer als die anliegende Spannung, wenn der ohmsche Widerstand kleiner ist als der induktive bzw. kapazitive Blindwiderstand, $R < X_L = X_C$.
Bei einer Parallelschaltung sind die Teilströme durch die Blindwiderstände dann größer als der der Schaltung zufließende Gesamtstrom, wenn der ohmsche Widerstand größer ist als der induktive bzw. kapazitive Blindwiderstand, $R > X_L = X_C$.
Da sowohl die Induktivität L einer Spule und die Kapazität C eines Kondensators bauelementeabhängig sind, wird die Gleichheit der Blindwiderstände bei der → R.frequenz erreicht.

Resonanzfrequenz
→ Frequenz, bei der in einem → Schwingkreis der induktive Blindwiderstand gleich dem kapazitiven Blindwiderstand ist.
Formelzeichen f_r; Einheit Hz (→ Hertz)
$$f_r = \frac{1}{2\pi\sqrt{LC}}$$
L Induktivität; C Kapazität.
Mit der Induktivität der Spule und der Kapazität des Kondensators ergibt sich die R. nach der Thomsonschen Schwingungsgleichung.

Restmagnetismus

Restmagnetismus
→ Hystereseschleife

Reversierbetrieb
Betrieb eines Motors mit unterschiedlicher Drehrichtung.
Das Umschalten des Motors erfolgt häufig mittels kontaktbehafteter Steuerschaltungen.

Riementrieb
Element zur → Drehmomentenübertragung mittels Leder- bzw. imprägnierter Textilriemen (Treibriemen) oder Gummi-Keilriemen.
Die Riemen laufen auf entsprechend geformten Riemenscheiben. Der R. erfordert meist großen Platz. Nachteilig ist sein Schlupf. Bei Flachriemen aus Leder oder textilem Material erfolgt die Kraftübertragung durch Reibung des Riemens auf der Riemenscheibe. Die Größe des übertragenen Drehmoments wird durch die Riemenbreite und -spannung begrenzt. Flachr. werden heute nur noch selten angewendet.
Keilriemen aus Gummi mit Gewebeeinlage sind meist endlos. Es gibt sie in genormten Längen. Sie laufen in Riemenscheiben mit U-förmigen Rillen. Durch ihren keilförmigen Querschnitt greift die Haftkraft an mindestens zwei Seiten an. Dadurch ergibt sich auch bei großen Übersetzungen eine gute Übertragung des Drehmoments. Als Sonderform sind Zahnkeilriemen in Gebrauch, an deren Unterseite Gumminocken angebracht sind. Dadurch werden Stauchungen und Bruch an der Unterseite vermindert.
Rundriemen aus Leder oder Gummi, auch als Peesen bezeichnet, dienen zur Übertragung kleiner Drehmomente.
R. unterliegen Längenänderungen, so daß Spannvorrichtungen erforderlich sind.

Ringbandkern
Eisenkern (→ Transformatorkern) eines Kleintransformators, der wegen seines luftspaltlosen Kreisaufbaus einen kleinen magnetischen Widerstand hat.
Sein Magnetisierungsstrom ist deshalb klein. Eine gleichmäßige Magnetisierung wird erreicht, wenn der Außendurchmesser nicht größer als das Zweifache des Innendurchmessers ist. – Anh.: 37, 39 / 68.

Ringwicklung
→ *Kommutatorläuferwicklung, die spiralförmig auf einem geblechten nutenlosen Eisenring gewickelt ist.*
Jede Windung bzw. Spule ist mit einer Lamelle des → Kommutators der → Schleifenwicklung oder der → Wellenwicklung verbunden (Bild).

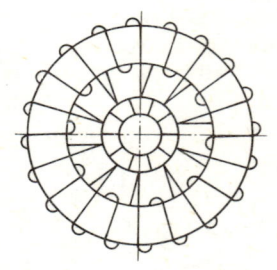

Ringwicklung

Die ersten → Gleichstrommaschinen waren mit der R. ausgerüstet (nach *Gramme* und *Pacinotti*, etwa 1860). Sie ist veraltet und wurde von der Trommelwicklung abgelöst. Wesentliche Nachteile der R. sind ungünstige Läufermagnetfeldausnutzung, aufwendige Wicklungsherstellung und materialintensive Bauweise, bedingt durch den übermäßig großen Ring, der aus wickeltechnologischem Grund ein Mindestmaß nicht unterschreiten durfte. Einige bedeutende Vorteile der R. sind einfache Teilreparatur, Auslegung für hohe Nennspannungen, geringe Stegspannung sowie großes Drehmoment an der Welle bei geringer Drehzahl.

Rippenkessel
→ Transformatorkessel

Röhrenkessel
→ Transformatorkessel

Rohrharfenkessel
→ Transformatorkessel

Rosenbergmaschine
Sonderform eines → Gleichstromgenerators mit der zum Schweißen erforderlichen Spannungscharakteristik.
An der Stelle, an der bei Gleichstrommaschinen die Bürsten sitzen, sind Hilfsbürsten angeordnet, die miteinander widerstandslos verbunden sind. Die den Schweißstrom führenden Hauptbürsten schleifen auf den Kommutatorlamellen, die zu den unter der Polmitte liegenden Läuferstäben gehören.

Rosenbergmaschine

Die Erreger- und Wendepolwicklung liegen mit der Läuferwicklung in Reihe.
Bei Läuferdrehung wird durch den Restmagnetismus eine kleine Läuferspannung induziert, die aber durch den Kurzschluß der Hilfsbürsten einen kräftigen Strom und ein starkes Magnetfeld, das sog. Querfeld, erzeugt. An den Hauptbürsten kann die Leerlaufspannung abgenommen werden. Bei Belastung wird durch die Reihenschlußerregung einerseits der Restmagnetismus verstärkt, andererseits erzeugt der durch den Läufer fließende Strom ein Läuferfeld, das das Hauptfeld schwächt. Ein Anwachsen des Schweißstroms über einen zulässigen Wert wird verhindert.

Rückarbeitsmethode
→ Erwärmungsprüfung

Rückleistungsschutz
→ Generatorschutz

Rückschluß, magnetischer
→ Linearmotor

Rückstromsicherheit
Eigenschaft von → *Gleichstromgeneratoren, bei denen keine Umpolung des Erregerfelds durch Rückstrom entstehen kann.*
Werden Gleichstromgeneratoren parallelgeschaltet, kann ein Generator durch verringerte Antriebsleistung elektrische Energie aus dem sonst gemeinsam eingespeisten Netz aufnehmen. Er arbeitet als Motor. Seine Stromrichtung kehrt sich um. Bei dem fremderregten Gleichstromgenerator und dem → Gleichstrom-Nebenschlußgenerator ändert sich nur die Richtung des Läuferstroms, nicht aber die des Erregerstroms. Beide sind rückstromsicher. Wegen der Reihenschaltung von Erreger- und Läuferwicklung ist der → Gleichstrom-Reihenschlußgenerator dagegen nicht rückstromsicher.

Ruheinduktion
Grundform der elektromagnetischen Induktion (→ Induktion, elektromagnetische), bei der sich die räumliche Lage zwischen Spule und Magnetfeld nicht ändert.
In einer Spule wird dann eine Spannung induziert, wenn der von ihr umfaßte Fluß sich zeitlich ändert. Der Betrag der induzierten Spannung U_i ist von der Windungszahl N der Spule und von der Änderungsgeschwindigkeit des Magnetflusses $\Delta\Phi/\Delta t$ abhängig.

$$U_i = N \frac{\Delta\Phi}{\Delta t}$$

S

Sammelschienenparallelbetrieb
→ Transformator-Parallelbetrieb

Sättigung
→ ferromagnetischer Stoff

Saugdrossel
→ Saugdrosselschaltung

Saugdrosselschaltung
Schaltung von → *Stromrichtertransformatoren zur Einspeisung mehranodiger Gleichrichter.*
Die Primärwicklungen werden zum Anschluß der Dreiphasenwechselspannung im Stern oder im Dreieck geschaltet. Die Sekundärwicklungen werden als S. ausgeführt. Sie bestehen am häufigsten aus zwei Dreiphasen-Schaltungen (Bild), deren Spannungen gegeneinander um 60° phasenverschoben sind und mit ihren Mittelpunkten über eine Saugdrossel verbunden sind.

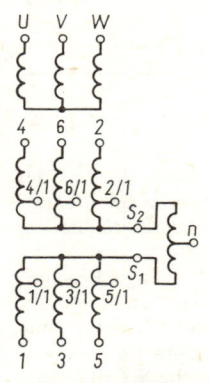

Saugdrosselschaltung

Der Mittelpunkt der Saugdrossel ist wahlweise mit oder ohne Glättungsdrossel zur Verringerung der Welligkeit des Gleichstroms über den Verbraucher mit der Katode des Gleichrichters verbunden. Dadurch, daß

Saugdrosselschaltung

Saugdrosselschaltung

jede Phase über einen größeren Bereich Strom führt, wird der Transformator besser ausgenutzt als bei der Doppelsternschaltung (→ Mittelpunktschaltung). – Anh.: – / 73.

Schachteljoch
→ Schenkel-Joch-Verbindung

Schachtelkern
Eisenkern (→ Transformatorkern) eines Kleintransformators, der aus gestanzten Blechen mit standardisierten Schnittformen zusammengesetzt ist (Bild).
Mantelkerne können nur aus Blechen mit M-Schnitt gefertigt werden. Alle Schnittformen werden nur mit warmgewalzten Transformatorenblechen hergestellt, weil diese unabhängig von der Walzrichtung die gleichen magnetischen Eigenschaften haben. – Anh.: 37, 38, / 43, 68, 111.

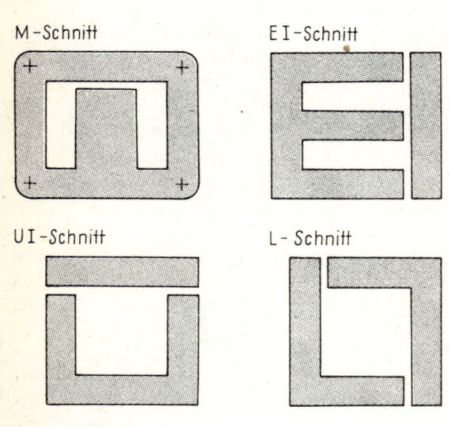

M-Schnitt   EI-Schnitt

UI-Schnitt   L-Schnitt

Schachtelkern

Schaltalgebra
Boolesche Algebra (G. Boole 1815–1864). Lehre von den durch → logische Grundglieder herstellbaren Zusammenschaltungen und deren Vereinfachungen.
Die S. ermöglicht eine eindeutige Beschreibung des Verhaltens kontaktbehafteter und kontaktloser Schalter und Schaltsysteme. Insbesondere die → Kürzungsregeln der S. ermöglichen es, umfangreiche Schaltsysteme auf Grundglieder zurückzuführen, um den Bauelementeaufwand zu minimieren. Umgekehrt kann man mit der S. logische Ausdrücke in Schaltungen umsetzen (Schaltfunktion).

Schaltbelegungstabelle
Element der Schaltalgebra. Sie ist Voraussetzung für das Formulieren von → Schaltfunktionen.
Zum Aufstellen der S. müssen der Programmablauf oder die Abhängigkeiten einer Steuerung bekannt sein. Zum Beispiel ist vorher festzustellen, welche Motoren gleichzeitig in Betrieb sein dürfen oder welche sich ausschließen, bei welchen Voraussetzungen Heizgeräte oder Lüfter zuzuschalten sind in Abhängigkeit von Größe und Anzahl oder andere vom Betriebsablauf bestimmte Forderungen.
In die S. werden alle Eingangsvariablen und geforderten Ausgangsvariablen mit ihren Pegeln (0 oder 1) eingetragen.

Schaltdiagramm
Vereinfachte → Schaltbelegungstabelle.
Es ist nur bei einfachen Steuerungen anwendbar.

Schaltendenausführung
Verbindung der Eingangs- und Ausgangsseite der Spulen einer → Ringwicklung oder → Trommelwicklung mit den Lamellen des → Kommutators.
Im Normalfall wird die Ausgangsseite einer Spule mit der Eingangsseite (→ Zweischichtwicklung) einer anderen Spule verbunden. Um einen möglichst funkenfreien Lauf der → Kommutatorläufermaschinen zu erreichen, sind die S. von einer Bezugsnut aus gerechnet mit einer Bezugskommutatorlamelle entweder nach links, nach rechts oder geradeaus verbunden.

Schalterantrieb
Mechanische oder elektromechanische Teile von Hoch- und Niederspannungsschaltgeräten, die das Betätigen der Schaltkontakte bewirken.
Die einfachste und häufig verwendete Form ist der Handantrieb. Bei Schaltern mittlerer und großer Schaltleistung wird Druckluft, Magnet- und Federkraftspeicherantrieb bevorzugt, weil meist große Schaltkräfte aufgebracht werden müssen. S. beeinflussen durch ihre Weg-Zeit-Kennlinie die Lichtbogenlöschung. Sie können Einfluß auf Auslösezeit, Kontaktdruck und Verschleiß mechanischer Teile sowie auf den Kontaktabbrand nehmen. S. erfordern meist eine zusätzliche Hilfs-

Schaltfunktion

energie, z. B. Druckluft, Gleich- oder Wechselspannung. — Anh.: 78, 79, 80 / —

Schaltfunktion
Element der Schaltalgebra. S. geben die Art und das Zusammenschalten von Schaltern in Steuerschaltungen an.
Die S. ergibt sich aus der → Schaltbelegungstabelle oder dem → Schaltdiagramm. Bei umfangreichen und komplizierten Steuerungen können durch die → Kürzungsregeln Vereinfachungen der ursprünglichen S. erzielt werden. Das hat eine Verringerung der Bauelementeanzahl zur Folge. Aus der S. wird das Zusammenschalten von Öffnern und Schließern bzw. der → logischen Grundglieder abgelesen.

Schaltglied
Bauteil elektrischer Schalter, das unmittelbar zur Herstellung der Kontaktverbindung dient.
Zu den S. gehören feststehende und bewegliche → Schaltstücke und deren Zuleitungen sowie Federn, Befestigungs- und Lagerteile. Sie müssen für die Betriebs- und Kurzschlußströme bemessen sein und auch überhöhten Erwärmungen standhalten. Bewegliche Zuleitungen zu Schaltstücken sind aus feinstdrähtiger Litze oder aus mehreren dünnen Metallbändern hergestellt.

Schaltgruppe
Schaltungen der Ober- und Unterspannungsspulen eines → Drehstromtransformators.
Die Ober- und Unterspannungsspulen können im Stern oder im Dreieck geschaltet werden. Für die Unterspannungswicklung von Verteilungstransformatoren wird teilweise auch die → Zickzackschaltung verwendet (Tafel).

Bezeichnung von Schaltungen

Schaltung	Oberspannungswicklung	Unterspannungswicklung
Sternschaltung	Y	y
Dreieckschaltung	D	d
Zickzackschaltung	–	z

Daraus ergeben sich die Kombinationen Yy, Yd, Yz und Dd, Dy sowie Dz. Die gleiche Kombination kann durch unterschiedliche Schaltverbindungen erreicht werden (Bild).

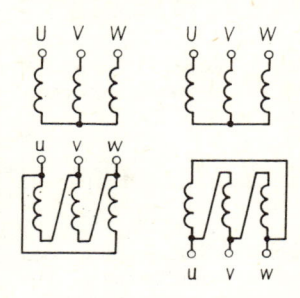

Schaltgruppe. Unterschiedliche Schaltverbindungen für die Kombination Yd

Verschiedene Übersetzungen entstehen dadurch nicht, jedoch ist die Phasenlage zwischen Unter- und Oberspannung unterschiedlich. Der Phasenwinkel kann jeden Wert von 30° und einem ganzzahligen Vielfachen davon annehmen. Dieser Phasenwinkel heißt in der S.bezeichnung → Kennzahl.
Bezeichnungsbeispiel:

Y y 0
Schaltung der Oberspannungswicklung
Schaltung der Unterspannungswicklung
Kennzahl

Die Vielzahl der Möglichkeiten wird auf die 12 standardisierten Schaltgruppen Yy0 (6), Dd0 (6), Dz0 (6) und Yd5 (11), Dy5 (11), Yz5 (11) beschränkt.
S. müssen besonders im Parallelbetrieb (→ Transformator-Parallelbetrieb) beachtet werden. — Anh.: 68 / 127.

Schaltgruppe, bevorzugte
Standardisierte → Schaltgruppe von Drehstromtransformatoren, die in Energieverteilungsanlagen überwiegend eingesetzt werden (Tafel auf Seite 124).

Schaltgruppenprüfung
Einzelprüfung eines Drehstromtransformators (→ Transformatorprüfung) zur Kontrolle der Schaltung der Wicklungen, der → Kennzahl und der Kennzeichnung der Wicklungsenden.
Die Schaltung der Wicklungen (Stern-, Dreieck- oder Zickzackschaltung) und die

Schaltgruppenprüfung

Anwendungsmöglichkeiten der Schaltgruppen

Schaltgruppe	Anwendung
Yd5	Haupttransformatoren großer Kraftwerke oder Motorstationen
Dy5	→ Verteilungstransformatoren großer Leistung mit sekundär vollbelastbarem Sternpunkt (→ Sternpunktbelastbarkeit)
Yz5	Verteilungstransformatoren kleiner Leistung mit sekundär voll belastbarem Sternpunkt
Yy0	Verteilungstransformatoren kleiner Leistung, deren sekundärer Sternpunkt nur bis 10% des Nennstroms belastet werden darf

Kennzeichnung der Wicklungsenden werden durch Sichtkontrolle vorgenommen. Die Kennzahl, d. h. die Phasenlage der Unterspannung im Vergleich zur Oberspannung, kann nach folgenden Verfahren geprüft werden:
- durch Ermitteln des Wickelsinns der Spulen und der Schaltung der Wicklungen, Vergleichen des Ergebnisses mit den standardisierten Schaltbildern
- durch Messen der Spannung zwischen den Unterspannungsklemmen zweier gleicher Transformatoren, die parallel am Netz angeschlossen sind; die Schaltgruppe des Vergleichstransformators muß bekannt sein
- durch direktes Messen der Phasenlage von Ober- und Unterspannung mit Hilfe des Oszilloskops.

Ein günstiges Verfahren ist eine einfache Spannungsmessung nach dem Kompensationsverfahren mit Hilfe einer Wechselstrombrücke oder nach der → Spannungszeigermethode. – Anh.: 68 / 116.

Schaltplan

Zeichnerische oder listenmäßige Darstellung der Schaltung und Wirkungsweise elektrotechnischer Betriebsmittel und Anlagen durch → Schaltzeichen, einfache geometrische Figuren (vereinfachte Konstruktionsbezeichnungen) und alphanumerische Zeichen einschließlich der sie verbindenden Kabel und Leitungen.

Man unterscheidet hauptsächlich:
- S. zur Übersicht. Sie geben eine Übersicht über den schaltungstechnischen Zusammenhang einer elektrotechnischen Anlage oder eines Anlagenteils ohne Berücksichtigung von Einzelheiten, z. B. → Übersichtsschaltplan, Schützrelaisplan, Verbindungsplan,
- S. zum Erkennen der Funktion. Sie stellen die Funktion einer elektrotechnischen Einrichtung oder Schaltung mit Einzelheiten dar, z. B. → Stromlaufplan, Logikplan, Wirkungsplan,
- S. zur Fertigung. Sie dienen zur Herstellung der Verbindungen zwischen den Anschlüssen elektrotechnischer Einrichtungen, z. B. Geräteverdrahtungsplan, → Anschlußplan, Installationsplan. – Anh.: 7, 8, 9, 10, 11, 12, 13 / 81, 82, 83, 84, 85, 86, 87, 88, 89, 90, 91, 92, 93, 94.

Schaltschloß

Kombination mechanischer Teile, die eingeschaltete Kontakte in ihrer Einschaltlage festhalten und den Kontaktdruck gewährleisten (Bild).

Schalter mit S. haben Hand- oder Motoran-

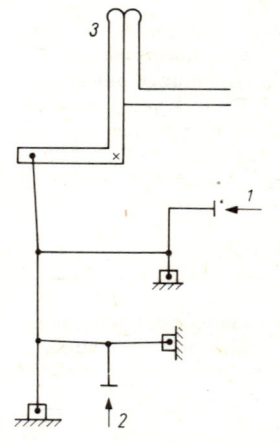

Schaltschloß. Kniehebelschaltschloß (Prinzip); *1* Einschaltknopf; *2* Ausschaltknopf, betätigt von Hand oder durch Bimetall- bzw. Kurzschlußauslöser; *3* Schaltkontakte

trieb. Im S. befinden sich ein Sprungschaltwerk, damit eine gleichmäßige und hohe Schaltgeschwindigkeit erreicht wird, sowie eine Freiauslösung, die ein selbsttätiges Abschalten beim Schalten auf Fehler ermöglicht, auch wenn der Antrieb in der Einschaltlage gehalten wird. → Schaltschütze haben kein S.

Schaltschütz
Niederspannungsschalter zum Schalten von Stromstärken von wenigen bis mehreren hundert Ampere.
Das S. wird von einem stromdurchflossenen Magneten in der Einschaltlage gehalten und benötigt darum kein Schaltschloß. Der Antrieb kann nur elektrisch, meist durch Taster, erfolgen. Drehstrom-S. haben drei Lastkontakte und eine Anzahl Öffner und Schließer als Hilfskontakte. Die letzteren dienen zum Zusammenschalten mehrerer S. in → Abhängigkeitsschaltungen sowie für Melde- und Anzeigenstromkreise. Als Betätigungsspannung für S. wird. i. allg. die Netzspannung für Sonderanwendungen, aber auch eine davon abweichende Spannung verwendet. Die Schaltkontakte der S. können in Luft liegen (Luftschütz) oder von Öl umgeben sein (Ölschütz). Manche Typen haben → Bimetallauslöser, so daß sie gleichzeitig als → Motorschutzschalter dienen können.

Schaltstück
Kontaktstücke → Schaltglieder elektrischer Schalter, die unmittelbar der Kontaktgabe dienen.
S. gibt es in unterschiedlichen Formen und Ausführungen. Die wesentlichste Unterscheidung sind feste und bewegliche S. Die letztgenannten stellen durch ihre Bewegung die Verbindung her. Bei großen Schalthäufigkeiten und hohem Verschleiß werden auswechselbare S. angewendet, um bei Reparaturen nur die unmittelbar betroffenen Teile wechseln zu können. Sie werden mit Schrauben am festen oder beweglichen Schaltglied angebracht. Bei Schaltern mit Zweifachunterbrechung werden sie von Federn im beweglichen Teil gehalten. Bei einigen Schaltertypen werden leichtauswechselbare Abbrenns. verwendet, die nach den Haupts. die Verbindung öffnen und den Lichtbogen übernehmen, um die Haupts. lichtbogenfrei zu halten. Die Werkstoffauswahl für S. wird von Korrosion, Übergangswiderstand und Abbrand bestimmt.

Schaltung, gemischte
Schaltungstechnische Verbindung von Bauelementen der Art, daß einzelne in Reihe (→ Reihenschaltung) oder parallel (→ Parallelschaltung) zu Gruppen geschaltet sind.
Mehrere Gruppen sind dann wieder schaltungstechnisch verbunden. In der g. S. werden Strom und Spannung geteilt.

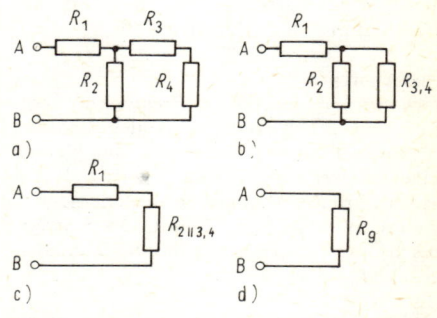

Schaltung, gemischte

Bei einer g. S. von Widerständen (Bild a) berechnet sich der Gesamtwiderstand so, daß die eindeutig in Reihe oder parallelgeschalteten Widerstände durch einen widerstandsgleichen Ersatzwiderstand ersetzt werden. Die Schaltung wird stufenweise vereinfacht.

1. Vereinfachung (Bild b):
$R_{3,4} = R_3 + R_4$.

2. Vereinfachung (Bild c):
$$R_{2 \| 3,4} = \frac{R_2 \cdot R_{3,4}}{R_2 + R_{3,4}}.$$

3. Vereinfachung (Bild d):
$R_g = R_1 + R_{2 \| 3,4}$.

Schaltvorgang
Herstellen und Lösen elektrischer Verbindungen mittels Schalters.
Beim Schalten von großen Strömen und hohen Spannungen kann das plötzliche Verändern dieser Größen Auswirkungen auf Netz und Verbraucher haben. Beim S. interessieren der nichtstationäre Zustand und dessen Zeitdauer, um die durch das Schalten von Blindleistungen (erzeugt durch Induktivitäten und Kapazitäten) entstehenden Überspannungen und -ströme sowie Einschwingfrequenzen (höher

Schaltvorgang

als Netzfrequenz) zu erkennen und ihren Wirkungen vorzubeugen. Der S. muß wegen seiner kurzen Dauer oszillografisch erfaßt werden (→ Einschwingvorgang).
Eingeleitet wird der Einschaltvorgang durch Betätigen des Antriebs (→ Schalterantriebe). Er endet mit dem endgültigen Schließen der Kontakte (→ Kontaktprellen). Der Ausschaltvorgang endet mit der → Lichtbogenlöschung und der Wiederverfestigung (keine Gefahr der Rückzündung) der Schaltstrecke.

Scheibenbremse
Mechanischer Teil einer → Bremseinrichtung.
Ein Bremskörper drückt in axialer Richtung gegen eine Bremsscheibe. Durch den kleinen Verschiebeweg ist die Schaltzeit gering. Hinreichende Bremswirkungen erfordern jedoch eine relativ große Anpreßkraft. Die S. ist geräusch- und wartungsarm. Ihre Schalthäufigkeit ist groß.

Scheibenläufermotor
Konstruktionsform eines → Gleichstromstellmotors.
Der Anker des S. ist aus zwei dünnen Kupferfolien aufgebaut, die durch eine Isolierschicht getrennt sind. Die Kupferfolien sind als einzelne Leiterzüge ausgebildet, auf denen die Bürsten direkt schleifen (Bild). Der S. wird nicht nur als Kleinstmaschine ab einer Leistung von 10 W gefertigt, sondern auch für größere bis 5 kW.

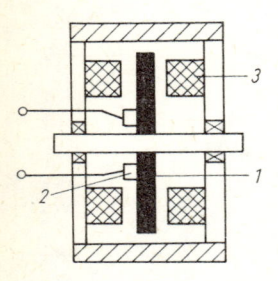

Scheibenläufermotor. *1* Ankerwicklung; *2* Bürstensystem; *3* Magnetsystem

Scheibenspule
→ Transformatorspule, bei der ein Draht oder mehrere Drähte gleichzeitig radial übereinander, bezogen auf die Wickelachse, entsprechend einer Spirale gewickelt sind (Bild). –
Anh.: 68 / 65.

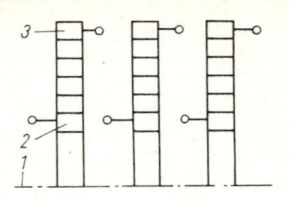

Scheibenspule. *1* Wickelachse; *2* 1. Windung; *3* n-te Windung

Scheibenwicklung
Bezeichnung von → Transformatorenwicklungen, bei denen die geteilten Oberspannungs- und Unterspannungswicklungen abwechselnd in axialer Richtung, bezogen auf die Wickelachse, übereinander angeordnet sind (Bild).

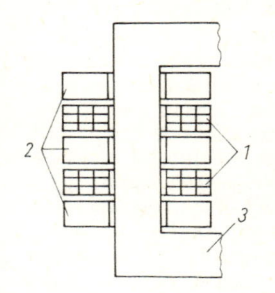

Scheibenwicklung. *1* Oberspannungswicklung; *2* Unterspannungswicklung; *3* Kern

Scheinstrom

Bei der S. entstehen zwischen den Oberspannungs- und Unterspannungsspulen scheibenförmige Trennflächen. Ihr Vorteil gegenüber der → Zylinderwicklung besteht in einer geringeren induktiven Streuung. Bei höheren Spannungen wird sie wegen des Isolationsaufwands unwirtschaftlich. – Anh.: 68 / 65.

Scheinleistung
Bei Belastung eines Wechselspannungsgenerators mit ohmschen → Widerständen, induktiven → Blindwiderständen und kapazitiven Blindwiderständen aufgebrachte Gesamtleistung.
Formelzeichen S
Einheit $V \cdot A$
$S = \sqrt{P^2 + Q^2}$ oder $S = U \cdot I$,
P Wirkleistung; Q Blindleistung; U Wechselspannung; I Wechselstrom.
Die S. kann als geometrische Summe aus → Wirkleistung und → Blindleistung oder als Produkt aus Wechselspannung und Wechselstrom berechnet werden. – Anh.: 41 / 75, 101.

Scheinstrom

Scheinstrom
Bezeichnung des meßbaren Stroms im Wechselstrom- bzw. Drehstromnetz.
Reale Wechselstromwiderstände bestehen aus Wirk- und Blindwiderständen, die eine → Phasenverschiebung zwischen Spannung U und Scheinstrom I, kurz nur „Strom" genannt, hervorrufen. Die Zeiger (→ Zeigerdarstellung) schließen den → Phasenverschiebungswinkel φ ein (Bild).

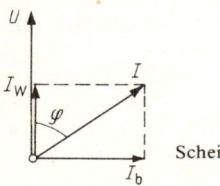

Scheinstrom

Der S. kann in Komponenten zerlegt werden. Die eine liegt mit der Spannung in Phase. Sie wird als Wirkstrom I_W bezeichnet. Durch Multiplikation mit der Spannung U entsteht die → Wirkleistung: $P = U \cdot I_W$.
Die andere Stromkomponente ist gegenüber der Spannung um 90° phasenverschoben. Sie ist voreilend bei kapazitivem Blindwiderstand und nacheilend bei induktivem. Diese Komponente wird als Blindstrom I_b bezeichnet. Analog entsteht die Blindleistung: $Q = U \cdot I_b$.
Die nicht meßbaren Stromkomponenten I_W und I_b bilden als geometrische Summe den (Schein)Strom
$I = \sqrt{I_W^2 + I_b^2}$.
Sie können mit Hilfe des Phasenverschiebungswinkels φ berechnet werden
$I_W = I \cdot \cos \varphi$; $I_b = I \cdot \sin \varphi$
Anh.: 41 / 75, 101.

Scheinwiderstand
Rechengröße, die als Verhältnis der Effektivwerte von Wechselspannung zum Wechselstrom definiert ist.
Formelzeichen Z
Einheit Ω (→ Ohm)
$Z = \dfrac{U}{I}$,
U Wechselspannung; I Wechselstrom.
Der S. bildet die geometrische Summe des ohmschen → Widerstands, des induktiven → Blindwiderstands und des kapazitiven Blindwiderstands
$Z = \sqrt{R^2 + (X_L - X_C)^2}$.

Strom und Spannung sind meist phasenverschoben. Der Strom eilt der Spannung nach, wenn $X_L > X_C$ bzw. vor, wenn $X_C > X_L$. Phasengleichheit herrscht, wenn sich die Wirkungen der Blindwiderstände gegenseitig aufheben ($X_L = X_C$). Die Beträge von S. und ohmschem Widerstand sind dann gleich. – Anh.: 41 / 75, 101.

Scheitelwert
(Maximalwert, Spitzenwert). Größter → Augenblickswert einer Wechselgröße.
S. werden wie folgt angegeben:
S. der Spannung $\hat{U}$ (lies „U Dach")
S. des Stroms $\hat{I}$ (lies „I Dach")
Anh.: 41 / 75

Schenkel
→ Transformatorkern

Schenkel-Joch-Verbindung
Verbindung zwischen den Jochen und den Schenkeln der → Transformatorkerne.
Man unterscheidet:
● Stumpfjoch (Bild a). Dem Vorteil einer rationellen Technologie beim Zusammenbau

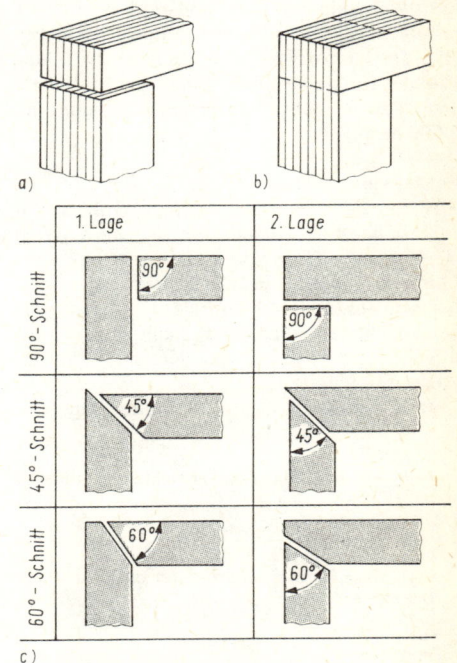

Schenkel-Joch-Verbindung

Schenkel-Joch-Verbindung

Schenkel-Joch-Verbindung

(Joche werden als Ganzes stumpf auf die Schenkel aufgesetzt) steht der Nachteil eines relativ großen Luftspalts durch die Preßspan-Zwischenlage zwischen Schenkel und Joch gegenüber. Dadurch fließt ein relativ großer Magnetisierungsstrom.
- Schachteljoch (Bild b). Die Jochbleche werden in die durch die unterschiedliche Schenkelblechlänge entstehenden Zwischenräume eingesetzt, d. h. eingeschachtelt. Die Nachteile des Stumpfjochs werden aufgehoben. Das Kernschichten ist jedoch zeitaufwendig. Da der Vorteil der geringen Leerlaufverluste bei den Texturblechen nur in Walzrichtung besteht, werden sog. 45°-Schnitte und 60°-Schnitte vorgenommen (Bild c).

Schenkelpolläufer
Läuferform von → Innenpolmaschinen.
Der S. hat ein Polrad mit ausgeprägten Polen. Die Gleichstromspulen der Erregerwicklung sind auf isolierten Polschäften aufgestockt und werden von den Polschuhen gegen radiales Verschieben gehalten. Er ist bei großem Durchmesser (Maschinen in Wasserkraftwerken haben Durchmesser bis zu 10 m) relativ kurz. Die Masseverteilung bei dieser Bauform erfordert zum Beherrschen der Fliehkräfte kleine Drehzahlen, die im Unterschied zu → Vollpolläufern meist kleiner als 1 500 min^{-1} sind.

Schenkelquerschnitt
Der von der Nennleistung eines Transformators abhängige Querschnitt der bewickelten Teile eines → Transformatorkerns.
Um den Raum innerhalb kreisförmiger Spulen gut auszunutzen und sie günstig abstützen zu können, wird der S. nach den im Bild angegebenen Maßen der Kreisform durch Abstufen genähert.
Durch die Isolation und durch die Unebenheiten der Transformatorenbleche ist der effektive S. stets etwas kleiner als der geometrische. Das Verhältnis des effektiven zum geometrischen S. wird als Eisenfüllfaktor bezeichnet.

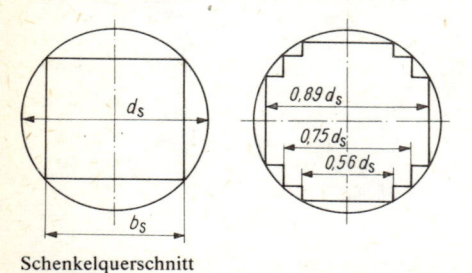

Schenkelquerschnitt

Schlankankermotor
→ Gleichstrommaschine, nutenlose

Schleifenwicklung
→ *Kommutatorläuferwicklung, die ein- oder zweigängig rechts- oder linksgängig bzw. gekreuzt oder ungekreuzt ausgeführt wird.*
Während bei der eingängigen S. jede einzelne Spule über die Nachbarlamelle des Kommutators mit der nächsten Spule verbunden ist (Schleife 1 und 2), wird bei der zweigängigen Ausführung stets eine Kommutatorlamelle übergangen (1 in 3).
Es entstehen somit zwei voneinander isoliert angeordnete Kommutatorläuferwicklungen, die erst durch die Bürsten parallelgeschaltet werden. Es gibt auch zweigängige S., bei denen beide Gänge an einer Stelle ineinander übergehen. Bei der rechtsgängigen S. liegt die Ausgangsseite jeder Spule rechts neben der Eingangsseite, wenn diese in Kommutatorlamelle *1* liegt (Bild a), bei linksgängiger S. liegt die Ausgangsseite jeder Spule links neben der Eingangsseite, also in der letzten Lamelle des Kommutators (Bild b).

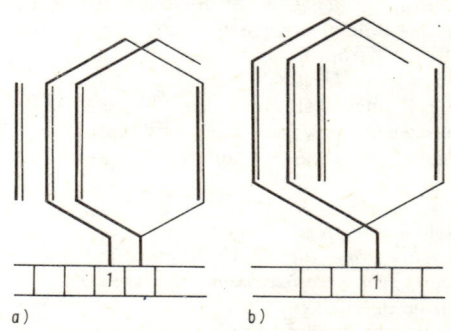

Schleifenwicklung. a) rechtsgängig; b) linksgängig

Rechtsgängige S. sind ungekreuzt und linksgängige gekreuzt. S. werden überwiegend ungekreuzt ausgeführt. Eine gekreuzte S. hat längere → Schaltendenausführungen. Bei einem Leiterbruch direkt hinter dem Kommutator besteht die Möglichkeit, die noch fehlerlose Kommutatorläuferwicklung ungekreuzt auszuführen (Bürstenanschlüsse um-

Schleifenwicklung

polen). Eine S. wird auch Parallelwicklung genannt, weil sie über die Bürsten parallelgeschaltet wird. S. eignen sich für Kommutatorläufermaschinen großer Stromstärke und kleiner Spannung und sind praktisch für alle Nutzahlen ausführbar. Einen breiten Anwendungsbereich haben S. für Kommutatorläufermotoren kleiner Leistung.

Schleifenwicklung, linksgängige
→ Schleifenwicklung

Schleifenwicklung, rechtsgängige
→ Schleifenwicklung

Schleifenwicklung, zweigängige
→ Schleifenwicklung

Schleifring
Stromübertragendes Bauteil eines Läufers, das mit einer → Wechselstromwicklung oder einer Gleichstrom-Erregerwicklung über → Bürsten und Anschlußleitungen mit feststehenden Klemmen galvanisch verbunden ist.
S. bestehen je nach ihrem Einsatzzweck aus zwei bis sechs nebeneinanderliegenden Ringen aus Messing, Kupfer oder Stahl, die meist auf einer Metallbuchse angeordnet sind. Zu jedem Ring führt ein Anschlußstück aus Kupfer oder Messing, das die S. mit der → Wicklung verbindet. Die einzelnen Ringe mit ihren Anschlüssen sind sowohl gegen den Läufer als auch gegeneinander isoliert. Man unterscheidet bei S. Preßstoff-, Schrumpf- und Schraubbauart. Kleine S. werden überwiegend in Preßstoffbauart hergestellt. Hier werden die einzelnen Ringe mit ihren Anschlußstücken durch eine Isoliermasse direkt mit der Metallbuchse unlösbar verbunden. Bei großen S. werden die Ringe auf eine isolierte Metallbuchse geschrumpft oder an eine mit Aufnahmebohrungen versehene Nabe geschraubt. In beiden Fällen ist ein Zerlegen und Reparieren der S. möglich. An manchen S. sind zusätzlich drei Messerkontakte oder Kontaktfedern aus Messing oder Kupfer angebracht, die jeweils mit einem Ring galvanisch verbunden sind. Dadurch können die Wechselstromläuferwicklungen mit der Hand kurzgeschlossen und die Bürsten abgehoben werden. Diese Kurzschlußabhebevorrichtung entlastet die stromübertragenden Teile und erhöht die Betriebsdauer der Bürsten und S. – Anh.: 17 / 4.

Schleifringläufer
→ *Blechpaketläufer einer* → *Asynchronmaschine, in dessen Nuten eine isolierte Spulen- oder Stabwicklung angeordnet ist, deren Ableitungen galvanisch mit* → *Schleifringen verbunden sind.*
Asynchronmotoren mit S. werden für Antriebe, die große Anlaufmomente erfordern und bei denen die Anlaufströme begrenzt werden müssen, eingesetzt. Die Läuferwicklung wird über die Schleifringe und → stromübertragenden Teile entweder mit einem symmetrischen oder unsymmetrischen Stufenanlasser bzw. einem Flüssigkeitsanlasser verbunden. Die Läuferanlaßwiderstände werden während des Hochlaufens allmählich abgeschaltet und in der Endstellung kurzgeschlossen (Bild). – Anh.: 20, 67 / 21.

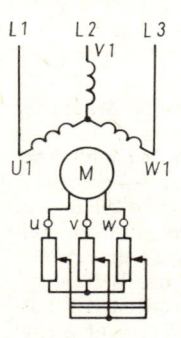

Schleifringläufer.
Schleifringläufermotor
mit Läuferanlasser

Schlupf
Physikalische Größe, die die Wirkungsweise des → *Asynchronmotors ermöglicht und seine Stromaufnahme in Abhängigkeit von der Belastung bestimmt.*
Formelzeichen s
$$s = \frac{n_s}{n_D},$$
n_s S.drehzahl
n_D Drehzahl des Ständerdrehfelds.
Der S. ist die auf die synchrone Drehzahl des Ständerdrehfelds bezogene S.drehzahl. Die S.drehzahl ist die Differenz zwischen Drehzahl des Ständerdrehfelds und Läuferdrehzahl $n_s = n_D - n$. Im Nennbetrieb des Asynchronmotors beträgt der S. etwa 3 bis 8 %.

Schlupfänderung
→ *Drehzahlsteuerung bei* → *Käfigläufermotoren und Schleifringläufermotoren durch Änderung des* → *Schlupfes.*
Bei Käfigläufermotoren wird durch Vorwi-

Schlupfänderung

derstände (stark verlustbehaftet) oder Stelltransformator (verlustarm) die Ständerspannung herabgesetzt. Das hat zur Folge, daß sich der Schlupf vergrößert und die Läuferdrehzahl verringert. Der Stellbereich der Drehzahl ist relativ klein und sehr belastungsabhängig. Verändert sich bei sinkender Drehzahl auch das Lastmoment (z. B. Ventilator), so ist eine Drehzahlstellung bis zu 30 % zur Nenndrehzahl möglich.
Bei Schleifringläufermotoren werden Stellwiderstände in den Läuferkreis geschaltet und dadurch eine Schlupferhöhung erzielt. Der Drehzahlstellbereich hängt von der Belastungsart ab und ist auch hier relativ klein. Die S. bei Schleifringläufermotoren ist eine Verluststeuerung (Widerstandswärme).

Schlupfdrehzahl
→ Schlupf

Schmelzsicherung
Bauteil elektrischer Anlagen zum Schutz vor Überströmen und Kurzschlüssen.
In einem Keramik- oder Porzellanhohlkörper befindet sich ein in Quarzsand eingebetteter Schmelzleiter, der bei Kurzschlüssen sofort, bei Überströmen nach einer gewissen Zeit abschmilzt und den Stromkreis unterbricht. S. werden nach der Größe des Belastungsstroms oder nach dem Leiterquerschnitt ausgewählt. Ihre Nennstromstärke zeigt bei Niederspannungssicherungen ein farbiges Kennplättchen an, das beim Ansprechen der Sicherung abfällt und dadurch das Unterbrechen anzeigt.
Im Niederspannungsbereich wird zwischen Niederspannungs-Hochleistungssicherungen (NH) und Schmelzeinsätzen unterschieden. NH-Sicherungen werden in der Industrie und im Energieversorgungsbereich angewendet. Ihr → Nennausschaltvermögen ist groß. Sie können nur mit besonderen Werkzeugen in ihre Sicherungsträger eingesetzt und ausgewechselt werden. Schmelzeinsätze werden bis 200 A hergestellt, ihr kleineres Ausschaltvermögen begrenzt ihren Einsatz auf Anlagen geringer Kurzschlußleistung. Sie werden in einem Sicherungsunterteil mit Paßring durch eine Schraubkappe so gehalten, daß spannungführende Teile abgedeckt sind. Der Paßring verhindert, daß Sicherungen höherer Nennstromstärke als vorgesehen eingesetzt werden.
Hochspannungs-Hochleistungs-(HH-)Sicherungen unterscheiden sich je nach Spannungsebene durch unterschiedliche Längen. Sie machen das Abschmelzen durch einen Schlagbolzen deutlich, der seinerseits Schutz- und Meldeeinrichtungen anregen kann.
S. werden mit unterschiedlichen Abschmelzkennlinien hergestellt. Sie unterteilen sich in flinke, träge und trägflinke (überstromträge), für Motoren mit hohem Anlaßstrom), überflinke und ultraflinke (zum Schutz von Halbleiter-Bauelementen) (Bild). S. haben ein weiches Ausschaltverhalten, d. h., sie begrenzen den Kurschlußstrom noch während des Anstiegs und lassen ihn langsam abklingen.
– Anh.: 43, 44, 46 / 63.

Schneckenradgetriebe
Sonderform des → Zahnradgetriebes, bei dem ein schraubenförmiges Antriebsrad ein Zahnrad mit besonderer Zahnformung bewegt.
Mit S. sind größere Übersetzungen möglich als mit anderen Getrieben. Außerdem sind sie selbsthemmend, d. h., ein Rückantrieb von der Arbeitsmaschine her ist nicht möglich.

Schnellauslöser
Auslöser zum sofortigen Abschalten von Anlagen bei Kurzschlüssen.
Der hohe Kurzschlußstrom regt bei Primärauslösern einen in der Strombahn liegenden Elektromagneten an, dessen Anker das →

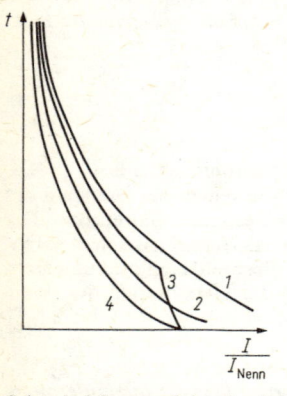

Schmelzsicherung. Schmelzzeit-Kennlinie unterschiedlicher Arten von Niederpannungssicherungen; *1* träge (überstromträge); *2* flink; *3* trägerflink; *4* überflink

Schnellauslöser

Schaltschloß des Leistungsschalters freigibt. S. sind in Verbindung mit → Bimetallauslösern in → Motorschutzschaltern und in Leitungsschutzschaltern zu finden.

Schnellentregung
Abbau des Erregerfelds eines → Synchrongenerators in kurzer Zeit, um im Kurzschluß den hohen Strom der Maschine durch Spannungsabsenkung zu verringern.

Schnittbandkern
Eisenkern (→ Transformatorkern) eines Kleintransformators, der als geteilter → Ringbandkern anzusehen ist.
Die zu einem Kern gewickelten Transformatorenbleche werden nach dem Glühen und Stabilisieren mit Gießharz in zwei Hälften geschnitten. Dadurch können vorgefertigte Spulen aufgesetzt werden. Der Luftspalt wird durch hohe Oberflächengüte an den Trennstellen klein gehalten. Sehr kleine Kerne werden durch Kleben gefügt, größere durch einfache Spannbänder zusammengehalten. − Anh.: 37, 39 / 68.

Schrage-Motor
→ Drehstrom-Nebenschlußmotor, läufergespeister

Schrittmotor
Digitaler elektromechanischer Energiewandler.
Die Ständerwicklung des S. wird mit Spannungsimpulsen eingespeist. Der Läufer folgt diesen Impulsen in Form von Winkelschritten. Es besteht ein direkter Zusammenhang zwischen der Impuls- oder Schrittzahl s, dem Schrittwinkel $\Delta\alpha$ und dem Gesamtwinkel α:
$\alpha = \Delta\alpha \cdot s$.
Entsprechend der zeitlichen Impulsfolge oder Schrittfrequenz f_s vollführt der Läufer eine Drehbewegung mit der Winkelgeschwindigkeit $\omega = \Delta\alpha \cdot f_s$.
S. werden überwiegend in Positionierantrieben eingesetzt, in denen keine extrem hohen Genauigkeitsforderungen gestellt werden. Diese können dadurch erhöht werden, daß der benötigte Schritt in mehrere vom Motor auszuführende Schritte aufgeteilt wird.
Die konstruktiven Ausführungen von Schrittmotoren sind sehr vielfältig.
Ständerausführung: Mehrphasenständer oder Mehrständerausführung

Wicklungseinspeisung: unipolar oder bipolar
Läuferausführung: Permanentmagnetläufer in Gleichpol- oder Wechselpolbauweise sowie Reluktanzläufer.
Für spezifische Zwecke ist der → Kleinst-S. entwickelt worden.

Schubtransformator
→ *Induktionsstelltransformator, bei dem die veränderliche Verkettung des Magnetflusses mit den Wicklungen durch Längsverschiebung einer Wicklung erreicht wird.*
Der S. hat einen feststehenden Kernschenkel und zwei axial verschiebbare Joche. Die in den Jochfenstern untergebrachten Primärwicklungen sind antiparallel geschaltet und erzeugen im Kern entgegengesetzt wirkende Magnetflüsse Φ_1 und Φ_2. Die Sekundärwicklung befindet sich im mittleren Teil des Kernschenkels (Bild).

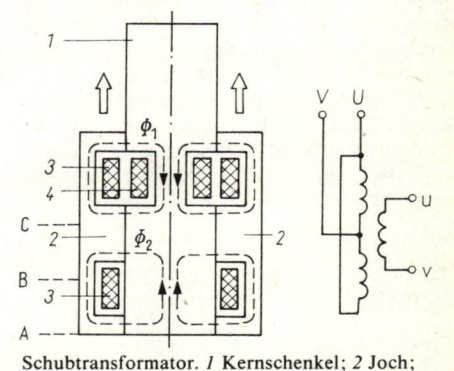

Schubtransformator. *1* Kernschenkel; *2* Joch; *3* Primärwicklung; *4* Sekundärwicklung; A, C Endstellung; B Mittelstellung: Φ Magnetfluß

In den Endstellungen A und C arbeitet der S. wie ein Manteltransformator. Die außen liegenden Primärwicklungen umschließen je nach Stellung konzentrisch die Sekundärwicklung, in der dem Übersetzungsverhältnis entsprechend die Leerlaufspannung induziert wird. Diese ist wegen der entgegengesetzt gerichteten Magnetflüsse in Stellung A gegenüber B ebenfalls um 180° phasenverschoben.
Verschiebt man die Joche mit den Primärwicklungen aus der Endstellung A gleichmäßig über die Mittelstellung B in die andere Endstellung, verringert sich der von der Sekundärwicklung umfaßte Magnetfluß Φ_1, während die Verkettung mit dem Magnetfluß

Schubtransformator

Φ_2 zunimmt. In der Mittelstellung umfaßt die Sekundärwicklung die gleichen Beträge von Φ_1 und Φ_2, aufgrund ihrer entgegengesetzten Richtung ist die Sekundärspannung Null.
Der S. kann mit Hilfe vieler Varianten seiner Grundschaltung an die vorhandenen Netze und Verbraucher weitgehend angepaßt werden.
Die charakteristische Phasen-Umkehr-Einstellbarkeit wird besonders in der Zusammenschaltung mit Zusatztransformatoren wirksam. –
Anh.: 28, 29, 30, 32 / 47, 48.

Schutz bei indirektem Berühren
→ Schutzmaßnahme

Schutzerdung
Erdung der nicht zum Betriebsstromkreis gehörenden Anlageteile zum Schutz gegen gefährliche elektrische Durchströmungen von Menschen und Nutztieren als Folge eines → Körperschlusses sowie zum Schutz von Sachwerten vor Bränden (→ Schutzmaßnahme).
Zur S. gehört auch die Erdung abgeschalteter Anlageteile, an denen gearbeitet werden soll, ferner die sog. Kriechstromerdung zur Ableitung von Kriechströmen und die Erdung der Unterspannungskreise von Wandlern.

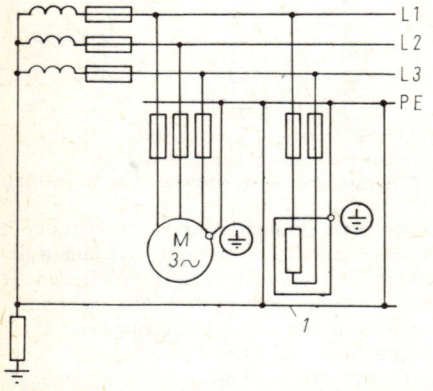

Schutzerdung. *1* Schutzerder, z. B. Wasserrohrnetz

Als Schutzmaßnahme gegen gefährliche elektrische Durchströmungen kommt die S. praktisch nur noch bei den nicht nullungsfähigen Niederspannungsnetzen zur Anwendung, bei denen ausgedehntes metallenes Wasserrohrnetz o. dgl. zur sicheren Fehlerstromrückleitung vorhanden ist. In diesem Fall werden die Körper mit dem als Schutzerder dienenden metallenen Wasserrohrnetz (bei Schiffen mit dem Stahlschiffskörper) über einen → Schutzleiter verbunden (Bild). Bei Eintritt eines Körperschlusses mit einem Außenleiter wird der fehlerbehaftete Außenleiter oder der gesamte Betriebsstromkreis selbsttätig unterbrochen, wenn der Fehlerstrom den Abschaltstrom der Überstromschutzeinrichtung erreicht.
Die S. wird immer mehr von der → Fehlerstrom-Schutzschaltung verdrängt. Eine modifizierte S., bei der die Gleisanlage elektrifizierter Bahnen als Fehlerstromrückleitung dient, ist die Bahnerdung.
Die Wirksamkeit der S. ist in regelmäßigen Zeitabständen nachzuweisen. Dabei müssen bei Anwendung der S. in TT- oder IT-Netzen der Erdungswiderstand des Schutzerders

$$R_S = \frac{U_{B\,zul}}{I_a}$$

und in TN-S-Netzen der Widerstand der vom Fehlerstrom durchflossenen Netzschleife (Schleifenwiderstand) sein:

$$R_{Sch} = \frac{U_{LE}}{I_a}.$$

$U_{B\,zul}$ höchstzulässige → Berührungsspannung;
U_{LE} Leiter-Erde-Spannung (Nennwert);
I_a Abschaltstrom.
Es kann auch der einpolige Kurschlußstrom direkt gemessen und auf diese Weise die Einhaltung der Abschaltbedingung geprüft werden. – Anh.: 45, 48 / 121, 123.

Schutzgrad
Bezeichnung der Stufe, wie eine rotierende elektrische Maschine gegen das Eindringen von Wasser und Fremdkörpern geschützt ist und wie Menschen am Berühren elektrisch leitender und rotierender Teile gehindert werden.
Für jede Maschine einen absoluten Schutz zu fordern ist unökonomisch. Durch Anpassung der Gehäuseformen an die Betriebsbedingungen wird ein entsprechender S. erreicht. Kurzzeichen (→ S.kennzeichnung) geben die Wirksamkeit des Schutzes an. – Anh.: 6/ 74.

Schutzgradkennzeichnung
Kurzzeichen zum Bestimmen des → Schutzgrades einer rotierenden elektrischen Maschine.

Schutzgradkennzeichnung

1. Ziffer (Berührungs- und Fremdkörperschutz)	2. Ziffer (Wasserschutz)	Merkmale der Schutzgradkennzeichnung
0 ungeschützt	0 ungeschützt	
1 Schutz gegen Festkörper über 50 mm Größe	1 Tropfwasserschutz	
2 – über 12 mm Größe	2 – bei Neigung bis 15°	
3 – über 2,5 mm Größe	3 Regenschutz	
4 – über 1,0 mm Größe	4 Spritzwasserschutz	
5 Staubschutz	5 Strahlwasserschutz	
6 Staubdichtigkeit	6 Schwallwasserschutz	
	7 Druckwasserschutz	
	8 Dauer-Druckwasserschutz	

Das Kurzzeichen enthält den allgemeinen Kennbuchstabenteil, die 1. Kennziffer für den Berührungs- und Fremdkörperschutz die 2. Kennziffer für den Wasserschutz
Beispiel: IP 21
Die Zuordnung des Wasser-, Berührungs- und Fremdkörperschutzes kann nicht willkürlich vorgenommen werden (Tafel). – Anh.: 6 / 3, 20, 74.

Schutzisolierung
→ *Isolierung mit solchen dielektrischen, mechanischen, thermischen und chemischen Eigenschaften, daß sie selbst beim Versagen der Betriebsisolierung noch Schutz gegen gefährliche elektrische Durchströmungen bietet (→ Schutzmaßnahmen).*
Die S. wird ausgeführt als
● Schutzisolierumhüllung. In diesem Fall sind die Teile, die beim Versagen der Betriebsisolierung Spannung annehmen können, fest und dauerhaft mit Isolierstoff bedeckt (doppelte Isolierung). Beispiele für die Anwendung der Schutzisolierumhüllung: Luftduschen, Staubsauger, Teppichklopfer
● Schutzzwischenisolierung. In diesem Fall sind die der Berührung zugänglichen leitfähigen Teile mittels Isolierzwischenstücken von den nichtberührbaren Teilen getrennt, die beim Versagen der Betriebsisolierung Spannung annehmen können (doppelte Isolierung). Beispiele für die Anwendung der Schutzzwischenisolierung: Trockenrasierer, Schlagmühlen, Handbohrmaschinen, Rasenmäher

● verstärkte Isolierung. In diesem Fall ist die Betriebsisolierung zusätzlich von einer weiteren Isolierung umgeben (Zweistoffisoliersystem) oder um das Isoliervermögen der genannten zusätzlichen Isolierung verstärkt (Einstoffisoliersystem), so daß der Schutz gegen gefährliche elektrische Durchströmungen gewährleistet ist. Beispiele für die Anwendung der verstärkten Isolierung: Massagegeräte, Handleuchten.
Im Unterschied zur doppelten Isolierung sind bei der verstärkten Isolierung die Betriebs- und zusätzliche Isolierung nicht einzeln prüfbar.
Die S. ist eine sehr wirksame Schutzmaßnahme gegen gefährliche elektrische Durchströmungen, weil sie das Auftreten von → Berührungsspannungen an den der Berührung zugänglichen Teilen verhindert. Verbreitet wird die S. bei elektrischen Haushaltgeräten, Elektrowerkzeugen, Wohnraumleuchten und in der Unterhaltungselektronik (Radio-, Fernseh-, Tonbandgeräte, Plattenspieler) angewendet.
Schutzisolierte Geräte gehören der → Schutzklasse II an und werden mit dem Schutzisolierungszeichen □ (Doppelquadrat) gekennzeichnet. Ihre Körper haben keine Schutzleiteranschlußstelle, die Geräteanschlußleitungen sind ohne → Schutzleiter, und die Steckverbinder haben keine Schutzkontakte. – Anh.: 45 / *121, 123.*

Schutzklasse
Einteilung elektrischer Betriebsmittel und Geräte nach ihrem → Schutz vor indirektem Berühren in S. (→ Schutzmaßnahme).

Schutzklasse

S. I: Die Betriebsmittel haben eine mit dem Erdungszeichen gekennzeichnete Schutzleiterklemme, an die ein Schutzleiter anzuschließen ist, oder können über eine Schutzkontakt-Anschlußleitung mit einer Schutzkontakt-Steckdose verbunden werden.
S. II: Alle Betriebsmittel und Geräte, die die Forderungen der → Schutzisolierung erfüllen.
S. III: Alle Betriebsmittel die mit → Schutzkleinspannung betrieben werden.
Betriebsmittel, die keiner dieser Forderung genügen, werden mit Schutzklasse 0 gekennzeichnet (i. allg. Einbaugeräte). – Anh.: 45 / 121, 123, 124.

Schutzkleinspannung
Spannung, deren Nennwert 50 V Wechselspannung oder 120 V Gleichspannung (Welligkeit bis 10 %) nicht übersteigt.
Die Erzeugung der S. erfolgt nach gleichen Gesichtspunkten wie die der Sicherheitskleinspannung; i. allg. werden → Schutztransformatoren verwendet.
Die S. dient dem Schutz gegen gefährliche elektrische Durchströmungen bei indirektem Berühren (→ Schutzmaßnahme), z. B. beim Betrieb von Elektrohandwerkzeug und Handleuchten in engen Räumen mit leitendem Standort, Handnaßschleifmaschinen sowie Viehputzgeräten.
S.stromkreise dürfen nicht geerdet sein; ihre Isolationsspannung beträgt mindestens 250 V. Außerdem dürfen Stecker von Betriebsmitteln mit S. nicht in Steckdosen von Anlagen mit höherer Spannung passen. Geräte für S. gehören der → Schutzklasse III an und werden mit dem Symbol ⟨III⟩ gekennzeichnet. Ihre Körper haben keine Schutzleiteranschlußstelle, die Geräteanschlußleitungen sind ohne → Schutzleiter, und die Steckverbinder haben keine Schutzkontakte.
Die Prüfung der Wirksamkeit erfolgt wie die der → Schutztrennung. – Anh.: 45 / 121, 123.

Schutzleiter
Leiter, der zur Durchführung von → Schutzmaßnahmen gegen gefährliche elektrische Durchströmungen die Körper untereinander, mit Erdern (→ Schutzerdung), betriebsmäßig geerdeten Netzpunkten, z. B. dem Sternpunkt (→ Nullung), oder mit dem Auslösesystem eines Fehlerspannungs-Schutzschalters (→ Fehlerspannungs-Schutzschaltung) oder Fehlerstrom-Schutzschalters (→ Fehlerstrom-Schutzschaltung) verbindet oder verbinden darf. Im letzten Fall hält der S. seine Schutzfunktion gewissermaßen in Bereitschaft.
Der S. muß hauptsächlich folgende Bedingungen erfüllen:
- → Vorschriftsmäßiger Leiternennquerschnitt in Abhängigkeit von der jeweils angewendeten Schutzmaßnahme und den äußeren Einwirkungen. Erfolgt die Abschaltung der fehlerbehafteten Betriebsmittel durch Sicherungen oder andere Überstromschutzeinrichtungen, wie das z. B. bei der Nullung und Schutzerdung der Fall ist, so soll die Impedanz der Kurzschlußstrombahn und damit des S. möglichst klein sein.
- → Isolierung des S. entsprechend dem Isoliervermögen der aktiven Leiter bei Zusammenlegung der Leiter, z. B. Bündel- oder Rohrlegung.
- Grün-gelbe Kennzeichnung auf der gesamten Leiterlänge. Diese Kennzeichnung hat grundsätzlich durch den Leitungshersteller zu erfolgen. Grün-gelb gekennzeichnete Leitungen (Adern) dürfen nur als S., Erdungs- oder Potentialausgleichleitung, nicht jedoch als aktiver Leiter, verwendet werden.

Sind S. zusammen mit aktiven Leitern schaltbar, so müssen sich die Kontakte in der S.bahn vor (nach) denen der aktiven Leiter schließen (öffnen). Außerdem ist der S. an Anschlußstellen mit Zugentlastungen so lang auszuführen, daß er beim Versagen derselben erst nach den aktiven Leitern mechanisch beansprucht wird.
In Freileitungsnetzen und an Hausanschlüssen ist der S., bezogen auf das jeweilige System, unterhalb der aktiven Leiter oder neben denselben anzuordnen. Zusätzlich erfolgt die Kennzeichnung des S. durch einen in die Isolatorenstütze eingehängten, geschlossenen S-förmigen Haken.
Das alleinige Unterbrechen des S., z. B. mittels einpoliger Schalter, Steckverbinder oder Sicherungen, ist nicht zulässig.
Man unterscheidet künstliche und natürliche S. Letztere sind metallene Leiter, die nicht hauptsächlich als S. dienen, jedoch aufgrund ihrer hohen elektrischen Leitfähigkeit – auch

Schutzleiter

an den Verbindungsstellen – gleichzeitig als solche mit verwendet werden, z. B. metallene Rohrleitungen, Fahrschienen, Kabelpritschen, Baukonstruktionen sowie Mäntel und konzentrische Leiter von Kabeln. Durch den Ausbau einzelner Teile darf die durchgängig leitende Verbindung des natürlichen S. nicht unterbrochen werden. Metallmäntel von Leitungen (Rohrdraht), Spanndrähte und -seile zur Leitungsbefestigung sowie Tragorgane von Leitungen und Luftkabeln sind als S. unzulässig.

S. mit Neutralleiterfunktion werden auch als Nulleiter bezeichnet. Natürliche S. dürfen grundsätzlich nicht als Nulleiter verwendet werden.

Zur Kennzeichnung von Anschlußstellen dient das Schutzzeichen ⏚

Teile, kurz: Schutz gegen direktes Berühren genannt (Tafel)
● als Folge von → Körperschlüssen, kurz: Schutz bei indirektem Berühren genannt (Tafel)
oder zum Schutz von Sachwerten, z. B. vor Bränden und Explosionen.

Beim Schutz gegen direktes Berühren (grundlegender Schutz) unterscheidet man zwei Arten:
● Teilweiser Berührungsschutz; das sind alle Maßnahmen, die Menschen davor bewahren, zufällig (unbeabsichtigt) aktive Teile zu berühren, z. B. Schutzabsperrung (Schutz gegen zufälliges Berühren).
● Der teilweise Berührungsschutz ist nur zulässig, wenn der vollständige Berührungsschutz unzweckmäßig, z. B. der Funktion, Bedienung oder Wartung hinderlich ist. In

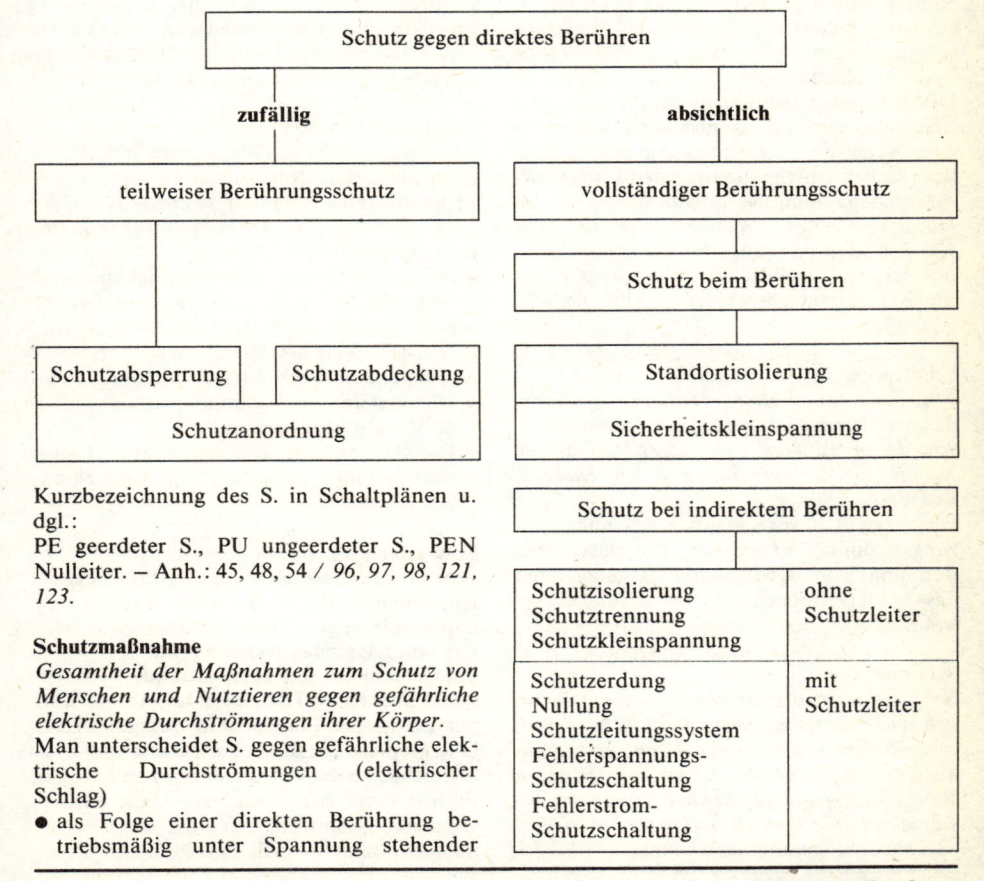

Schutz gegen direktes Berühren	
zufällig	**absichtlich**
teilweiser Berührungsschutz	vollständiger Berührungsschutz
	Schutz beim Berühren
Schutzabsperrung / Schutzabdeckung	Standortisolierung
Schutzanordnung	Sicherheitskleinspannung

Kurzbezeichnung des S. in Schaltplänen u. dgl.:
PE geerdeter S., PU ungeerdeter S., PEN Nulleiter. – Anh.: 45, 48, 54 / 96, 97, 98, 121, 123.

Schutzmaßnahme

Gesamtheit der Maßnahmen zum Schutz von Menschen und Nutztieren gegen gefährliche elektrische Durchströmungen ihrer Körper.

Man unterscheidet S. gegen gefährliche elektrische Durchströmungen (elektrischer Schlag)
● als Folge einer direkten Berührung betriebsmäßig unter Spannung stehender

Schutz bei indirektem Berühren	
Schutzisolierung Schutztrennung Schutzkleinspannung	ohne Schutzleiter
Schutzerdung Nullung Schutzleitungssystem Fehlerspannungs-Schutzschaltung Fehlerstrom-Schutzschaltung	mit Schutzleiter

Schutzmaßnahme

Schutzmaßnahme

diesem Fall dürfen die elektrotechnischen Anlagen lediglich fachkundigen oder unterwiesenen Personen zugänglich sein (z. B. Unterbringung in abgeschlossenen elektrotechnischen Betriebsräumen).
- Vollständiger Berührungsschutz; das sind alle Maßnahmen, die Menschen – sofern diese keine Hilfsmittel, z. B. Werkzeuge, verwenden – und Nutztiere daran hindern, absichtlich aktive Teile zu berühren, z. B. Schutzabdeckung, oder Menschen und Nutztiere bei zulässiger Berührung aktiver Teile vor gefährlichen elektrischen Durchströmungen ihrer Körper bewahren, z. B. Sicherheitskleinspannung (Schutz beim Berühren).

Auf den Schutz gegen direktes Berühren darf verzichtet werden, wenn dieser aus Funktionsgründen nicht möglich ist, z. B. für Schweißstromkreise, Teile von elektromedizinischen Geräten, Prüffelder und Elektrofischereianlagen. In diesem Fall gelten strenge Verhaltensforderungen.

Der Schutz bei indirektem Berühren (zusätzlicher Schutz ist grundsätzlich anzuwenden, wenn die Nennspannung der elektrotechnischen Anlage die höchstzulässigen Berührungsspannungswerte (für Menschen im Normalfall 50 V Wechselspannung oder 120 V Gleichspannung, für Nutztiere 24 V) überschreitet. S. dürfen nicht umgangen oder unwirksam gemacht werden. – Anh.: 45, 48 / 121, 122, 123.

Schutzpegel
Maß zur Kennzeichnung der Größe von Spannungen, Stromstärken oder Leistungen in verschiedenen Punkten einer elektrotechnischen Anlage zur Gewährleistung deren Funktion und Betriebsfähigkeit.
Der S. wird bevorzugt als → Nennbegrenzungsspannung angegeben, die durch Anwendung von Überspannungsschutzgeräten das Isoliervermögen der Betriebsmittel gewährleistet.

Schutzschalter
Schloßschalter, der für den Schutz von Personen und Nutztieren gegen gefährliche elektrische Durchströmungen sowie von elektrotechnischen Betriebsmitteln und Sachwerten gegen Beschädigung infolge zu hoher Erwärmung bestimmt ist und beim Überschreiten der Grenzparameter selbsttätig ausschaltet.

Man unterscheidet hauptsächlich zwischen → Fehlerstrom-S., Fehlerspannungs-S., Leistungss. → Motors. und Stationss. Letztere trennen Ortsnetzstationen von der Speiseleitung, sobald ein → Kurzschluß zwischen dem Nulleiter und einem Außenleiter auftritt.

Schützschaltung
Steuerschaltung zum Schalten elektrischer Betriebsmittel mit → Schaltschützen.
S. ermöglichen das Ein- und Ausschalten von Betriebsmitteln mittels elektrischer Energie. Durch Hilfskontakte und entsprechende Leitungsverbindungen im Steuerstromkreis lassen sich S. der jeweiligen Schaltaufgabe anpassen. Einfache S. sind der → Tipbetrieb und die → Selbsthalteschaltung. Umfangreicher im Aufwand sind → Abhängigkeitsschaltungen. Vorteilhaft werden S. zum Fernschalten und zur Fernanzeige verwendet. Das Betätigen eines Betriebsmittels von mehreren Schaltstellen aus ist möglich.

Schutztransformator
Volltransformator kleiner Leistung zum Erzeugen einer Schutzkleinspannung.
Standardisierte Spannungswerte sind 42 V, 24 V, 12 V und 6 V. Der S. muß folgende Bedingungen erfüllen:
- Zwischen Primär-, Sekundärwicklung und berührbaren Metallteilen (Körper des S.) darf keine leitende Verbindung bestehen. Das gilt auch bei Drahtbruch oder Isolationsfehlern innerhalb der Wicklung.
- Die sekundäre Leerlaufspannung darf 50 V nicht übersteigen.
- Die Abweichung der sekundären Klemmenspannung darf nur ±5 % vom Nennwert betragen.

Schutztrennung
Schutzmaßnahme gegen gefährliche elektrische Durchströmung. Die Schutzwirkung wird durch galvanische Trennung des Betriebsmittels vom speisenden Netz erreicht.
Bei der S. wird das zu schützende Betriebsmittel über einen Transformator (Trenntrafo) mit getrennter Primär- und Sekundärwicklung gespeist. Da der Sekundärkreis des Trafos nicht geerdet werden darf, kann sich bei Eintritt eines Körperschlusses kein Fehlerstromkreis ausbilden. Erst ein zweiter Fehler im Sekundärkreis, z. B. Erdschluß eines Lei-

Schutztrennung

ters durch mechanische Beschädigung, zieht eine Gefährdung nach sich. Um Erdverbindungen durch andere fehlerhafte Betriebsmittel auszuschließen, darf an einer Sekundärwicklung immer nur ein Gerät betrieben werden. Darüber hinaus wird empfohlen, das metallische Gehäuse von Betriebsmitteln in geeigneter Weise mit eventuell vorhandenen metallischen Standorten zu verbinden (Schaltgerüst, Schiffsrumpf). – Anh.: 45 / 121, 123.

Schweißgenerator
→ Gleichstrom-Doppelschlußgenerator

Schweißtransformator
Sondertransformator, der der Lichtbogencharakteristik angepaßt ist. Mit fallender Spannung und Lichtbogenlänge wächst die Stromstärke.
In der Schweißstromwicklung (Sekundärwicklung) wird eine Leerlaufspannung von etwa 60 bis 80 V induziert, die auf die Arbeitsspannung von z. B. 15 V bei einem Schweißstrom bis 100 A oder 35 V bei einem Schweißstrom bis 500 A abfällt.
S. werden mit großer induktiver Streuung gebaut. Die Einstellung des Schweißstroms wird durch Anzapfungen, durch Verändern der Lage der Wicklungen zueinander oder durch Vertauschen von stärker induzierten Spulenteilen gegen schwächer induzierte Spulenteile erreicht. – Anh.: 71, 72 / –

Schwingkreis
Reihenschaltung oder Parallelschaltung von Grundelementen des Wechselstromkreises, bei denen die Blindenergie (→ Blindleistung) zwischen dem elektromagnetischen Feld der Spule und dem elektrostatischen Feld des Kondensators ständig hin- und herpendelt, wenn von außen Ernergie zugeführt wurde.
Die Schaltungen sind L-C-S., in denen bei → Resonanz große Amplituden von Spannung oder Strom auftreten.

Schwungmasse
1. In einem → Schwungrad enthaltene Masse.
2. Angenommene Zusammenfassung der in einem Antriebssystem enthaltenen Masse, die das Trägheitsmoment des Systems ausmacht. Alle anderen Teile des Systems werden als trägheitsfrei angesehen.

Schwungmoment
→ Beschleunigungsmoment

Schwungrad
Meist Metallrad (Gußstahl) mit Speichen und schwerem Radkranz, das, auf Betriebsdrehzahl gebracht, als mechanischer Energiespeicher dient.
Das S. fängt bei winkelabhängigen Widerstandsmomenten (Pressen) Laststöße ab und bewirkt bei Gestängeantrieben einen gleichmäßigen Gang.

Scott-Schaltung
Sonderschaltung von Transformatoren zum Umformen von Dreiphasenwechselspannung in Zweiphasenwechselspannung.
Die S. erfordert im Unterschied zur Kübler-Schaltung, die mit Hilfe eines Drehstrom-Transformators arbeitet, zwei Einphasentransformatoren. Die Primärwicklungen der beiden Transformatoren A und B (Bild) sind mit dem Drehstromnetz so verbunden, daß die Enden U, V und W zum Netz führen, während das Ende Z der Primärwicklung des Transformators A mit der Mittenanzapfung des Transformators B verbunden ist. Die Enden der Sekundärwicklungen beider Transformatoren u, x und v, y liegen am unverketteten Zweiphasennetz.

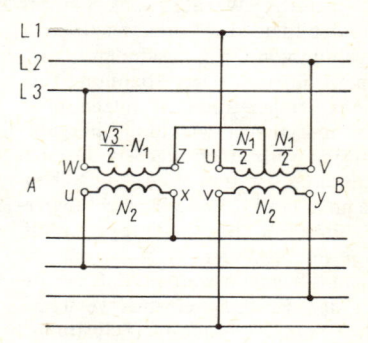

Scott-Schaltung

Werden die im Bild angegebenen Windungszahlen eingehalten, sind bei einer Phasenverschiebung der Primärspannungen von 120° die beiden Sekundärspannungen um 90° gegenseitig verschoben.

Sechsbürstensatz
→ Drehstrom-Reihenschlußmotor

Sechsbürstensatz

Sekundärwicklung

Sekundärwicklung
→ *Transformatorenwicklung, die elektrische Energie an Verbraucher abgibt.*
Die S. wirkt als Spannungsquelle. Sie ist → Oberspannungswicklung, wenn der Transformator die Spannung herauftransformiert, oder → Unterspannungswicklung, wenn er die Spannung heruntertransformiert.
Alle konstruktiven, elektrischen und magnetischen Größen erhalten im Formelzeichen den Index 2, z. B. sekundäre Windungszahl N_2, Sekundärspannung U_2, sekundäre Durchflutung Θ_2.

Selbsterregung
Form der → elektromagnetischen Erregung, bei der der Gleichstromgenerator selbst die erforderliche elektrische Energie zum Aufbau des Erregerfelds liefert.
Die Erregerleistung beträgt nur 2 bis 5 % der Maschinenleistung. Grundlage der S. ist der Restmagnetismus im Eisen der Hauptpole, durch den im rotierenden Läufer eine kleine Spannung induziert wird. Wird diese Läuferspannung an die Erregerwicklung angelegt, verstärkt der kleine Erregerstrom den Restmagnetismus. Das Feld, die Läuferspannung und der Erregerstrom erhöhen sich gegenseitig bis zur Sättigung des Eisens. Diese Wechselwirkung (dynamoelektrisches Prinzip) wurde 1866 durch Werner *von Siemens* entdeckt und bildete die Voraussetzung für die Entwicklung von Großmaschinen.
Um die im Läufer induzierte Spannung zum Antrieb eines Erregerstroms zu nutzen, müssen Läufer- und Erregerwicklung über Bürsten galvanisch verbunden werden. Je nach Schaltverbindung ist zwischen → Nebenschlußerregung und → Reihenschlußerregung, im Sonderfall auch → Doppelschlußerregung zu unterscheiden.
Bei der S. muß beachtet werden, daß der Erregerstrom den Restmagnetismus verstärkt. Bei falscher Schaltverbindung (Selbstmordschaltung) zwischen Läufer- und Erregerwicklung hebt sich der Restmagnetismus auf. Der entregte Generator kann keine Spannung erzeugen. Er muß fremderregt (→ Fremderregung) werden.

Selbsthalteschaltung
Bei → Schützschaltungen und in der Steuerungstechnik angewandte Schaltungsvariante, die den Einschaltzustand des → Schaltschützes nach Wegfall des Schaltimpulses aufrechterhält (Bild).
Bei einer S. wird ein vom einzuschaltenden Schaltgerät (Schaltschütz) betätigter Schließerkontakt zum Ein-Taster (Schließer) parallelgeschaltet. Im eingeschalteten Zustand des Schaltgeräts hält dieser Schließer des Schaltschützes den Stromfluß zur Schützspule aufrecht, wenn der Ein-Taster nicht mehr betätigt wird.

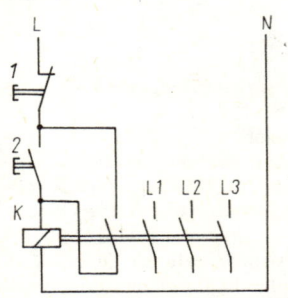

Selbsthalteschaltung. *1* Öffner (Aus-Taster); *2* Schließer (Ein-Taster); K Schaltschütz mit Schützspule, Hilfskontakt (Schließer) und Lastkontakten

Das Ausschalten erfolgt durch einen mit beiden parallelen Schließern in Reihe geschalteten Öffner (Aus-Taster). Er unterbricht den Stromfluß zur Schützspule, so daß die geschlossenen Kontakte öffnen. Dadurch wird auch der Selbsthalte-Stromkreis unterbrochen, und das Schütz bleibt ausgeschaltet.

Selbstinduktion
Sonderform der → Ruheinduktion, bei der der sich ändernde Magnetfluß in dem eigenen Leiter (Spule) eine Spannung induziert.
Die von einem sich ändernden Strom durchflossene Spule erzeugt nach dem Durchflutungsgesetz eine sich ändernde Durchflutung, somit einen sich ändernden Magnetfluß, der nach dem Induktionsgesetz in den eigenen Windungen der Spule eine Spannung induziert. Diese Spannung ist nach dem Lenzschen Gesetz der angelegten Spannung entgegengerichtet. Die sog. S.spannung wirkt also stromhemmend. Ihr Betrag ist von der Induktivität L der Spule und der Geschwindigkeit der Stromänderung $\frac{\Delta I}{\Delta t}$ abhängig.

$$U_i = L \cdot \frac{\Delta I}{\Delta t}.$$

Selbstkühlung

Selbstkühlung
Kühlart der Transformatoren.
Kühlmittel wie Luft oder Öl führen durch Dichteänderung an den warmen Wicklungen und am Eisenkern eine natürliche Bewegung aus und übertragen dadurch die Verlustwärme an die Umgebung.

Selbstmordschaltung
→ Selbsterregung

Senkbremsung
Bremsung, die bei durchziehenden Lasten (→ Last, durchziehende) angewendet werden muß.
Besonders → Bremsschaltungen verhindern, daß die Drehzahl über ein zulässiges Maß steigt, oder erzwingen ein Fahren mit verminderter Geschwindigkeit.

Servomotor
Elektromotor, der im Antrieb Hilfsfunktionen erfüllen muß.
Je nach Funktion und Leistung werden Gleichstrom-, Wechselstrom- und auch Drehstrommotoren unterschiedlicher Bauart eingesetzt. S. übernehmen u. a. Stellfunktionen an Arbeitsmaschinen, an Stelltransformatoren oder in Aufzügen.

Sheffer-Glied
→ NAND-Glied

Siemens
Einheit des → Leitwerts.
Kurzzeichen S
Der Leitwert zwischen zwei Punkten eines homogenen Leiters beträgt 1 S, wenn zwischen diesen Punkten ein Strom der Stärke von 1 A fließt und über den Punkten ein Spannungsabfall von 1 V entsteht. Die Einheit wurde nach dem deutschen Ingenieur Werner *von Siemens* (1816–1892) benannt. – Anh.: – / *75, 101.*

Sollwertgeber
Bauteil der Regelungstechnik, das eine dem Sollwert der Regelgröße entsprechende Größe in die Regelung gibt.
S. werden je nach Regelaufgabe von außen auf eine bestimmte Größe eingestellt, mit der der von einem → Meßglied aufgenommene Istwert einer Regelung verglichen wird. Bei Abweichungen vom Sollwert greift die Regelung ein. Der S. muß nicht mit dem gleichen Informationsträger arbeiten wie die Regelgröße. So können z. B. Drehzahlen durch einen S. mit Spannungen nachgebildet werden. S. gehören wie Meßeinrichtungen und Speicher zu den Führungsgrößengebern. – Anh.: *42 / 103.*

Sonderreihe
→ Hauptreihe

Spaltpolmotor
Sonderform des → Einphasen-Asynchronmotors, dessen → Blechpaketständer zwei oder vier gespaltene Pole hat und in dessen → Blechpaketläufer eine → Käfigwicklung angeordnet ist.
Das elliptische Drehfeld wird durch eine konzentrische Hauptwicklung und eine kurzgeschlossene Hilfswicklung gebildet. S. sind einfach aufgebaut, betriebssicher und wartungsarm, haben aber einen nur geringen Wirkungsgrad von etwa 15 bis 20 %. Sie werden bis zu einer Leistung von etwa 100 Watt hergestellt und z. B. in Phonogeräte, Lüfter und Haushaltgeräte eingebaut. – Anh.: *20, 67 / 8, 19, 23.*

Spannband
→ Preßkonstruktion

Spannung
1. Antriebserscheinung auf Ladungsträger.
2. Physikalische Größe zur Kennzeichnung des notwendigen Energieaustausches bei der Bewegung einer Ladungsmenge zwischen zwei Punkten.
Formelzeichen U
Einheit V (→ Volt)
$$U = \frac{\Delta W}{Q},$$
W Energie; Q Ladungsmenge.

Spannungsabfall
Die auf die Ladungsmenge bezogene Energieabgabe zwischen zwei Punkten eines Stromkreises.
Ursache ist der elektrische Strom. Der S. ist in Bewegungsrichtung positiver Ladungen als positiv festgelegt, d. h., die Stromrichtung bestimmt die Richtung des S.

Spannungsänderung
· *Betriebsgröße eines Transformators, die das*

Spannungsänderung

Spannungsverhalten bei Belastung kennzeichnet.
S. ist die auf die sekundäre Klemmenspannung bezogene Spannungserhöhung oder -verringerung, wenn der mit Nennstrom belastete Transformator bei konstanter Primärspannung entlastet wird.

Spannungsfehler
Übersetzungsfehler eines → Spannungswandlers.
Formelzeichen F_u
$$F_u = \frac{K_n \cdot U_s - U_p}{U_p} \cdot 100\ \%,$$
K_n Nennübersetzung; U_s Sekundärspannung; U_p Primärspannung.
Der S. ist die prozentuale Abweichung der mit der Nennübersetzung multiplizierten Sekundärspannung von der Primärspannung. Durch innere Spannungsabfälle ist die Sekundärspannung nicht exakt proportional der Primärspannung.
Die Nennübersetzung ist das Verhältnis der primären zur sekundären Nennspannung; sie wird als ungekürzter Bruch angegeben. – Anh.: 65 / 49, 50, 51, 53.

Spannungsrückgangsschutz
Elektromagnetischer Auslöser, der bei Ausfall oder Absinken der Spannung unter einen eingestellten Wert die Anlage abschaltet.
S. wird dort angewendet, wo durch Wiederkehr der Spannung Schäden entstehen können, z. B. bei Arbeitsmaschinen, oder wo durch das gleichzeitige Einschalten mehrerer Verbraucher zu hohe Überströme fließen würden. Im einfachsten Fall werden → Schaltschütze als S. verwendet. Bei Niederspannungs-Leistungsschaltern löst der Anker eines Elektromagneten das Schaltschloß aus, wenn die Spannung absinkt.

Spannungsteiler
→ Reihenschaltung

Spannungsteilungsgesetz
Gesetzmäßigkeit in der → Reihenschaltung von Widerständen.
Die Teilspannungen verhalten sich direkt proportional zu den Widerständen:
$U_1 : U_2 = R_1 : R_2$.
Über dem größten Widerstand entsteht der größte Spannungsabfall.

Spannungsübersetzung
Mathematische Beziehung eines Transformators zur Kennzeichnung der Abhängigkeit der Spannungen von den Windungszahlen der Wicklungen.
Nach der Transformatorengleichung kann abgeleitet werden, daß die in der Primärwicklung induzierte Selbstinduktionsspannung U_{12} und die in der Sekundärwicklung induzierte Spannung U_{21} sich wie die entsprechenden Windungszahlen N_1 und N_2 verhalten: $U_{12} : U_{21} = N_1 : N_2$. Mit hinreichender Genauigkeit können für den Betriebszustand Leerlauf die Klemmenspannungen U_1 und U_2 verwendet werden: $U_1 : U_2 = N_1 : N_2$. Die Windungszahl der Oberspannungswicklung ist somit immer größer als die der Unterspannungswicklung.

Spannungswandler
Meßwandler, bei dem die Sekundärspannung der Primärspannung im Meßbereich nahezu proportional und phasengetreu ist.
Der S. transformiert Wechselspannungen meist über 500 V auf eine Meßspannung (Sekundärspannung) von 100 V herab.
Der Aufbau des S. entspricht dem eines Einphasen- oder in Sonderfällen auch Drehstrom-Volltransformators. Die äußere Form wird durch die Größe der Oberspannung bzw. der Isolationsspannung und dem Aufstellungsort (Innenraum- oder Freiluftaufstellung) bestimmt. Durch die geringe Leistung (10 bis 300 VA) des S. entstehen keine Erwärmungsprobleme, so daß ölarme und öllose Ausführungen mit geringem Gewicht und leichter Einbaumöglichkeit zur Innenraumaufstellung gebräuchlich sind. Im Unterschied dazu erreichen Stützerspannungswandler von 380 kV wegen der Freiluftausführung eine Gesamthöhe bis zu drei Metern und eine Gesamtmasse mit Ölfüllung bis etwa 2 000 kg. Um die bei der Transformierung entstehenden inneren Spannungsabfälle möglichst klein zu halten, muß der S. im Leerlaufgebiet betrieben werden. Meßgerät und Relais müssen deshalb eine möglichst hochohmige Belastung sein. Abweichungen von den Nennübersetzungen werden in den → Genauigkeitsklassen erfaßt. – Anh.: 65 / 49, 50, 51, 52, 53.

Spannungswandler, einpolig isolierter
→ *Meßwandler, dessen Primärwicklung zwi-*

Spannungswandler

schen einem *Außenleiter und Erde angeschlossen ist (Bild).*
Der e. i. S. ist entsprechend seiner Isolationsspannung einseitig isoliert. Das betriebsmäßig geerdete Wicklungsende wird mit geringer Isolation herausgeführt. Ab einer Isolationsspannung von 60 kV werden nur noch e. i. S. verwendet.

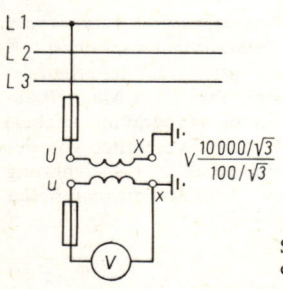

Spannungswandler, einpolig isolierter

Spannungswandler, zweipolig isolierter
→ *Meßwandler, dessen Primärwicklung an beiden Enden seiner Isolationsspannung entsprechend voll isoliert ist (Bild).*
In Betrieb ist er an zwei Außenleitern des Netzes angeschlossen.

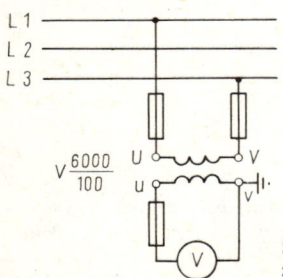

Spannungswandler, zweipolig isolierter

Spannungszeigermethode
Verfahren zur → *Schaltgruppenprüfung von Drehstromtransformatoren.*
Bei der S. wird eine Oberspannungsklemme mit einer Unterspannungsklemme verbunden, z. B. Klemme U mit u, oder N mit u, oder U mit n. Oberspannungsseitig wird eine Dreiphasenwechselspannung mit dem Betrag U_1 angelegt, die meist kleiner als die Nennspannung ist. Außer der Sekundärspannung U_2 werden die Spannungen zwischen den Oberspannungs- und Unterspannungsklemmen V – v, W – w, V – w, W – v usw. gemessen. Mit Hilfe der Meßwerte kann entweder das Zeigerbild konstruiert oder ein Vergleich mit bekannten Spannungsgleichungen vorgenommen werden, die aus Zeigerbildern abgeleitet sind.

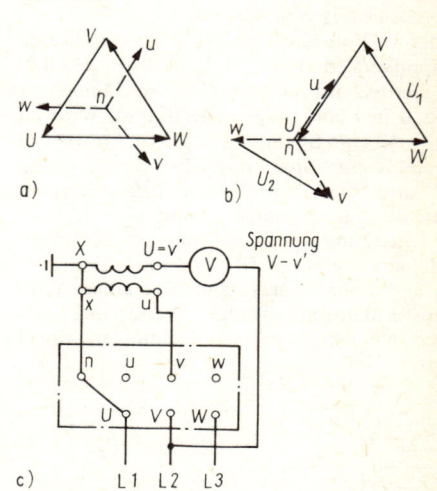

Spannungszeigermethode

Bild a zeigt das Zeigerbild eines Transformators der Schaltgruppe Dy5. Werden die Klemmen U und n verbunden (sie haben gleiches Potential), verschieben sich die Unterspannungszeiger parallel (Bild b). Mit Hilfe der o. g. Meßwerte ist das Bild maßstabsgerecht zu konstruieren. Der Phasenwinkel zwischen Oberspannung U_1 und Unterspannung U_2 ist ablesbar. Gleichzeitig können folgende Spannungsgleichungen ermittelt werden:
Spannung zwischen den Klemmen
W und w = $U_1 + \dfrac{U_2}{\sqrt{3}}$ und

V und u = $U_1 - \dfrac{U_2}{\sqrt{3}}$.

Die Kenntnis der Spannungsgleichungen der entsprechenden Schaltgruppen erübrigt· das Konstruieren der Zeigerbilder.
Bei Transformatoren mit großem Übersetzungsverhältnis sind die Unterspannungszeiger im Vergleich zu den Oberspannungszeigern sehr klein. Die zwischen den Klemmen V und v oder W und w gemessenen Spannungen sind dann sehr ungenau. Die Genauigkeit wird erhöht, wenn durch einen einpolig isolierten Spannungswandler eine Spannungserhöhung (Schaltung nach Bild c) vorgenommen wird.

Spartransformator

Spartransformator
Sondertransformator, bei dem die Oberspannungswicklung galvanisch mit der Unterspannungswicklung verbunden ist.
Jeder → Volltransformator kann durch eine einpolige Verbindung (Bild a) als S. geschaltet werden. Dadurch sind die Wicklungen A und B in Reihe geschaltet (Bild b). Wird an A1 – A2 eine Spannung angelegt, entsteht in Spule B eine Spannung. Zwischen B1 und A2 kann die Sekundärspannung abgenommen werden. Primärspannung $U_1 = U_A$; unter Beachtung des Wickelsinns ist die Sekundärspannung $U_2 = U_A + U_B$. Bei einem S. werden deshalb im Vergleich zu einem Volltransformator mit gleicher Übersetzung (gleichen Nennspannungen) Windungen eingespart.

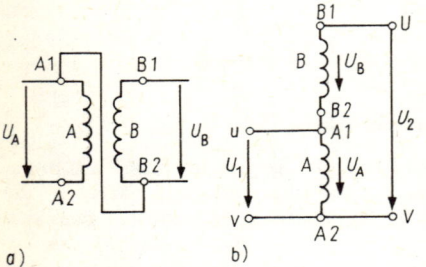

a) b)
Spartransformator

Wegen der galvanischen Verbindung zwischen Primär- und Sekundärseite wird ein Teil der Leistung direkt, der andere, wie bei einem Volltransformator, induktiv übertragen. Da Wicklungen und Eisenkern nur für die induktiv zu übertragende Leistung (→ Eigenleistung) auszulegen sind, kann vom S. eine größere Leistung (→ Durchgangsleistung) übertragen werden.
In einem S. kann auch die Transformierungsrichtung geändert werden, d. h., an die Klemmen U – V wird die Primärspannung angelegt, die zur kleineren Sekundärspannung heruntertransformiert wird. Der S. wirkt als induktiver Spannungsteiler.
Auch Drehstromtransformatoren können als S. (→ Drehstroms.) geschaltet werden.
Dem Vorteil – Einsparen von Kern- und Wicklungswerkstoff – stehen einem S. entscheidende Nachteile gegenüber. Deshalb kann er nicht durchgängig eingesetzt werden.
Bei Leiterunterbrechung kann die Oberspannung in die Unterspannungsseite übertreten.

S. dürfen deshalb nicht zur Erzeugung von → Schutzkleinspannungen verwendet werden. Im Kurzschluß vergrößert sich der Kurzschlußstrom im Verhältnis der sekundären Spannungserhöhung. S. können kurzschlußfest kaum gebaut werden. – Anh.: 12, 68 / 72, 83, 125.

Speicherglied
Bauteil der Regelungstechnik, das kurz- oder langfristig binäre Informationen speichert.
S. können Relais oder Halbleiterbauelemente (Schaltkreise), aber auch Magnetbänder und Lochstreifen (Programmspeicher) sein. Ihre Auswahl hängt wesentlich von der Zugriffsgeschwindigkeit ab. Zur Speicherung von Informationen ist immer ein materieller Träger notwendig. – Anh.: 42 / 103.

Sprungantwort
Zeitabhängiger Verlauf des Ausgangssignals eines Übertragungsglieds bei sprungförmiger Änderung des Eingangssignals (→ Testsignal).
Die S. ergibt das → dynamische Verhalten des Glieds in der grafischen Darstellung. – Anh.: 42 / 103.

Sprungsignal
→ Testsignal

Spule
→ Wicklungselement

Spule, gesehnte
→ *Wicklungselement, bei der die → Spulenweite kleiner oder größer ist als die → Polteilung.*
Oft wird eine Nutschrittverkürzung (→ Nutschritt), seltener eine Nutschrittverlängerung angewendet (Bild).
Die g. S. wird angewendet, wenn das Nut-

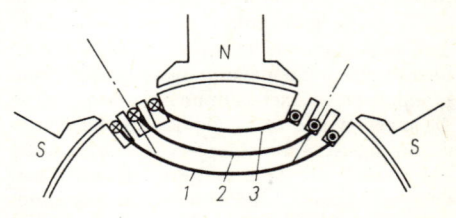

Spule, gesehnte. *1* Sehnung größer als die Polteilung; *2* ungesehnte Spule – Polteilung; *3* Sehnung kleiner als die Polteilung

Spule, gesehnte

Polzahl-Verhältnis keine ungesehnte Spulenaufteilung ermöglicht, sich wickeltechnologische Vorteile ergeben oder wenn besondere Anforderungen an die elektrischen Maschinen gestellt werden (z. B. Anlauf- und Betriebsverhalten, Polumschaltung).

Spule, ungesehnte
→ *Wicklungselement, deren* → *Spulenweite der* → *Polteilung entspricht (Bild).*

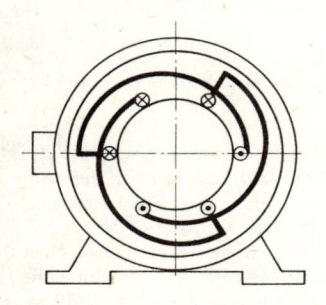

Spule, ungesehne

Spulenauge
→ Zweischichtwicklung

Spulenkopf
→ Wicklungselement

Spulenseite
→ Wicklungselement

Spulenseitenanordnung
Anordnung der geraden Spulenseiten in einer Wicklungsschicht und einer Nut (→ Zweischichtwicklung) einer → Kommutatorläuferwicklung.
Je nach der Konstruktion der Kommutatorläufer kommen bis ungefähr sechs Spulenseiten nebeneinander in einer Wicklungsschicht vor.

Spulenweite
Abstand zusammengehörender gerader Spulenseiten als Wicklungselement.
Formelzeichen ω
Einheit mm, cm
Die S. ist von der → Polteilung und der Wicklung (→ Kommutatorläuferwicklung, → Wechselstromwicklung) abhängig. Sie ist Grundlage für die Spulenmaßfestlegung (→ Nutschritt) (Bild).

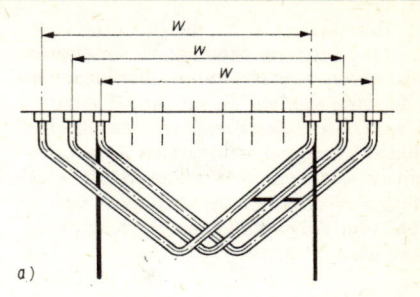

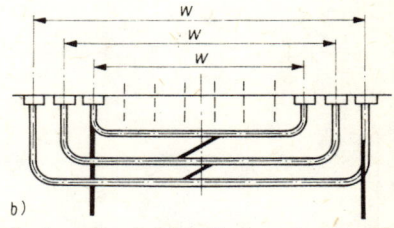

Spulenweite. a) gleiche Spulenweite; b) ungleiche Spulenweite

Spulenwicklung
→ *Wicklung, deren Spulenseiten (→ Wicklungselemente) aus einem Leiter oder aus mehreren isolierten Leitern bestehen.*
Der Leiterquerschnitt ist rund oder rechteckig. Die Spulen oder Spulengruppen werden entsprechend den elektromagnetischen Erfordernissen (→ Feldlinienverlauf) zu Wechselstromwicklungen, → Kommutatorläuferwicklungen oder → Gleichstrom-Polwicklungen zusammengeschaltet.

Stabisolation
Isolierstoffe, die auf der Oberfläche der stabförmigen → Wicklungselemente bzw. Spulen aufgebracht werden.
Leiter können lackiert, umsponnen, umbandelt, umflochten oder umpreßt sein. Als Hüllstoffe werden Polyesterlacke, Kunstseide, Seide, Glasseide, Baumwolle, Asbest und Mikafolium verarbeitet. Die Art des Isolierstoffs wird von den elektrischen, mechanischen und thermischen Beanspruchungen, denen die elektrischen Maschinen ausgesetzt sind, bestimmt. – Anh.: 35, 36, 56, 57, 59, 61, 62 / *107, 108, 109.*

Stabwicklung
→ *Wicklung, deren Spulenseiten (→ Wicklungselemente) aus nur einem Leiter bestehen.*

Stabwicklung

Stabwicklung

Als Leitermaterial wird meist Flachkupfer eingesetzt. Mit zunehmendem Leiterquerschnitt treten Bearbeitungsschwierigkeiten auf; deshalb wird die S. hier aus Teilleitern aufgebaut. Auch das Parallelschalten mehrerer Flachstäbe zum geforderten Leiterquerschnitt ist z. B. in → Kommutatorläuferwicklungen, → Wechselstromwicklungen und → Gleichstrom-Polwicklungen (Kompensationswicklung) üblich.

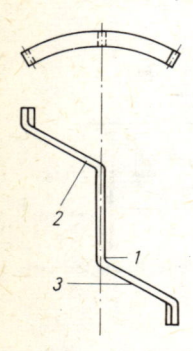

Stabwicklung.
1 Wicklungselement;
2 hintere Stirnverbindung;
3 vordere Stirnverbindung

Stammwicklung

Bezeichnung eines Wicklungsteils des → Spartransformators. Sie ist Teil des Primär- und des Sekundärkreises.
Die S. wird von der Differenz aus Primär- und Sekundärstrom durchflossen (Bild). Nach diesem Differenzstrom ist der Drahtquerschnitt zu bemessen. Ihre Windungszahl wird nach der Unterspannung bestimmt.

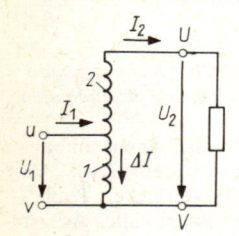

Stammwicklung.
1 Stammwicklung;
2 Zusatzwicklung

Ständer-Anlaßwiderstand

Der Ständerwicklung vorgeschalteter Widerstand zum Anlassen kleinerer → Käfigläufermotoren.
Ein Herabsetzen der Ständerspannung bewirkt ein Verringern des Anlaufstroms, aber auch des Anlaufmoments. S. werden dreiphasig (symmetrisch) oder einphasig (unsymmetrisch) vorgeschaltet (Bilder a und b).
Durch den einphasig vorgeschalteten ohm-

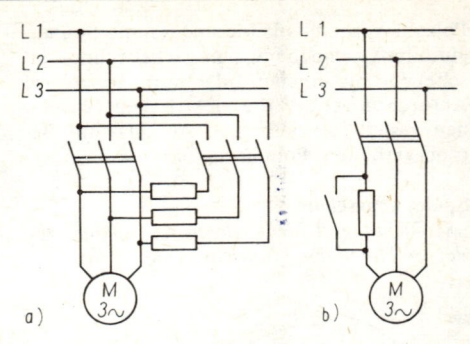

Ständer-Anlaßwiderstand. a) dreiphasig; b) einphasig

schen oder induktiven Widerstand läuft der Kurzschlußläufer sanft an, wobei der Anlaufstrom aber nur in dem einen Leiter vermindert wird. Je nach Größe des Vorwiderstands kann das Anlaufmoment zwischen Null und einem Maximalwert liegen. Die Kusa-Schaltung (*K*urzschlußläufer-*Sa*nftanlauf) wird dort angewendet, wo mechanische Bauteile (z. B. Zahnräder) beim Anfahren nicht überlastet werden dürfen. – Anh.: – / 128.

Ständererdschlußschutz
→ Generatorschutz

Standortisolierung

Schutzmaßnahme gegen gefährliche elektrische Durchströmung infolge Körperschlusses.
Die Schutzwirkung ergibt sich aus dem isolierten Standort, der ein Schließen des Fehlerstromkreises verhindert, weil der Rückfluß des Stroms durch das Erdreich nicht möglich ist. Die S. wird kaum noch angewendet. – Anh.: 45 / 121, 122.

statische Kennlinie
→ statisches Verhalten

statisches Verhalten

Begriff der Steuerungstechnik, der für den eingeschwungenen Zustand eines Übertragungsglieds das zahlenmäßige Verhalten von Ausgangssignal und Eingangssignal angibt. Das s. V. wird in statischen Kennlinien dargestellt.
Abhängig von der Art des Glieds ergeben sich ein lineares oder ein nichtlineares s. V.

Bei Übertragungsgliedern mit mehreren Parametern, z. B. unterschiedlichen Basisströmen bei Transistoren, ergeben sich Kennlinienfelder. – Anh.: 42 / 103.

Stegspannung
→ *Spannung, die zwischen zwei benachbarten Kommutatorlamellen einer Kommutatorläufermaschine auftritt (→ Kommutator).*
Die S. darf wegen der Gefahr des → Bürstenrundfeuers, abhängig von der Größe der Kommutatorläufermaschine, etwa 15 ... 25 Volt nicht überschreiten. Der mögliche Höchstwert der S. hängt auch davon ab, ob die Maschine kompensiert ist oder nicht.

Stehlager
→ Lagerträger

Stehspannung
Scheitelwert einer Spannungswelle von gegebenem zeitlichem Verlauf, dem eine Isolierung ohne Durch- oder Überschlag gerade noch standzuhalten vermag.

Stelleinrichtung
Bauglieder der Steuer- und Regelungstechnik zum Verändern des Energie- oder Massestroms in der → Regelstrecke (→ Steuerstrecke).
Die S. kann entweder die → Stellgröße, also die Hilfsenergie, oder die Regelgröße selbst beeinflussen. In der Hydraulik und Pneumatik werden Ventile, Klappen und Schieber verwendet. In der Elektrotechnik verwendete S. sind Stelltransformatoren und -widerstände oder elektronische S. Zu den S. der Starkstromtechnik gehören → Anlasser für Motoren und → Steller für Generatoren. Angetrieben werden S. durch Signale der Steuer- bzw. Regeltechnik oder manuell. – Anh.: 42 / 103.

Steller
→ *Widerstandsgeräte, die überwiegend bei Gleichstrommaschinen das Verändern der Stromstärke ermöglichen.*
Bei Generatoren werden S. zum Einstellen des Erregerstroms und somit zur Änderung der Klemmenspannung, bei Motoren zum Verändern der Drehzahl verwendet. S. werden in den Ankerkreis geschaltet, wenn Drehzahlen im Bereich unterhalb der Nenndrehzahl eingestellt werden sollen (Verringerung des Ankerstroms → Anlasser). Oberhalb der Nenndrehzahl werden Felds. verwendet, die das Erregerfeld schwächen und so eine Drehzahlerhöhung bewirken. S., außer Felds., unterscheiden sich von Anlassern durch größere Abmessungen. Als Sonderform gibt es Stellanlasser, die sowohl zum Anlassen als auch zum Drehzahlstellen verwendet werden können.

Stellgröße
Größe und Art der Hilfsenergie in Steuer- und Regelungsanlagen, die über → Stelleinrichtungen die Ausgangsgröße beeinflußt.
In elektrischen und elektronischen Anlagen dient der elektrische Strom entweder in den Zuständen Ein-Aus oder in wechselnder Stärke als S. Andere S. sind Dampf für Turbinen sowie hydraulische und pneumatische Medien. Die Stellenergie (Steuerenergie) muß dem Leistungsbedarf der Stelleinrichtung gerecht werden und auch bei Betriebsstörungen voll oder mindestens für ein Notprogramm in genügender Menge zur Verfügung stehen. – Anh.: 42 / 103.

Stelltransformator
Ortsfester oder ortsveränderlicher Sondertransformator, dessen Übersetzungsverhältnis durch bewegliche Bestandteile, wie Stromabnehmer, Wicklungen und Kerne, nahezu stufenlos, auch unter Last geändert werden kann.
Die Vielzahl der zur verlustarmen Spannungseinstellung gebräuchlichen Konstruktionsformen sind entweder → Windungss. oder → Induktionss. – Anh.: 28, 29, 30, 31, 32, 33 / 44, 45, 47, 48, 65.

Stern-Dreieck-Schaltung
Anlaßverfahren bei → Käfigläufermotoren kleinerer und mittlerer Leistung, die beim Einschalten in Stern und nach dem Hochlaufen in Dreieck geschaltet (z. B. Walzenschalter) werden (Bild).
Die S. kann nur angewendet werden, wenn die Ständerwicklung am → Klemmenbrett in Stern oder Dreieck geschaltet werden kann und wenn die Netzspannung der Dreieckspannung des Käfigläufermotors entspricht. Beim Einschalten der in Stern geschalteten Ständerwicklung sinkt der Anlaufstrom des Käfigläufermotors auf $1/3$ des Stroms, der bei direktem Einschalten in Dreieckschaltung

Stern-Dreieck-Schaltung

fließen würde. Damit fällt auch das ohnehin schon schwache Anzugsmoment auf $\frac{1}{3}$. Das führt oft dazu, den Käfigläufermotor leer anlaufen zu lassen.

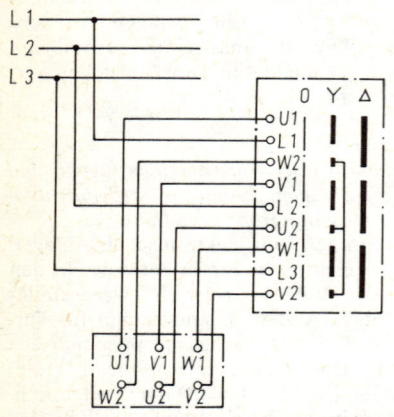

Stern-Dreieck-Schaltung. Walzenschalter

Das Umschalten von Stern auf Dreieck darf erst nach dem Hochlaufen erfolgen, weil ein zu frühes Umschalten fast einem Direkteinschalten gleichkäme.

Sternpunktbelastbarkeit
Zulässige Belastbarkeit des Sternpunktleiters, des Neutralleiters, von → Verteilungstransformatoren.
An die im Stern oder Zickzack (→ Zickzackschaltung) geschaltete Sekundärwicklung eines Verteilungstransformators können einphasige Verbraucher (Bild) angeschlossen werden. Dadurch fließt der Strom über den Sternpunktleiter oder Neutralleiter N zurück

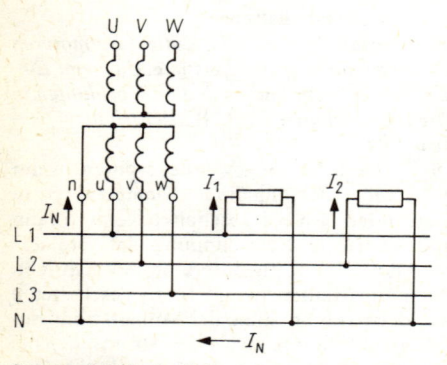

Sternpunktbelastbarkeit

und belastet den Sternpunkt der Sekundärwicklung mehr oder weniger stark.
Bei einem Transformator der Schaltgruppe Yy0 führt die unsymmetrische Belastung zu einer → Sternpunktverschiebung. Der Sternpunktleiter darf darum bei dieser Schaltgruppe nur mit 10 % des sekundären Nennstroms des Transformators belastet werden. Erhält der Transformator eine im Dreieck geschaltete dritte Wicklung (Tertiärwicklung), kann der Sternpunkt voll belastet werden. Volle S. ist auch bei Transformatoren der Schaltgruppe Dy5 und Yz5 zulässig.

Sternpunktumsteller
→ Umsteller eines Verteilungstransformators, dessen Oberspannungswicklung im Stern geschaltet ist.
Der Sternpunkt der Wicklung liegt im Umsteller (Bild), durch den die wirksame Windungszahl der Oberspannungsspulen verändert wird. Nachteilig ist, daß wegen der am Ende des Strangs liegenden Anzapfungen eine Unsymmetrie zwischen den wirksamen Windungen und den Jochen des Kerns entsteht. Dadurch erzeugen die Streufelder axiale Kräfte. Der Verteilungstransformator ist weniger kurzschlußfest. Dieser Nachteil ist beim → Mittenumsteller aufgehoben. – Anh.: – / 59.

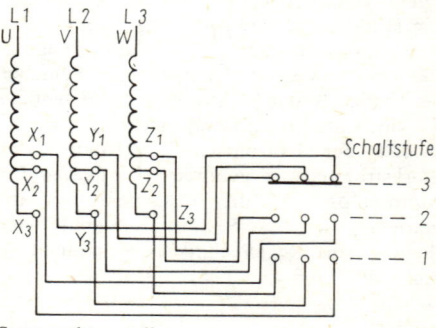

Sternpunktumsteller

Sternpunktverschiebung
Durch unsymmetrische Belastung (→ Belastung, unsymmetrische) eines Verteilungstransformators der Schaltgruppe Yy0 entstehende Unsymmetrie der Strangspannung.
Bei gleichgroßen Leiterspannungen ist die Strangspannung des stärker belasteten Schenkels kleiner als die der weniger belasteten Schenkel (Bild). Die Spannungen im

Sternpunktverschiebung 147

Vierleiternetz entsprechen dadurch nicht mehr ihren Normwerten.

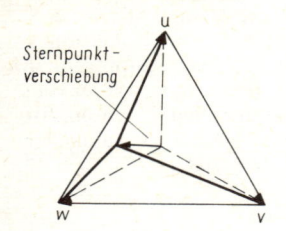

Sternschaltung
Schaltung von drei Induktionsspulen eines Generators oder von drei Spulen eines Motors (drei Widerstände eines Betriebsmittels), bei der ihre Enden zu einem Punkt (Sternpunkt) verbunden sind (Bild).
Die Induktionsspulen des Generators speisen ein Vierleiternetz, das durch die drei Außenleiter L1, L2, L3 und den Neutralleiter N (Sternpunktleiter, unter besonderen Bedingungen auch → Nulleiter) gebildet wird. Zwischen Außenleiter und Neutralleiter sind die drei Strangspannungen und zwischen zwei Außenleitern sind die drei um das $\sqrt{3}$fache größeren Leiterspannungen wirksam.
$U = \sqrt{3} \cdot U_{Str}$,
U Leiterspannung; U_{Str} Strangspannung.
Im üblichen Niederspannungsnetz betragen die beiden Spannungswerte 220 V und 380 V.

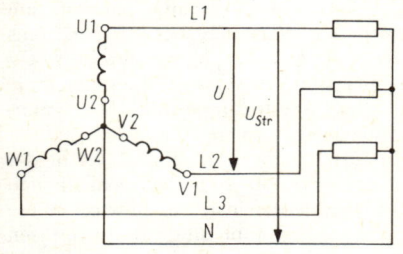

Sternschaltung

Steuereinrichtung
Gesamtheit der Bauteile und Übertragungsglieder, die die Steuerung eines Antriebs oder anderer Systeme bewirken.
Zur S. gehören i. allg. Signalgeber, bei automatischen Steuerungen Programmspeicher, Schalt- und Stelleinrichtungen. Das sind Relais, → Schaltschütze oder → logische Grundglieder. Außerdem gehört meist die Hilfsenergie dazu. In der Starkstromtechnik werden die S. meist noch mit → Schützschaltungen aufgebaut, die auch Anzeige- und Meldefunktionen sowie den Schutz des Betriebsmittels übernehmen können.

Steuergröße
Größe, die in einer Steuerung oder Regelung zielgerichtet beeinflußt oder konstant gehalten werden soll, z. B. bei Antrieben die Drehzahl, bei Generatoren die Spannung. – Anh.: 42 / 103.

Steuerschaltung
Schaltungen zum Verarbeiten binärer Signale (0–1).
Es gibt kontaktbehaftete und kontaktlose S. Zu den ersteren sind Relais- und → Schützschaltungen zu zählen, bei denen das Schließen und Öffnen von Schaltkontakten in unterschiedlicher Zusammenschaltung Verbraucher ein- und ausschaltet. Kontaktlose S. werden in der Steuerungstechnik durch → logische Grundglieder aufgebaut, die mittels Halbleiterbauelementen (Schaltkreise, Transistoren) Stromkreise schließen oder öffnen.

Steuerstrecke
Bereich einer Anlage, eines Motors oder Antriebssystems, in dem eine Größe durch Steuerung beeinflußt werden soll.
Eine S. kann sowohl nur das Ein- und Ausschalten eines Motors mittels Schalters oder → Schaltschützes umfassen als auch eine komplizierte → Schützschaltung mit → Abhängigkeitsschaltungen, z. B. bei zeitplan- oder helligkeitsgesteuerten Beleuchtungsanlagen, bei Füllstandssteuerungen von Behältern und Mischungssteuerungen. – Anh.: 42 / 103.

Steuertransformator
Volltransformator im Leistungsbereich von 100 bis 4 000 VA zur Speisung von Wechselspannungs- und Gleichspannungs-Steuerstromkreisen, die besondere Forderungen an das Verhältnis von Nennleistung zur → Kurzzeitleistung erfüllen. – Anh.: 37, 75 / 58.

Steuerung, analoge
Steuerung durch analoge Signale, d. h. durch Signale, die jeden beliebigen Wert innerhalb eines festgelegten Bereichs annehmen können.
Die Eingabe kann durch einen Programmge-

Steuerung, analoge

Steuerung, analoge

ber (Magnetband, Kurvenscheibe o. ä.) oder durch Eingabe von Hand erfolgen. Eine automatische Kontrolle der Steuergröße und ein Sollwertvergleich erfolgt bei der a. S. nicht, so daß beim Vorliegen von Störgrößen, die auch durch die Steuereinrichtung selbst hervorgerufen werden können, erhebliche Abweichungen vom Sollwert möglich sind. Regelungen schließen diesen Fehler aus, sind jedoch aufwendig (→ Steuerung, geschlossene). – Anh.: 42 / 103.

Steuerung, automatische
Zielgerichtetes Beeinflussen von Ausgangsgrößen eines Prozesses oder Vorgangs.
Bei der a. S. eines Systems wird die Ausgangsgröße des Systems durch Verändern einer oder mehrerer Eingangsgrößen beeinflußt, verändert oder konstant gehalten. Das kann die Ausgangsspannung eines Generators sein, die mit Hilfe eines automatisch arbeitenden Feldstellers konstant gehalten wird, eine Raumtemperatur, die zeitabhängig Änderungen unterworfen wird oder eine automatische Beleuchtungsanlage. Im letzteren Fall liegt eine offene Steuerung vor, d. h., die Beleuchtung hat nur die beiden Zustände ein-aus, während in den anderen Beispielen auch Abweichungen vom Sollwert ausgeglichen werden müssen. Diese Abweichungen entstehen durch → Störgrößen unterschiedlicher Art und Intensität, z. B. durch wechselnde Belastung des Generators bzw. unterschiedliche Außentemperaturen. Hier ist eine geschlossene Steuerung (Regelung) erforderlich.
Die Hilfsenergie für a. S. ist vielfach der elektrische Strom in → Steuerschaltungen. Auch Druckluft (pneumatisch) oder Öl (hydraulisch) werden zum Betreiben der → Steuereinrichtung oder zum Antrieb der → Stelleinrichtung verwendet. Steuerschaltungen der Starkstromtechnik sind meist → Schützschaltungen. – Anh.: 42 / 103.

Steuerung, diskrete
Steuerung durch diskrete Signale, d. h. durch Signale, deren Informationsparameter nur endlich viele Werte annehmen können (binäre Steuerung mit 0-1-Signalen, digitale Steuerung mit Codewörtern, die z. B. auf Lochstreifen gespeichert sind).
Bei der d. S. ändert sich das Signal, wenn ein vorgegebener Wert über- oder unterschritten wird, unabhängig vom tatsächlichen zahlenmäßigen Wert der → Steuergröße (Dämmerungsschalter, Behälterfüllung). Mit der d. S. lassen sich kontaktbehaftet in der Leistungselektronik durch → Schützschaltungen, in der Automatisierungstechnik kontaktlos durch → logische Grundglieder komplizierte Schaltungen von Antrieben und Automaten aufbauen. – Anh.: 42 / 103.

Steuerung, geschlossene
Automatische Steuerung, bei der die Ausgangsgröße trotz Einwirkens von → Störgrößen konstant gehalten wird.
Bei der g. S. wird die Ausgangsgröße ständig gemessen und mit einem Sollwert verglichen, so daß Abweichungen sofort ausgeglichen werden. Eine → Regeleinrichtung besteht aus der → Regelstrecke und dem → Regelkreis, einer Meßeinrichtung, dem → Sollwertgeber und Elementen zur Signalwandlung und -verarbeitung. Bei der g. S. erfolgt im Unterschied zur offenen Steuerung eine Rückführung der (gewandelten) Ausgangsgröße auf die Eingangsgröße, um die durch Störgrößen verursachten Änderungen auszugleichen. G. S. sind i. allg. umfangreich und kompliziert, sie müssen an mathematischen Modellen getestet, genau eingestellt und überwacht werden, um ein ordnungsgemäßes Arbeiten zu gewährleisten. G. S. sind z. B. das Konstanthalten der Generatorspannung durch Erfassen der Ausgangsspannung am Generator und Verstellen des Erregerstroms bei Sollwert-Abweichungen durch wechselnde Belastung oder das Halten gleichmäßiger Mischungstemperaturen bei unterschiedlichen Ablaufmengen und sich ändernder Zulauftemperatur. Eine g. S. ist in der Lage, den Einfluß der unterschiedlichen Störgrößen zu kompensieren, ohne daß diese im einzelnen bekannt sind und gemessen werden. – Anh.: 42 / 103.

Steuerung, offene
Automatische Steuerung, bei der die Ausgangsgröße keinen Einfluß auf die Eingangsgröße hat.
Bei der o. S. liegen die einzelnen Elemente der Steuerung hintereinandergeschaltet in einem offenen Signalweg, d. h., eine Rückwirkung der → Steuergröße auf die Eingangsgröße ist nicht gegeben. Zur → Steuereinrichtung gehören die → Steuerstrecke und

Steuerung, offene

die → Stelleinrichtung mit den Elementen der Mehrgrößenaufnahme und -wandlung. Bei der o. S. liegen nur die Schaltzustände ein–aus vor, so daß Abweichungen der Steuergröße in Kauf genommen werden müssen. O. S. sind z. B. das Schalten von Motoren und Beleuchtungen nach Zeitplan oder Helligkeit. Die danach durch → Störgrößen verursachten Abweichungen von Drehzahl bzw. Lichtstärke können von der o. S. nicht erfaßt und beeinflußt werden (→ Steuerung, geschlossene). – Anh.: 42 / 103.

Stirnverbindung
→ Wicklungselement

Störgröße
Eine von außen auf ein gesteuertes System einwirkende Größe, die das Abweichen des Istwerts der → Steuergröße vom Sollwert verursacht.
Zweck der Steuerung ist es, die Einflüsse der S. auf die Steuergröße zu kompensieren oder zu verringern. S. bei Antrieben sind die Belastung (Belastungsänderung) sowie Erwärmungsvorgänge und Änderung des Phasenverschiebungswinkels bei Generatoren und Transformatoren.

Stoßkurzschlußstrom
→ Transformatorkurzschluß, → Generatorkurzschluß

Stoßspannungsprüfung
Einzelprüfung von Großtransformatoren zum Nachweis einer ausreichenden Isolierung von Wicklungsteilen, Ableitungen gegen Erde, zwischen benachbarten Windungen, Lagen und Wicklungen.
Die Stoßspannung, deren zeitlicher Verlauf einer atmosphärischen Überspannung entspricht, wird an eine Leiterklemme der zu prüfenden Wicklung gelegt. Die anderen Klemmen der Wicklung werden direkt oder über Meßwiderstände geerdet. Schädliche Entladungen und Isolationsdurchschläge im Inneren des Transformators verursachen Geräusche oder Druckwellen und Abweichungen der zu oszillographierenden Kurvenverläufe von Spannungen und Strömen. – Anh.: 68 / 57.

Strangspannung
→ Sternschaltung

Strangstrom
→ Dreieckschaltung

Streckenstellgröße
Einem System zugeführte geregelte Größe, die die Ausgangsgröße beeinflußt.
Die Drehzahl von Gleichstrommotoren kann entweder durch Verändern der Ankerspannung oder des Erregerstroms verändert werden. Beide Größen können S. sein.

Streuspannungsabfall, relativer
Spannungsgröße eines Transformators, die Teil der relativen → Kurzschlußspannung ist.
Formelzeichen u_S

$$u_S = \frac{U_S}{U_1} \cdot 100\,\%,$$

U_S induktiver (Gesamt-)Streuspannungsabfall; U_1 primäre Nennspannung.
Der r. S. ist der auf die primäre Nennspannung bezogene induktive (Gesamt-)Streuspannungsabfall.
Der Betrag des r. S. wird konstruktiv im wesentlichen von der Spulenart, dem Jochabstand und der Dicke der Hauptisolation beeinflußt. Physikalische Ursache des r. S. ist die Streuung, die in der Primär- und Sekundärwicklung wirkt und durch induktive Streuwiderstände erfaßt wird. Über ihnen entstehen durch den Primär- und Sekundärstrom die Streuspannungsabfälle U_{S1} und U_{S2}. Sie werden zum (Gesamt-)Streuspannungsabfall U_S zusammengefaßt: $U_S = U_{S1} + ü \cdot U_{S2}$. Der reale sekundäre Streuspannungsabfall durch das Übersetzungsverhältnis $ü$ ist auf die Primärseite umzurechnen.

Streuung, induktive
→ Kopplung, magnetische

Streuung, magnetische
Meist unerwünschte Erscheinung im → magnetischen Kreis, bei der ein Teil des → Magnetflusses außerhalb eines konstruktiv festgelegten Wegs verläuft.
Die Ursache der m. S. besteht darin, daß alle Stoffe den Magnetfluß leiten, also auch Feldlinien z. B. außerhalb eines Eisenkerns durch die Luft verlaufen (Bild). Der Nutzfluß ist deshalb immer kleiner als der Quotient aus → Durchflutung und magnetischem Widerstand (→ Widerstand, magnetischer) des Eisenkerns.

Streuung, magnetische

Die m. S. nimmt zu, wenn der magnetische Widerstand des Kerns durch Luftspalte oder durch eine Magnetisierung im Sättigungsbereich ansteigt.

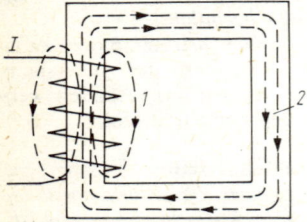

Streuung, magnetische. *1* Streufluß; *2* Nutzfluß

Strom, elektrischer
Gerichtete Bewegung elektrischer Ladungen.
Die Träger dieser bewegten elektrischen Ladungen (→ Ladung, elektrische) sind Elektronen oder Ionen, in Halbleiterwerkstoffen auch Defektelektronen.
Wirkungen des e. S.:
- magnetische Wirkung: Ein stromdurchflossener Leiter ist immer von einem Magnetfeld umgeben (→ Feld, magnetisches)
- Wärmewirkung: Die Ladungsträger stoßen mit den Atomen des Leiters zusammen und übertragen ihm einen Teil ihrer Bewegungsenergie, dadurch steigt die Temperatur des Werkstoffs
- chemische Wirkung: In Flüssigkeiten können chemische Reaktionen ausgelöst oder chemische Verbindungen zersetzt werden
- Lichtwirkung: Die Atome, Moleküle oder Ionen geben nach Aufnahme der Bewegungsenergie elektromagnetische Strahlung mit Wellenlängen des sichtbaren Spektrums ab, z. B. Glühlampen und Leuchtstofflampen.

Die Intensität des e. S. wird durch die → Stromstärke und → Stromdichte erfaßt.

Stromdichte
Physikalische Größe zur Kennzeichnung der Verteilung der Stromstärke in einer bestimmten, vom elektrischen Strom durchsetzten Querschnittsfläche (→ Strom, elektrischer).
Formelzeichen S
Einheit $\frac{A}{m^2}, \frac{A}{mm^2}$
$$S = \frac{\Delta I}{\Delta A}$$

Die S. ist eine wichtige Größe bei der Bemessung von Drahtquerschnitten der Leitungen und Wicklungen, um eine unzulässige Erwärmung zu vermeiden. – Anh.: – / 75, 101.

Stromfehler
Übersetzungsfehler eines → Stromwandlers.
Formelzeichen F_i
$$F_i = \frac{K_n \cdot I_s - I_p}{I_p} \cdot 100 \%,$$

K_n Nennübersetzung; I_s Sekundärstrom; I_p Primärstrom.
Der S. ist die prozentuale Abweichung des mit Nennübersetzung multiplizierten Sekundärstroms vom Primärstrom. Durch den Magnetisierungsstrom und Eisenverluststrom ist der Sekundärstrom nicht exakt proportional dem Primärstrom. Die Nennübersetzung ist das Verhältnis des primären zum sekundären Nennstrom; sie wird als ungekürzter Bruch angegeben. – Anh.: 65 / 51.

Stromlaufplan
→ *Schaltplan, aus dem die Funktion einer elektrotechnischen Schaltung mit allen Einzelheiten in einer nach Stromwegen aufgelösten Darstellung zu erkennen ist. Er ist für die Störungssuche von großer Bedeutung.*
Im S. werden alle Bauteile, Geräte, Anschlußstellen und elektrischen Verbindungen, die für den Aufbau der Schaltung notwendig sind, dargestellt. Dabei soll der funktionelle Ablauf der Schaltung von links nach rechts oder von oben nach unten ersichtlich sein. Die Bauteile und Geräte werden in den Stromwegen entsprechend dem Stromverlauf oder Signalfluß möglichst kreuzungsfrei ohne Berücksichtigung ihrer tatsächlichen Lage mit Schaltzeichen dargestellt.
Alle im S. enthaltenen Bauteile und Geräte werden in einer Liste (Schaltteilliste) mit ihren Bezeichnungen aufgeführt.

Stromrichtertransformator
Transformator meist mit einer Sonderschaltung zur Speisung von Gleichrichteranordnungen unterschiedlicher Art.
Anwendung finden S. z. B. für sehr kleine Einheiten in Informationsgeräten, für Hochspannungs-Stromrichter von Röntgenanlagen oder als Spezialtransformator zum Anschluß von Großgleichrichtern, wie sie im Bahnbetrieb und in der chemischen Industrie erforderlich sind.

Stromrichtertransformator

Bei allen S. ist zu berücksichtigen, daß bei Erwärmung die Effektivwerte der Ströme in den Strängen der Primär- und Sekundärwicklungen nicht mit den abgegebenen Gleichströmen übereinstimmen. Auch die Scheinleistungen auf der Primär- und Sekundärseite weichen sowohl von der abgegebenen Gleichstromleistung als auch untereinander ab. Infolge des in den Sekundärsträngen fließenden Gleichstroms treten magnetische Besonderheiten auf, die das Belastungsverhalten des S. beeinflussen.
Um die Welligkeit des Gleichstroms und die Oberwellen im Drehstromnetz zu verringern, ist der Betrieb der Gleichrichteranordnungen mit höheren Phasenzahlen günstig. Diese werden u. a. durch → Mittelpunktschaltungen oder → Saugdrosselschaltungen erreicht. – Anh.: 68 / 73.

Stromrichtung
Richtung des fließenden Stroms.
Die S. ist positiv in der Bewegungsrichtung der positiven Ladungsträger festgelegt. Elektronen bewegen sich also entgegen der festgelegten positiven S.
Außerhalb der Spannungsquelle fließt der Strom vom Pluspol zum Minuspol.

Strom-Spannungs-Beziehungen
Ursache-Wirkungs-Beziehungen (kausaler Zusammenhang) zwischen Strom und Spannung in einem Stromkreis oder an einem einzelnen Bauelement.
Im Stromkreis ist die antreibende Spannung die Ursachengröße für den fließenden Strom: $I = f(U)$. Am Bauelement ist die Stromstärke dagegen Ursachengröße für den entstehenden Spannungsabfall: $U_{AB} = f(I)$. Der Verlauf der Kennlinie dieser funktionalen Beziehung wird durch den Widerstand (linearer oder nichtlinearer → Widerstand) bestimmt.

Stromstärke
Physikalische Größe zur quantitativen Bestimmung des elektrischen Stroms (→ Strom, elektrischer).
Formelzeichen I
Einheit A (→ Ampere)
$I = \dfrac{\Delta Q}{\Delta t}$,
Q Ladungsmenge; t Zeit.

Stromstärken (Richtwerte) einiger Bauelemente

Bauelement	Stromstärke A
Telefonhörer	$20 \ldots 50 \cdot 10^{-6}$
Glühlampen	$100 \ldots 800 \cdot 10^{-3}$
Straßenbahnmotor	$200 \ldots 400$
Elektrostahlöfen	$120 \ldots 150 \cdot 10^{3}$

Die S. ist die in einem Zeitabschnitt durch einen Leiter bewegte Ladungsmenge. – Anh.: 3 / 75, 79, 101.

Stromteiler
→ Parallelschaltung

Stromteilungsgesetz
Gesetzmäßigkeit in der → Parallelschaltung von Widerständen.
Die Teilströme verhalten sich umgekehrt proportional zu den entsprechenden Widerständen.
$I_1 : I_2 = R_2 : R_1$.
Durch den größten Widerstand fließt der kleinste Strom.

Stromübersetzung
Mathematische Beziehung für einen belasteten Transformator, die die Abhängigkeit der Ströme von den Spannungen kennzeichnet.
Bei einem belasteten Transformator verhalten sich unter Vernachlässigung des → Leerlaufstroms der Primärstrom I_1 und der Sekundärstrom I_2 umgekehrt wie die Spannungen U_1 und U_2.
$I_1 : I_2 = U_2 : U_1$ oder $I_1 : I_2 = N_2 : N_1$.
Der in der Oberspannungswicklung fließende Strom ist somit immer kleiner als der in der Unterspannungswicklung, deren Drahtquerschnitt entsprechend größer sein muß als der der Oberspannungswicklung.

stromübertragendes Teil
Elektrisches Bauelement und Zubehörteil, das in und an elektrischen Maschinen stromübertragende Funktionen hat.
Zu den s. T. zählen: → Kommutatoren, → Schleifringe, → Bürstengestelle, Bürstenhalter und → Bürsten sowie Anschlußleitungen, mit denen die galvanischen Verbindungen zwischen den Wicklungssystemen und dem → Klemmenbrett hergestellt werden.

Stromverdrängungsläufer

Stromverdrängungsläufer
→ *Blechpaketläufer eines* → *Käfigläufermotors, in dessen Nuten eine oder mehrere* → *Käfigwicklungen mit unterschiedlichen Stabquerschnitten angeordnet sind.*

Durch besonders geformte Käfigstäbe (z. B. Hochstabläufer) bzw. eine vorteilhafte Anordnung der Stäbe zum Luftspalt hin (Tiefnutläufer) verteilt sich die Stromdichte des Läuferstroms nicht gleichmäßig über den Stabquerschnitt, sondern wird zum Luftspalt hin verdrängt. Dieser Stromverdrängungseffekt ist frequenzabhängig und bewirkt, daß beim Anlauf der Läuferwiderstand groß und im Nennbetrieb klein ist. Dadurch entwickelt der Käfigläufermotor ein hohes Anlaufmoment und nimmt nur das etwa Vier- bis Fünffache des Nennstroms auf. Günstigere Anlaufverhältnisse werden mit Läufern erzielt, in denen zwei voneinander getrennte Käfigwicklungen (Doppelstabläufer) angeordnet sind. Bei ihnen fließt der Läuferstrom während des Anlaufs hauptsächlich über den äußeren Käfig mit kleinem Leiterquerschnitt. Damit ist auch hier beim Anlauf ein größerer ohmscher Läuferwiderstand als im Nennbetrieb wirksam.

Stromwandler
→ *Meßwandler, bei dem der Sekundärstrom dem Primärstrom im Meßbereich nahezu proportional und phasengetreu ist.*

Die Primärwicklung liegt in Reihe zum Verbraucher und wird von dessen Betriebsstrom durchflossen. An der Sekundärwicklung, die für einen Nennstrom von 5 A oder 1 A ausgelegt ist, sind die Meßgeräte oder Relais angeschlossen.
Um die durch den Magnetisierungsstrom und Eisenverluststrom entstehende Abweichung von der Nennübersetzung möglichst klein zu halten, muß der S. im Kurzschlußgebiet arbeiten. Meßgeräte, Relais und ihre Zuleitungen müssen deshalb eine niederohmige Belastung darstellen. – Anh.: 65 / 49, 50, 51, 52, 53, 54

Stromwärme
In elektrischen Maschinen, Leitungen und Anlagenteilen unerwünschte Wärmeentwicklung, die durch den elektrischen Strom und durch den Widerstand der entsprechenden stromdurchflossenen Leiter entsteht.
Erwünscht ist die S. dort, wo sie zielgerichtet Erwärmungszwecken dient (→ Bimetallauslöser, → Kurzschlußschutz).

Stromwärme-Verlust
→ Kurzschlußverlust

Stromwendermotor
→ Kommutatormaschine

Stromwendung
Stromartwandlung in einer Gleichstrommaschine durch den Kommutator als Voraussetzung für das Wirkprinzip eines → *Gleichstromgenerators oder eines* → *Gleichstrommotors.*

Stufenschalter
Spannungsteuernde Schalteinrichtung eines → *Stelltransformators.*

Durch den S. kann eine Spannungseinstellung unter Last vorgenommen werden. Die Generatoren arbeiten dadurch wirtschaftlich; in den Netzen ist eine optimale Lastverteilung möglich.

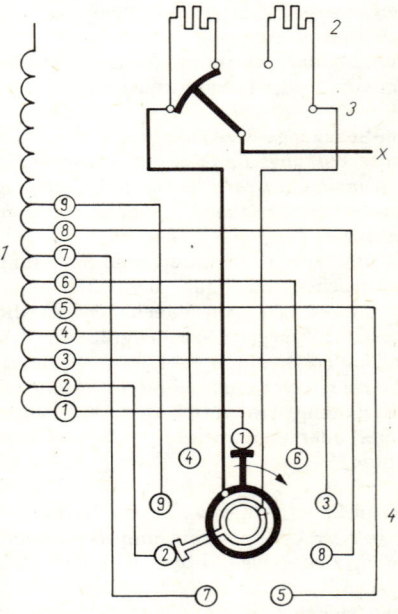

Stufenschalter. *1* Stellwicklung; *2* Überschaltwiderstand; *3* Lastumschalter; *4* Wähler

Die funktionsbestimmenden Bauelemente des S. sind Lastumschalter und Wähler (Bild). Dem Wähler sind sämtliche Anzapfungen der Stellwicklung zugeführt. Er greift je Strang wahlweise zwei benachbarte Wicklungstufen ab und verbindet sie mit dem Lastumschalter. Von diesen beiden Wicklungsanzapfungen ist eine stromführend, die andere steht zur Vorwahl der gewünschten Spannungsstufe bereit. Vom Motorantrieb betätigt, schaltet der Lastumschalter die Last von der belasteten Wicklungsstufe auf die vom Wähler stromlos vorgewählte benachbarte Wicklungsstufe um. Die lastfrei geschaltete Wicklungsanzapfung steht dem Wähler bei rückläufiger Spannungsvorwahl wieder zur Verfügung, während bei vorläufiger Spannungsvorwahl die nächst höhere oder niedrigere Spannungsstufe vom Wähler eingeregelt wird. Der Schaltstrom, der beim Umschaltvorgang des Lastumschalters fließt, wird von den Überschaltwiderständen begrenzt. – Anh.: 32 / 60.

Stumpfjoch
→ Schenkel-Joch-Verbindung

Stundenleistung
Kenngröße elektrischer Triebfahrzeuge.
Die S. ist die Leistung, die das Triebfahrzeug während einer Stunde ständig erbringen kann, ohne die zulässige Grenzerwärmung der → Bahnmotoren bei angenommener maximaler Außentemperatur zu übersteigen.

Summenstromwandler
→ Fehlerstrom-Schutzschaltung

Synchrongenerator
→ *Synchronmaschine, in der die mechanische Energie in elektrische umgewandelt wird.*
Der S. wird meist als → Innenpolmaschine ausgeführt. Der erregte und angetriebene Läufer erzeugt ein umlaufendes Gleichstromfeld (Drehfeld), das in der Ständerwicklung meist eine dreiphasige Wechselspannung induziert. Die Frequenz f wird durch die Polpaarzahl p und durch die Drehzahl n des umlaufenden Erregerfeldes bestimmt: $f = p \cdot n$.
Die gebräuchliche Frequenz von 50 Hz bedingt durch die ganzzahligen Polpaarzahlen eine bestimmte Abstufung der Antriebsdrehzahlen von 3 000 auf 1 500, 1 000 usw. Umdrehungen je Minute. Der Betrag der Spannung kann nur durch den Erregerfluß bzw. den Erregerstrom gesteuert werden, da eine Änderung der Drehzahl gleichzeitig die Frequenz ändern würde.
Bei Belastung erzeugt der Drehstrom in der Ständerwicklung ein Drehfeld, das in gleicher Richtung und mit gleicher Drehzahl wie das Erregerfeld umläuft. Beide Felder laufen somit synchron. Die Klemmenspannung U ist im → Inselbetrieb durch die inneren Spannungsabfälle von der Höhe der Belastung und durch die → Ankerrückwirkung von der Art der Belastung abhängig. Bei ohmscher Belastung sinkt die Klemmenspannung ab, bei kapazitiver steigt sie an (Bild a).

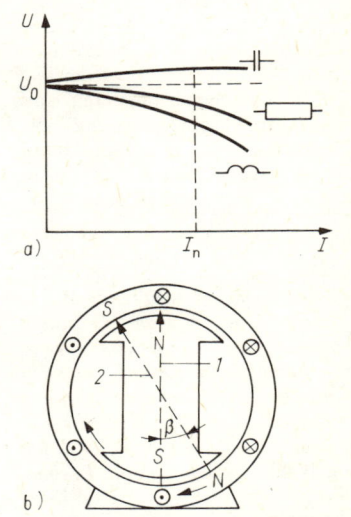

Synchrongenerator. *1* Achse des Erregerfelds; *2* Achse des Drehfelds

Der Wirkanteil des Belastungsstroms erzeugt ein Drehmoment, das den Antrieb des S. abbremst. Dadurch bilden die Achsen des Erregerfelds und des Drehfelds bei synchronem Umlauf einen → Polradwinkel (Bild b). Bei Kurzschluß fließt ein extrem hoher Strom, der im wesentlichen aufgrund der Induktivität der Ständerwicklung ein induktiver Blindstrom ist. Damit keine thermische Überlastung entsteht, muß das Erregerfeld schnell abgebaut werden. Dann wird die Kurzschlußstrom antreibende Induktionsspannung wird klein (durch den Restmagnetismus nicht Null). Weiterhin muß die Antriebsenergie sofort verringert werden, da der geringe Wirkanteil des Kurzschlußstroms wie eine mechanische

Synchrongenerator

Entlastung des S. wirkt. – Anh.: – / *10, 11, 119*.

Synchronisieren
Vorgang zum Herstellen der → Parallellaufbedingungen von → Synchrongeneratoren.
Das Parallelschalten eines Drehstrom-Synchrongenerators B zu einem in Betrieb befindlichen erfolgt, indem zunächst Generator B mit seiner Nenndrehzahl angetrieben und auf die Spannung des laufenden Generators A erregt wird. Frequenzgleichheit wird durch entsprechende Drehzahländerung des Generators B und Spannungsgleichheit durch die erforderliche Erregung erreicht. Bei gleicher Phasenfolge wird Phasengleichheit durch kurzzeitiges Beschleunigen oder Abbremsen hergestellt.
Kontrollgeräte für das Synchronisieren sind für kleinere Anlagen Doppelspannungsmesser, Doppelfrequenzmesser und Phasenlampen in → Hell-Dunkel-Schaltung. In Großanlagen werden → Synchronoskope eingesetzt.

Synchronmaschine
Einphasige oder dreiphasige rotierende Wechselstrommaschine, deren Erregerfeld durch Permanentmagnete oder durch eine stromdurchflossene Gleichstromwicklung entsteht und die je nach Art der Energieumwandlung als → Synchrongenerator eine Wechselspannung erzeugt oder als → Synchronmotor durch eine angelegte Wechselspannung eine Drehbewegung hervorruft.
Die unterschiedliche Anordnung von Erregerwicklung (Gleichstromwicklung) und Arbeitswicklung (Wechselstromwirkung) bedingt → Innenpolmaschinen oder → Außenpolmaschinen.

Synchronmotor
Einphasige und dreiphasige → Synchronmaschine, die elektrische Energie in mechanische umwandelt.
Der S. kann nicht von selbst anlaufen, da durch die Trägheit des Läufers dem schnell umlaufenden Drehfeld nicht gefolgt werden kann. Durch Anwerfen von Hand oder einem fremden Antriebsmotor läuft der S. wie ein → Synchrongenerator an und ist im synchronen Lauf als Motor arbeitsfähig. Seine Drehzahl n ist von der Frequenz f und der Polpaarzahl p abhängig: $n = f/p$.

Eine Drehzahlsteuerung ist nur über eine Frequenzänderung möglich. Da der Läufer synchron mit dem Drehfeld umläuft, ist die Läuferdrehzahl stets konstant, also nicht belastungsabhängig.
Bei Belastung bildet sich ein Winkel β (→ Polradwinkel) zwischen Erreger- und Drehfeld, wodurch zwischen der angelegten Netzspannung U und der Induktionsspannung U_i eine Phasenverschiebung entsteht, d. h., der Winkel zwischen beiden Spannungen ist kleiner als 180° (Bild). Die wirksame Spannung U als geometrische Summe aus U und U_i treibt einen nacheilenden Strom durch die Arbeitswicklung, der, bezogen auf die angelegte Netzspannung U, jedoch ein Wirkstrom I_W ist. Der Motor nimmt aus dem Netz Wirkleistung auf. Er kann ein der Belastung entsprechendes Motormoment entwickeln.

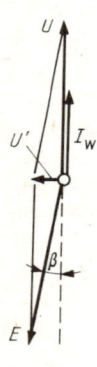

Synchronmotor

Bei Überlast wird der Polradwinkel zu groß, das Kippmoment ($M_k \approx 1,8\, M_n$) wird überschritten. Der Motor fällt außer Tritt. Die Stromaufnahme ist dann maximal.
Durch die Änderung der Erregung kann der S. im → Phasenschieberbetrieb gefahren werden. Er beeinflußt die Blindleistung seines angeschlossenen Netzes.
S. werden in einem weiten Leistungsbereich eingesetzt. Sie dienen als Antrieb z. B. für Kreiselverdichter, Schiffsschrauben, Walzenstraßen. In Pumpspeicherwerken arbeiten sie als Generatoren und in der lastarmen Zeit treiben sie die Pumpen an. Als Kleinstmaschine werden S. in Synchronuhren (das Erregersystem besteht hier aus Permanentmagneten) in Steuer- und Regelanlagen verwendet. Der Nachteil, daß sie nicht selbst anlaufen, kann durch einen Anlaufkäfig im Läufer

Synchronmotor

beseitigt werden. Der S. läuft asynchron (→ Asynchronmotor) an und wird selbsttätig in den synchronen Lauf gezogen. Da durch Laststöße das Polrad pendeln kann, fließen im Anlaufkäfig dämpfend wirdende Ausgleichsströme, deshalb wird diese kurzgeschlossene Wicklung auch Dämpferwicklung genannt. – Anh.: 13, 20, 67 / *30, 86, 120*.

Synchronmotor, permanenterregter
Elektrische → Kleinstmaschine, die im Leistungsbereich von einigen Milliwatt bis zu mehreren Watt vor allem in Registriergeräten, Zeitschaltwerken, Uhren und Betriebsstundenzählern angewendet wird.
Der Ständer unterscheidet sich nicht von dem des Asynchronmotors. Die Ständerwicklung kann dreisträngig (selten), zweisträngig mit Kondensatorbeschaltung oder nach dem Spaltpolprinzip ausgeführt werden. Sie wird für 220 V und für die Kleinspannungen 12, 24 und 42 V ausgeführt. Als Läufer werden bis zu einem Watt Ringmagnete eingesetzt, die zonenweise magnetisiert werden. Durch kleine Polteilungen lassen sich viele Pole auf dem Ring anordnen und so relativ kleine Drehzahlen erreichen. Für größere Leistungen werden Einzelmagnete sternförmig angeordnet.
Im Unterschied zu dem beim Zuschalten der Spannung trägheitslos umlaufenden Drehfeld ist der Läufer massebehaftet. Je nach den zu beschleunigenden Trägheitsmomenten können drei Anlaufmöglichkeiten unterschieden werden.
- Selbstanlauf. Bei Motoren mit einer Leistung unter 1 W führt der Läufer Drehschwingungen nach dem Einschalten aus und wird innerhalb einer halben Spannungsperiode auf die Drehzahl des Drehfelds beschleunigt.
- Mechanische Anlaufhilfe. Der Läufer führt Drehschwingungen aus. Dabei wird beim Rückwärtsschwingen eine Feder gespannt, deren Energie beim Vorwärtsschwingen den Anlauf ermöglicht.
- Anlaufkäfig. Bei Motoren mit einer Nennleistung über ein Watt erhält der Läufer einen Anlaufkäfig, durch den asynchroner Anlauf entsteht und der Läufer dann sprunghaft in den synchronen Lauf gezogen wird.

Synchronoskop
Gerät zur Kontrolle beim → Synchronisieren von Drehstrom-Synchrongeneratoren.
Das S. besteht aus einem Phasenvergleicher, dessen Zeiger sich hin- und herbewegen kann und von einer in Hellschaltung geschalteten Phasenlampe beleuchtet wird. Da aus der Bewegungsrichtung des Zeigers zu erkennen ist, ob der zuzuschaltende Generator schneller oder langsamer laufen muß, ersetzt das S. gleichzeitig den Doppelfrequenzmesser. Bei Phasengleichheit steht der Zeiger still. Die Phasenlampe leuchtet hell.

Synchronverhalten
→ Motormoment

T

Tempeltype
→ Dreischenkelkern, symmetrischer

Temperaturkoeffizient
Physikalische Größe, die die Temperaturabhängigkeit der Leiterwerkstoffe ausdrückt.
Formelzeichen α
Der T. ist die relative Widerstandsänderung je Grad Temperaturänderung. Bei Metallen ist $\alpha > 0$, d. h., mit steigender Temperatur steigt der Widerstand, und bei Halbleitern (Kohle) und Elektrolyten ist $\alpha < 0$, d. h., mit steigender Temperatur verringert sich der Widerstand.

Tertiärwicklung
Zusatzwicklung in einem Verteilungstransformator der Schaltgruppe Yy0.
Die T. ist im Dreieck geschaltet. Sie wird nicht ausgeführt. Durch sie kann der Transformator unsymmetrisch (→ Belastung, unsymmetrische) belastet werden. Es entsteht keine → Sternpunktverschiebung.

Tesla
Einheit der → Magnetflußdichte
Kurzzeichen T
Die Magnetflußdichte beträgt 1 T, wenn eine Fläche von 1 m² von dem Magnetfluß 1 Wb durchgesetzt wird. Die Einheit wurde nach dem kroatischen Physiker und Elektrotechni-

Tesla

ker Nikola *Tesla* (1856–1943) benannt. – Anh.: – / *75, 101.*

Testsignal
Signal zum Ermitteln des → dynamischen Verhaltens von Übertragungsgliedern.
T. sind i. allg. Sprungsignale, d. h., die Größe des T. steigt sprunghaft von Null auf einen bestimmten Wert (rechteckförmig). Für besondere Untersuchungen werden auch Signale mit linearem Anstieg (Rampenfunktionen), Impulse und Sinusschwingungen als T. verwendet. – Anh.: 42 / *103.*

Texturblech
→ Transformatorenblech

thermisches Abbild
Schutzeinrichtung eines Öltransformators (→ Transformatorschutz).
Bei optimalem Erwärmungsschutz eines Transformators muß seine Temperatur an der heißesten Stelle der Wicklungen gemessen werden. Wegen der dabei auftretenden zusätzlichen Fehlerquellen wird die Wicklungstemperatur mit Hilfe des t. A. relativ genau bestimmt. Unter dem Deckel des Transformators befindet sich eine Spule, die so dimensioniert ist, daß ihre thermische Zeitkonstante die gleiche Größe hat wie die der zu überwachenden Wicklung. Diese Spule wird über einen Stromwandler von einem dem Betriebsstrom des Transformators proportionalen Strom durchflossen. Dadurch entsteht in der Spule die entsprechende Wicklungstemperatur. Sie kann entweder mit einem Thermometer gemessen oder durch Messen des mit der Temperatur veränderlichen Widerstands bestimmt werden. Die Temperaturkontrolle ermöglicht ein Auslasten des Transformators bis zu seiner höchstzulässigen Temperatur. – Anh.: – / *64.*

Thermoelement
Thermometer zur Temperaturüberwachung in elektrischen Anlagen.
Ein T. besteht aus zwei unterschiedlichen Metallen, die bei Erwärmung ihrer gelöteten oder verschweißten Verbindungsstellen eine von der Temperatur abhängige Gleichspannung erzeugen.
T. werden zur Fernanzeige von Temperaturen (elektrisches Thermometer), in Steuerungs- und Regelungsanlagen auch als Meß- und Führungsglieder verwendet. Für T. werden vielfach die Metallkombinationen Kupfer–Konstantan, Eisen–Konstantan, Chromnickel–Nickel und Platin/Rhodium–Platin eingesetzt. Die erzeugte Thermospannung liegt im unteren Millivoltbereich.

Thermofühler
Schaltthermometer, Widerstandsthermometer und Bimetallkontaktgeber zur Fernanzeige und -überwachung.
Bei Öl- und Trockentransformatoren, Generatoren und Motoren werden sie in den Ölkessel bzw. in die Wicklungen eingesetzt. In zunehmendem Umfang werden auch → Thermoelemente und Thermistoren (temperaturabhängige Widerstände) verwendet.

Thermo-Gefahrenmelder
Gerät zum Schutz eines Öltransformators (→ Transformatorschutz).
Der T. schützt den Transformator vor Übertemperatur. Er enthält ein Skaleninstrument, dessen Teilung von 60 bis 110° C reicht. Er wird in die Thermometertasche des Transformatordeckels eingeschraubt. Die Auslösetemperatur kann im genannten Bereich eingestellt werden. Wird sie erreicht, schließt ein Arbeitskontakt. Die eingestellte Temperatur wird signalisiert oder eine Zusatzkühleinrichtung zugeschaltet. – Anh.: – / *64.*

Thermoionisation
Erzeugen von Ladungsträgern durch Elektronenabspaltung bei hohen Temperaturen.
Die T. bewirkt die → Lichtbogenentstehung. Sie wird aber auch als Zündquelle bei Gasentladungslampen und Quecksilberdampfgleichrichtern benutzt.

Thyristorsteller
Konstruktive und funktionelle Einheit elektronischer Bauelemente zum Drehzahlstellen

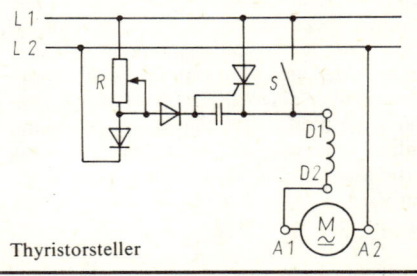

Thyristorsteller

Thyristorsteller

eines → *Universalmotors durch Verändern der Spannung im Halbwellenbetrieb.*
Durch den Stellwiderstand *R* (Bild) kann die Drehzahl kontinuierlich von 0 auf 70 % der Nenndrehzahl verändert werden. Mit dem Schalter *S* wird der Steller überbrückt, der Motor arbeitet bei voller Spannung mit Nenndrehzahl.

Tiefnutläufer
→ Stromverdrängungsläufer

Tippbetrieb
Schützschaltung, bei der das Schütz nur solange in der Einschaltlage gehalten wird, wie der Schließer (Ein-Taster) gedrückt wird.
Zum T. werden Schließer (Taster) und Schützspule in Reihe geschaltet. Die Schaltung wird angewendet, wenn das Betriebsmittel während des Betriebes beobachtet werden muß, und um zu garantieren, daß während des Laufs von Maschinen nicht in rotierende oder sich bewegende Teile gegriffen werden kann. Für diesen Zweck sind zwei Schließer in Reihe zu schalten.

Tirrillregler
Elektomechanischer Regler zum Konstanthalten der Generatorspannung.
Durch den T. wird der Feldsteller des Erregerstromgenerators etwa 5- bis 7mal je Sekunde kurzgeschlossen, so daß in dieser Zeit der volle Erregerstrom fließen kann. In der Öffnungszeit fließt ein geringerer Strom. Je nach Spannungshöhe ändert sich zeitlich das Kontaktspiel, so daß sich über das Erregerfeld selbständig die Spannungshöhe einstellt. T. sind wegen ihrer geringen Regelabweichung geschätzt.

Totzeit
Zeit, die bei Übertragungsgliedern vergeht, ehe die Ausgangsgröße auf die Eingangsgröße reagiert.
Die Ursache für die T. liegt in den Bauelementen der Übertragungsglieder, z. B. wenn Speicher (Kondensator), Widerstandsglieder und -systeme oder Transportverzögerungen anderer Art (Lade- und Füllvorgänge) vorliegen. In der grafischen Darstellung ist das Signal auf der Zeitachse verschoben. T. ergeben sich beim Zusammenschalten von Grundgliedern (→ Ausgleichszeit). – Anh.: 42 / 103.

Transduktor
Magnetverstärker. In der Regelungstechnik verwendetes Element zum Beeinflussen von Wechselströmen durch kleine Gleichströme.

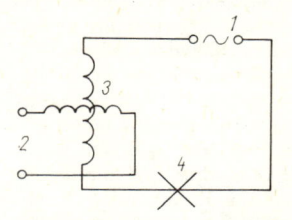

Transduktor. Prinzip; *1* Wechselspannungsanschluß; *2* unveränderliche Gleichspannung; *3* Transduktor; *4* Verbraucher

Ein T. besteht aus einem Eisenkern mit Wechselstrom-Arbeitswicklung und Gleichstrom-Steuerwicklung. Der Steuerstrom wird so vorgewählt, daß eine Vormagnetisierung des Eisenkerns bis in das Sättigungsgebiet erfolgt. Damit werden Induktivität und induktiver Widerstand der Arbeitswicklung sehr klein, die Verstärkung ist maximal. Änderungen des Steuergleichstroms verändern die Induktivität und damit den Scheinwiderstand der Arbeitswicklung. Das hat Auswirkungen auf die Größe des Arbeitsstroms. T. sind unempfindlich gegenüber Belastungsstößen. – Anh.: 74 / 85.

Transformationsspannung
→ Wechselstrom-Bahnmotor

Transformator
Ruhende elektrische Maschine (→ Maschine, elektrische), die elektrische Energie aus Systemen mit vorgegebenen Strom- und Spannungswerten in Systeme mit meist anderen Werten bei gleicher Frequenz überträgt.
Die Wirkungsweise eines T. beruht auf den Gesetzmäßigkeiten der → Gegeninduktion. Unterschiedliche Zweckbestimmungen bedingen vielfältige Konstruktionsformen. Prinzipiell sind eine → Primärwicklung, eine → Sekundärwicklung und zu ihrer magnetischen Kopplung ein Eisenkern (→ Transformatorenkern) erforderlich. Die Wicklungen als Träger der elektrischen Kreise sind starr zueinander angeordnet.
Sinnverwandte Bezeichnungen für die folgenden Einsatzgebiete sind Umspanner (Leistungselektrotechnik), Übertrager (Informa-

Transformator

tionselektrotechnik) und Wandler (Meß- und Schutztechnik). – Anh.: 68 / 56, 57.

Transformatorbelastung
Betriebszustand eines Transformators, bei dem dieser elektrische Energie an das Sekundärnetz, d. h. an die Verbraucher, abgibt.
Der Verbraucherwiderstand bestimmt die Belastungshöhe, also den Betrag des Sekundärstroms und auch den des Primärstroms. Beide Ströme verursachen innere Spannungsabfälle. Bei ohmscher und induktiver Belastung wird dadurch die sekundäre Klemmenspannung gegenüber der des → Leerlaufs verringert, bei kapazitiver Belastung etwas erhöht.

Transformatorenblech
Weichmagnetischer → Werkstoff der → Transformatorkerne, die zur Herabsetzung der Leerlaufverluste in Feldlinienrichtung lamelliert sind.
Die in älteren Transformatoren noch verwendeten warmgewalzten Bleche werden immer mehr durch kaltgewalzte, kornorientierte Bleche (Texturbleche), deren Leerlaufverluste wesentlich niedriger sind, ersetzt. Die 0,35 mm oder 0,5 mm dicken, mit Silicium legierten Bleche sind mit Kunstharzlacken oder mit Metalloxiden bzw. mit Keramik isoliert. Die Qualität des T. wird durch die → Verlustziffer bestimmt. – Anh.: 34 / 38, 110, 111.

Transformatorenwicklung
Träger der elektrischen Kreise eines → Transformators.
T. werden aus Spulen (→ Transformatorenspulen) aufgebaut, die den Kennwerten des Transformators, wie Spannungsfestigkeit, Stromstärke und Streuspannungsabfälle, entsprechend vielfältige konstruktive Merkmale haben.
Die T. werden nach der Energierichtung (→ Primärwicklung, → Sekundärwicklung), nach der Spannungshöhe (→ Oberspannungswicklung, → Unterspannungswicklung) oder nach ihrer Anordnung auf dem Kern (→ Zylinderwicklung, → Scheibenwicklung) bezeichnet.

Transformator-Ersatzschaltplan
Abstrakte Darstellung der in den aktiven Teilen eines Transformators entstehenden wesentlichen physikalischen Größen, die als Schaltzeichen sinnvoll verbunden sind.
Der Ersatzschaltplan besteht aus dem Längsglied, das die ohmschen Widerstände und die induktiven Streuwiderstände der Wicklungen enthält. Im Querglied sind der durch die induktive Kopplung entstehende Blindwiderstand und die im Eisenkern entstehenden Leerlaufverluste als ohmscher Widerstand R_{Fe} dargestellt (Bild).

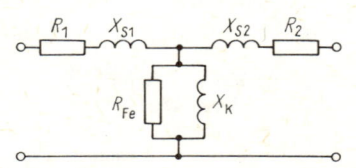

Transformator-Ersatzschaltplan. R_1, R_2 ohmsche Widerstände; X_{S1}, X_{S2} induktive Streuwiderstände; X_K Blindwiderstand; R_{Fe} ohmscher Widerstand

Die im Unterschied zum realen Transformator vorgenommene galvanische Verbindung zwischen der Primär- und Sekundärwicklung ist möglich, weil der Ersatzschaltplan für das Übersetzungsverhältnis $ü = 1$ gilt.
Der Vorteil des Ersatzschaltplans besteht darin, daß mit ihm die im Betriebsverhalten wirkenden Gesetzmäßigkeiten abgeleitet werden können.

Transformatorgleichung
Mathematische Darstellung des grundlegenden physikalischen Zusammenhangs für die Wirkungsweise eines Transformators.

$$U_i = N \cdot \frac{\Delta \Phi}{\Delta t}$$

Die T. ist aus der Gleichung der → Ruheinduktion abgeleitet. Die in der Spule mit der Windungszahl N induzierte Wechselspannung U_i ist von der Frequenz f und vom Spitzenwert des Magnetflusses $\hat{\Phi}$ abhängig: $U_i = 4{,}44 \cdot f \cdot N_1 \cdot \hat{\Phi}$. Bezogen auf die Primärwicklung ist die Selbstinduktionsspannung $U_{i1} = 4{,}44 \cdot f \cdot N_1 \cdot \hat{\Phi}$, und bezogen auf die Sekundärwicklung ist die (Gegen-)Induktionsspannung $U_{i21} = 4{,}44 \cdot f \cdot N_2 \cdot \hat{\Phi}$.
Unter der Voraussetzung, daß die Frequenz f und die Windungszahlen N_1 und N_2 eines Transformators konstant sind, ist der Betrag der in der Sekundärwicklung induzierten Spannung U_{i21} vom Betrag des Magnetflusses $\hat{\Phi}$ und der Betrag des Magnetflusses $\hat{\Phi}$ wiederum von dem Betrag der angelegten Pri-

märspannung U_1 (nach Maschensatz $U_1 \approx U_{i1}$) abhängig.

Transformatorisolation
Isolation zwischen den Teilen eines Transformators unterschiedlichen Potentials.
Als Windungs- oder Drahtisolation werden Lacke oder sog. Kabelpapier, für Trockentransformatoren größerer Leistung auch Glimmer oder Glasseide verwendet. Die elektrische Beanspruchung ist gering. Beim Wickeln der Spulen wird die Drahtisolation mechanisch stark beansprucht. Reicht bei längeren Lagenspulen die Isolation zwischen übereinanderliegenden Windungen nicht aus, wird die Lagenisolation aus Preßspan oder Papier zwischen den Lagen angebracht.
Bei der Zylinderwicklung werden die Unterspannungsspulen zum Kern durch die Kernisolation und zu den Oberspannungsspulen durch die Hauptisolation getrennt. Um gleichzeitig die durch die Verluste entstehende Wärme vom Kern und von den Wicklungen abzuführen, können Luft- oder Ölkanäle diese Kern- oder Hauptisolation bilden. Die Kernisolation besteht aus der Isolation zu den Schenkeln und zu den Jochen (Jochisolation). Die Dicke der Joch- und der Hauptisolation bestimmt bei Zylinderwicklungen weitgehend die induktive → Streuung.
Zum Gehäuse des Transformators wird mit Luft und zum Kessel mit Transformatorenöl isoliert. Bei Netztransformatoren übernehmen ölgefüllte Porzellanüberwürfe, die kittlos mit dem Deckel verschraubt sind, und Niederspannungsdurchführungen aus Vollkeramik die Isolation der spannungführenden Durchführungsbolzen zum Deckel.
Die Dimensionierung der Draht- und Wicklungsisolation richtet sich nach den vorgeschriebenen Prüfspannungen. Die Wahl der Isolierstoffmaterialien wird wesentlich von den thermischen Bedingungen beeinflußt. – Anh.: 27, 35, 36, 40, 50, 56, 57, 58, 59, 60, 61, 62 / 107, 108, 109, 115.

Transformatorkapazität
Kapazität, die bei einem Transformator durch die Kern- und Hauptisolation zwischen Kern und Wicklungen entsteht.
Bei einem Zweiwicklungstransformator können als Sonderprüfung die Kapazität C_1 zwischen Unterspannungswicklung und Kern, die Kapazität C_2 zwischen beiden Wicklungen und die Kapazität C_3 zwischen Oberspannungswicklung und Kern bestimmt werden (Bild). Gemessen werden bei geerdetem Kern und Kessel die Summenkapazitäten zwischen Unterspannungswicklung gegen Erde bei geerdeter Oberspannungswicklung $C_A = C_1 + C_2$; zwischen Oberspannungswicklung gegen Erde bei geerdeter Unterspannungswicklung $C_B = C_1 + C_3$ und zwischen Oberspannungswicklung verbunden mit Unterspannungswicklung gegen Erde $C_C = C_1 + C_3$.

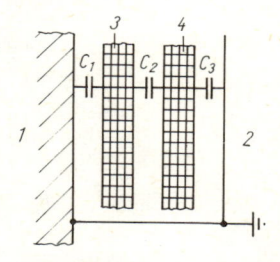

Transformatorkapazität. *1* Kern; *2* Kessel; *3* Unterspannungswicklung; *4* Oberspannungswicklung

Die entsprechenden T. werden wie folgt berechnet:
$$C_1 = \frac{C_A - C_B + C_C}{2};$$
$$C_2 = C_A - C_1; \quad C_3 = C_B - C_2.$$

Transformatorkern
Träger des magnetischen Kreises, der die feste magnetische Kopplung der Primär- und Sekundärwicklung eines Transformators bewirkt.
Der T. wird zur Verringerung der Leerlaufverluste lamelliert, d. h. aus einzelnen → Transformatorenblechen aufgebaut. Die Teile des Kerns, die die Wicklungen tragen, werden als Schenkel und die unbewickelten Teile als Joche (Ober- und Unterjoch) bezeichnet. Die verwendete Blechart bestimmt u. a. auch die → Schenkel-Joch-Verbindung.
Einphasentransformatoren haben Zweischenkelkerne (Bild a) oder Mantelkerne (Bild b), Drehstromtransformatoren Dreischenkelkerne (Bild c), im Sonderfall für Großtransformatoren Fünfschenkelkerne. Eisenkerne von Kleintransformatoren wer-

Transformatorkern

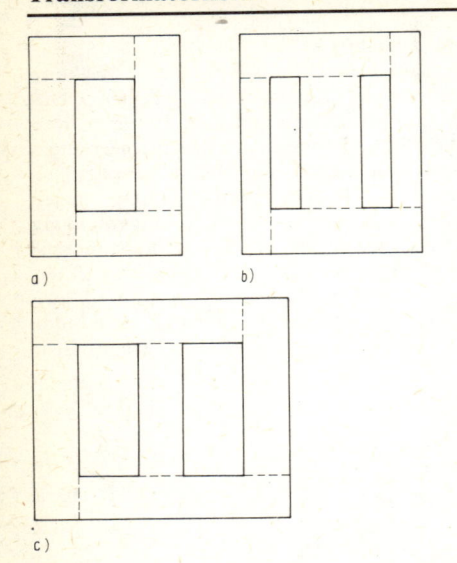

Transformatorkern. a) Zweischenkelkern; b) Mantelkern; c) Dreischenkelkern

den als → Ringbandkern, als → Schnittbandkern oder als → Schachtelkern ausgeführt. – Anh.: 39, 68 / *43, 46, 55, 65, 113*.

Transformatorkessel
Kessel eines Öltransformators, der den aktiven Teil (Wicklungen und Eisenkern) umgibt.
Der Kessel wird von einem Deckel abgeschlossen, der mit dem aktiven Teil verschraubt ist. Durch das Fahrgestell mit unterschiedlichen Spurweiten ist oft eine Quer- und Längsfahrt möglich.
Die wärmeabgebende Oberfläche des T. kann durch Rippen (Rippenkessel) vergrößert werden. Für große Leistungen werden Röhrenkessel oder Rohrharfenkessel verwendet. In den glatten Kesselwänden sind die einzelnen Kühlrohre öldicht eingeschweißt. Je nach Transformatorenleistung sind sie in zwei bis fünf Reihen angeordnet. Beim Rohrharfenkessel sind die Rohre harfenförmig zusammengefaßt. Die Sammelrohre sind oben und unten, also an den Stellen der größten Temperaturdifferenz, in die Kesselwände eingeführt. Um die Kühlflächen zu vergrößern, werden die Rohrharfen auch durch Radiatoren (Radiatorenkessel) ersetzt, die wie Rippen einer Warmwasser-Heizanlage an die Kesselwand angeflanscht werden. Über Absperrschieber können die Radiatoren am Aufstellungsort des Transformators einzeln angesetzt werden.

Transformatorkurzschluß
Grenzbetriebszustand eines Transformators.
Er ist durch folgende Merkmale gekennzeichnet:
- Beim widerstandslosen Verbinden der Sekundärklemmen entsteht ein Stoßschluß, der durch einen Ausgleichsvorgang in den Dauerkurzschluß übergeht.
- Im ungünstigen Fall ist die im Moment des Kurzschlusses auftretende Stromspitze, der sog. Stoßkurzschlußstrom, bei kleineren Transformatoren annähernd das 1,5fache und bei größeren das 2,5fache des Dauerkurzschlußstroms.
- Durch die Stromstöße treten mechanische Kräfte auf. Diese beanspruchen die Wicklungen und ihre Abstützungen stark. Die Kräfte wirken quer zum Hauptstreukanal, drücken die äußeren Spulen vom Kern weg und pressen die inneren Spulen an den Kern. Ferner wirken die Kräfte als Verkürzung der Streufeldlinien, die die Spulen in axialer Richtung zusammenziehen.
- Der nach dem Ausgleichsvorgang fließende Dauerkurzschlußstrom I_k wird durch den Innenwiderstand des Transformators begrenzt. Dieser setzt sich aus dem ohmschen Widerstand und dem Streuwiderstand der Wicklungen zusammen, deren Beträge in der relativen Kurschlußspannung u_k (in %) enthalten sind. Bei dem Nennstrom I_1 ist der Dauerkurzschlußstrom

$$I_k = I_1 \cdot \frac{100}{u_k}.$$

- Transformatoren mit kleiner Kurzschlußspannung haben ein sog. hartes Kurzschlußverhalten. Der Dauerkurzschlußstrom steigt auf das 20- bis 25fache des Nennstroms. Die Wicklungen werden durch den Dauerkurzschlußstrom extrem stark erwärmt.
- Durch Vergrößern der induktiven → Streuung erhöht sich die Kurschlußspannung. Die Wirkungen des Kurzschlusses werden gemindert. → Schweißtransformatoren zeigen dieses weiche Kurzschlußverhalten.

Transformatorleerlauf
Grenzbetriebszustand eines Transformators.
Er hat folgende Merkmale:
- An der Primärwicklung liegt die Nennspannung an.
- Der Sekundärkreis ist nicht geschlossen, so daß kein Sekundärstrom fließt.
- An den Klemmen der Sekundärwicklung liegt die Induktionsspannung (sekundäre Leerlaufspannung) an.
- Im Primärkreis fließt ein relativ kleiner Leerlaufstrom.

Transformator-Parallelbetrieb
Zusammenschaltung von Verteilungstransformatoren zur Aufteilung der Last und zur Aufrechterhaltung der Versorgung mit verringerter Leistung bei Ausfall eines Transformators.
Je nach Aufstellungsort wird zwischen Netzparallelbetrieb (Transformatoren sind über Freileistungs- oder Kabelnetze verbunden) und Sammelschienenparallelbetrieb unterschieden. Die Außenleiter der Netze oder der Stromschienensysteme werden mit den gleichnamigen Oberspannungs- und Unterspannungsklemmen verbunden, z. B. Klemme U des Transformators A über Leiter L1 mit Klemme U des Transformators B. Eine Ausnahme bildet die Parallelschaltung von Transformatoren mit den Schaltgruppenkennzahlen 5 und 11.
T. kann nur erfolgen, wenn die Transformatoren entsprechende Bedingungen erfüllen (→ Parallellaufbedingungen). Die Aufteilung der Last auf die einzelnen Tranformatoren wird von ihrer Kurzschlußspannung bestimmt. Mit Hilfe der Nennleistungen und der Kurzschlußspannungen kann sie berechnet werden. Wird eine Drosselspule in Reihe mit dem Transformator mit der kleinsten Kurzschlußspannung geschaltet, kann eine Überlastung vermieden werden. Die Lastverteilung wird durch den vergrößerten Widerstand des Transformatorzweigs verändert. – Anh.: – / 61, 62.

Transformatorprinzip
→ Gegeninduktion

Transformatorprüfung
Endkontrolle und Prüfung der Transformatoren.
Die T. dient zum Erkennen von Fehlern bei der Herstellung oder Instandsetzung; zum Vergleich vorgegebener Nennwerte, wie Übersetzung, Kurzschlußspannung, Schaltgruppe usw., mit den realen Werten und durch elektrische Überbeanspruchung zum Nachweis der Widerstandsfähigkeit des Transformators gegen Beanspruchungen, denen er im Betrieb ausgesetzt sein kann.
Die T. kann als → Typprüfung oder als → Abnahmeprüfung nach Standard gefordert werden. – Anh.: 68, 73, 75, 76 / 69, 116.

Transformatorschutz
Einrichtungen und Geräte für den Schutz von Transformatoren gegen äußere Überbeanspruchung und innere Fehler.
Nach dem Schutzverhalten unterscheidet man
- Geräte zur Schadenverhütung, um die vom Netz einwirkenden Überbeanspruchungen zu verhindern
- Geräte zur Schadensbegrenzung der im Inneren der Transformatoren auftretenden Fehler.

Die Größe des T. ist von der Leistung des Transformators abhängig. Bis zu einer Leistung von 250 kVA genügen Sicherungen und → Thermo-Gefahrenmelder. Für größere Leistungen sind u. a. der Überstromzeitschutz, der → Buchholzschutz, der → Differentialschutz und das Widerstandsthermometer erforderlich. Temperaturschutz wird durch das → thermische Abbild erreicht. → Lichtbogen-Schutzarmaturen schützen gegen Überspannungen.

Transformatorspule
Mehrere eine Einheit bildende Windungen, die Teile von Transformatorwicklungen sind.
Unterschiedliche elektrische, thermische und im Kurzschluß auftretende mechanische Beanspruchungen erfordern besonders bei Großtransformatoren unterschiedliche Spulenarten.
Ein Unterscheidungsmerkmal ist die Lage der einzelnen Windungen zueinander. Liegen sie axial in Richtung der Wickelachse gesehen nebeneinander, entstehen → Lagenspulen oder → Wendelspulen. Liegen sie dagegen radial übereinander, entstehen → Scheibenspulen oder → Doppelscheibenspulen. – Anh.: 68 / 65.

Transformator-Zeigerbild
→ *Zeigerdarstellung der elektrischen und*

Transformator-Zeigerbild

magnetischen Größe eines Transformators für die Betriebszustände Leerlauf und Belastung.

Im Leerlauf (Bild a) eilt der Magnetisierungsstrom I_μ als induktiver Blindstrom der Primärspannung U_1 um 90° nach; der Eisenverluststrom I_V liegt als Wirkstrom mit U_1 in Phase, der Leerlaufstrom I_0 ist die geometrische Summe aus I_μ und I_V. Der Magnetfluß Φ liegt mit I_μ in Phase. U_{i21} und U_{i1} sind Induktionsspannungen, sie wirken nach dem Lenzschen Gesetz U_1 entgegen. Zeiger U_{i1} wird um 180° gedreht und als Zeiger $-U_{i1}$ dargestellt. Der ohmsche Spannungsabfall U_{R0} der Primärwicklung liegt mit I_0 in Phase; der induktive Streuspannungsabfall U_{S0} eilt I_0 um 90° voraus.

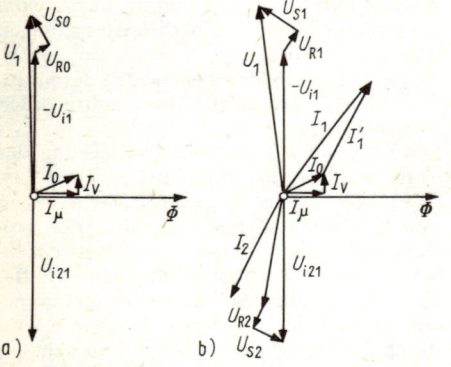

Transformator-Zeigerbild. a) Leerlauf; b) induktive Belastung; $\ddot{u} = 1$

Bild b zeigt das T. bei induktiver Belastung. I_2 ist der Sekundärstrom; I'_1 der durch die sekundäre Belastung in der Primärwicklung zusätzlich zu I_0 fließende Strom; I_1 ergibt sich als geometrische Summe aus I'_1 und I_0. U_{R2} und U_{S2} sind ohmscher und Streuspannungsabfall der Sekundärwicklung.

Tränfelwicklung

→ *Wechselstromwicklung oder* → *Kommutatorläuferwicklung, deren Spulen bzw. Spulengruppen maschinell gewickelt und von Hand durch die Nutschlitze der meist halbgeschlossenen, isolierten Nuten der* → *Blechpaketständer oder* → *Blechpaketläufer geträufelt werden.*

Beim Einträfeln darf die Nut- oder Drahtisolation nicht beschädigt werden. Jede Nut wird nach dem Einträfeln einer geraden Spulenseite mit einer Isolierkappe verdeckt und meistens mit einem Nutverschlußstab (Hartholz, Hartgewebe) verschlossen. Sind alle Wicklungsteile eingebracht, so erfolgt je nach ausgeführter Wicklung (→ Ganzlochwicklung, → Bruchlochwicklung) das Isolieren der Wickelköpfe (→ Wickelkopfisolation). Die Schaltenden werden nach Schaltungsangaben geschaltet und isoliert. Hierauf folgt das Bandagieren oder Verschnüren der Wickelköpfe in unterschiedlicher Ausführung. So z. B. werden die Spulenköpfe von Zwei- und Dreitagenwicklungen gruppenweise bandagiert, während bei Überschlag- und Zweischichtwicklungen die Wickelköpfe mittels Baumwoll- oder Glasgewebeschlauch-Bandagen zusammengehalten werden. Bei geträufelten Läuferwicklungen werden die Wickelköpfe mit Kordel-, Glasgewebe- oder unmagnetischen Stahldraht-Bandagen gegen auftretende Fliehkräfte gesichert. Nach der optischen und elektrischen Prüfung werden die Ständer und Läufer getränkt und ausgehärtet.

Trenner

Schaltgerät in Hochspannungsschaltanlagen, das nur im stromlosen Zustand, d. h. bei ausgeschaltetem Leistungsschalter, betätigt werden darf.

T. haben kein Schaltvermögen und können Lichtbogen nicht löschen. Sie müssen aber den am Einbauort auftretenden elektrischen Beanspruchungen durch Kurzschlußströme

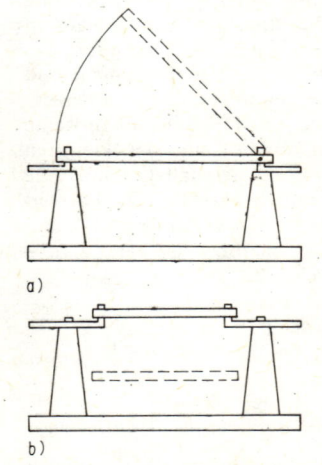

Trenner. a) Linienkontakttrenner; b) Absenktrenner

Trenner

gewachsen sein. Im geöffneten Zustand haben sie eine deutlich sichtbare Trennstrecke, diese muß so groß sein, daß die Spannung von der spannungführenden Seite nicht auf die spannunglose Seite überschlagen kann.
Als Bauformen werden verwendet: Klappt., Absenkt. (überwiegend in Mittelspannungsanlagen), Zwei- und Dreistützert., Pantografent. und Scherentrenner (überwiegend in Hochspannungsanlagen). Einen besonderen Zweck erfüllen Erdungst. Sie übernehmen das Erden und Kurzschließen an freigeschalteten Anlageteilen. Die T. werden dazu mit der einen Seite an die drei Leiter angeschlossen; die andere Seite ist kurzgeschlossen. Durch mechanische oder elektrische Verriegelungsmaßnahmen können diese T. erst geschlossen werden, wenn die Leitungst. geöffnet sind.

Trenntransformator
Volltransformator kleiner Leistung für die → Schutztrennung. Sein Übersetzungsverhältnis beträgt meist 1:1. − Anh.: 45, 68, 74 / 121, 123.

Treppenwicklung
→ *Kommutatorläuferwicklung, deren benachbarte gerade Spulenseiten verschieden große* → *Nutschritte haben.*
Gegenüber der ungetreppten → Wicklung besteht der Vorteil einer wesentlich günstigeren Kommutierung (Bild).

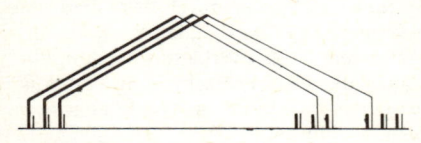

Treppenwicklung

Triac-Steller
Konstruktive und funktionelle Einheit elektronischer Bauelemente zum Drehzahlstellen eines → *Universalmotors.*
Durch den Stellwiderstand R2 (Bild) kann die Drehzahl kontinuierlich von 0 bis zur Nenndrehzahl gesteuert werden. Der Triac (Tr) enthält zwei antiparallele Thyristoren, durch die, im Unterschied zum → Thyristorsteller, beide Spannungshalbwellen gesteuert werden. Zur Ansteuerung ist eine Vierschichtdiode (Diac Di) notwendig.

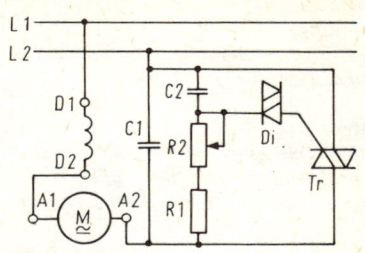

Triac-Steller

Trockentransformator
→ *Transformator meist kleiner Leistung, dessen Kühl- und Isoliermittel Luft ist.*
Hochspannungs-T. haben nur eine begrenzte Einsatzmöglichkeit. Sie werden für die Energieversorgung u. a. von Waren- und Wohnhäusern, im schlagwetterfreien Bergbau unter Tage verwendet. Die Wicklungen aus glasseideisolierten Aluminiumdrähten sind im Vakuum mit Silikonlack getränkt und deshalb schwer entflammbar. T. benötigen fast keine Wartung. Bei einer Nennoberspannung von 10 kV werden Nennleistungen bis 1 000 kVA erreicht. − Anh.: 68 / 44, 45, 66, 67.

Trommelbahnanlasser
→ Anlasser

Trommelwicklung
→ *Kommutatorläuferwicklung, die in einem geblechten und genuteten Trommelkörper eingebracht ist (→ Zweischichtwicklung).*
Die Schaltendenausführungen der Teilspulen sind mit den Lamellen des → Kommutators, der → Schleifenwicklung oder der → Wellenwicklung verbunden. Im Unterschied zur → Ringwicklung werden bei der T. beide geraden Spulenseiten für die Läufermagnetfeldbildung genutzt (Bild).

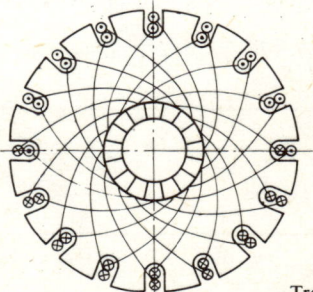

Trommelwicklung

Trommelwicklung

Turbogenerator

Turbogenerator
→ Generator, der unmittelbar mit einer Turbine gekuppelt ist.

Turboläufer
Rotierender Teil einer Dreiphasen-Wechselstrom-Synchronmaschine, der überwiegend durch eine Turbine mit hoher Drehzahl angetrieben wird.
Auf einer Welle ist ein meist massiver, trommelförmiger Eisenkörper aufgebracht, in dem entweder Parallel- oder Radialnuten eingefräst sind. In diese ist die isolierte Erregerwicklung verteilt eingebettet, die über → Schleifringe mit Gleichstrom gespeist wird. Das Einbringen und Befestigen der Erregerwicklung sowie das → Auswuchten des T. muß mit größter Sorgfalt erfolgen, weil störende mechanische Schwingungen die Funktion und Betriebsdauer der Wechselstrom-Synchronmaschine erheblich beeinflussen können.

Typenleistung
→ Eigenleistung

Typprüfung
Prüfungsart für elektrische Maschinen zum Nachweis, daß sie hinsichtlich der Konstruktion sowie der elektrischen, mechanischen und thermischen Verhältnisse den Forderungen der verbindlichen Standards bzw. den Vertragsbestimmungen entsprechen.
Die T. wird allgemein nur an einzelnen Maschinen der Fertigung durchgeführt. Die Anzahl der auf diese Art zu prüfenden Maschinen hängt vom Umfang der Produktion ab. So kann bei einer Großserienfertigung z. B. jede tausendste Maschine einer T. unterzogen werden oder, wenn die Fertigung sich über einen längeren Zeitraum erstreckt, kann auch eine zeitliche Folge der T. festgelegt werden. –
Anh.: 67, 73, 75, 76 / 1, 8, 27, 29, 44, 45, 57, 58, 95, 116, 118.

U

Überbelastung
→ Belastung

Übergangsfunktion
Funktion, die sich durch Quotientenbildung einer → Sprungantwort zur Sprunghöhe des Sprungsignals ergibt (Bild).

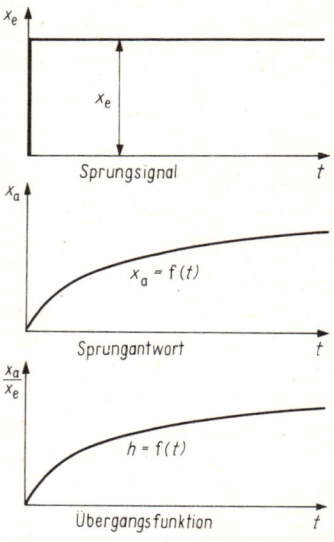

Übergangsfunktion, eines Zeitglieds; x_e Eingangssignal (Testsignal), Sprungsignal; x_a Ausgangssignal; t Zeit

Die Ü. $x_a:x_e$ eines Übertragungsglieds gibt das Größenverhältnis des Eingangssignals zum Ausgangssignal nach der Zeit an. Sie ermöglicht Rückschlüsse auf Verstärkung oder Dämpfung des Signals durch das Glied. Bei sinusförmigen → Testsignalen kann aus der Ü. außer dem Größenverhältnis der Amplituden auch die Phasenverschiebung von Ausgangssignal zu Eingangssignal abgelesen werden. – Anh.: 42 / 103.

Überlastbarkeit, dynamische
→ Überlastungsfaktor

Überlastschalter
→ Lastschalter mit einem → Nenneinschaltvermögen, das über dem 1,25fachen Nennstrom liegt.
Ü. werden im wesentlichen zum Schalten induktiver Lasten verwendet, z. B. zum Schalten von Motoren mit hohen Anlaßströmen.

Überlastungsfaktor
Verhältnis zwischen dem Kippmoment (maxi-

Überlastungsfaktor

males vom Motor aufgebrachtes Drehmoment) und dem Nennmotormoment.
Formelzeichen ü
$$\ddot{u} = \frac{M_k}{M_n}.$$
M_k Kippmoment, M_n Nennmotormoment.
Der Elektromotor kann im Unterschied zum Verbrennungsmotor kurzzeitig sehr stark überlastet werden. Diese Überlastung ist oft geringer, als sie sich aus der Erwärmung ergibt.
- Ü. des Gleichstrom-Nebenschlußmotors
  Die Grenze des Ü. ist vor allem durch die Stabilitätsgrenze (Wiederanstieg der Drehzahl durch die Ankerrückwirkung) und durch die Kommutierung gegeben: $\ddot{u} \approx 1{,}8$.
- Ü. des Gleichstrom-Reihenschlußmotors
  Maßgebend ist nur die Kommutierung: $\ddot{u} = 2$ bis $2{,}5$.
- Ü. des Asynchronmotors
  Er ist durch das stark spannungsabhängige Kippmoment gegeben: $\ddot{u} = 2$ bis $2{,}3$.
- Ü. des Synchronmotors
  Bei einer langsam steigenden Belastung ist der statische Ü. $\ddot{u} = 1{,}5$ bis 2. Plötzliche Laststöße bedingen eine ebenso plötzliche Änderung des Polradwinkels. Durch die Trägheit des Läufers schwingt dieser über den belastungsbedingten Winkel hinaus. Der Läufer pendelt. Die dynamische Überlastbarkeit liegt deshalb bei etwa 80 % der statischen.
- Ü. der Kommutatormaschinen
  Der Ü. ist vor allem durch die Kommutierung begrenzt. Bei Nebenschlußmotoren rechnet man mit $\ddot{u} = 1{,}5$ bis $1{,}8$, bei Motoren mit Reihenschlußverhalten etwa 2 bis 2,2.

Überschaltwiderstand
→ Stufenschalter

Übersetzung
Ungekürztes Verhältnis der Nennspannungen eines Transformators, d. h. ab einer Nennleistung von 6,3 kVA der im Leerlauf auftretenden Spannungen.
Die Ü. eines Verteilungstransformators beträgt z. B. 20 kV/0,4 kV. Sie darf nicht mit dem → Ü.verhältnis ($\ddot{u} = 50$) verwechselt werden.

Übersetzungsprüfung
Einzelprüfung eines Transformators (→ Transformatorprüfung) zum Nachweis der Nennspannungen.
Die Ü. muß bei Transformatoren mit angezapften Wicklungen auf sämtlichen Anzapfungen durchgeführt werden. Geprüft wird entweder nach dem Kompensationsverfahren mit Hilfe einer Wechselstrombrücke oder nach der Zwei-Spannungsmesser-Methode. Bei der Ü. wird an eine Transformatorwicklung eine Spannung angelegt, die die Nennspannung nicht überschreiten darf, aber nicht kleiner als 1 % der Nennspannung sein soll. Gleichzeitig ist an der anderen Wicklung die Spannung zu messen. Bei Hochspannungstransformatoren über 1 kV ist eine Toleranz von $\pm 0{,}5$ % oder $\pm \frac{1}{10}$ der Kurzschlußspannung (der kleinere der beiden Werte gilt) zulässig. – Anh.: 67, 73, 75, 76 / 1, 8, 27, 29, 44, 45, 57, 58, 95, 116, 118.

Übersetzungsverhältnis
Rechengröße des Transformators, die als Verhältnis von Primärwindungszahl zur Sekundärwindungszahl definiert ist.
$$\ddot{u} = \frac{N_1}{N_2}$$
Da ein Transformator ohne konstruktive Änderungen herauf- oder herabtransformieren kann, hat jeder Transformator, wie folgendes Beispiel zeigt, zwei Ü. Bei einer Windungszahl der Oberspannungswicklung von 440 und 110 Windungen für die Unterspannungswicklung ist
- beim Herauftransformieren
  $\ddot{u} = 110/440 = 0{,}25$
  und
- beim Herabtransformieren
  $\ddot{u} = 440/110 = 4$.

Überspannungsschutz
Schutz elektrotechnischer Betriebsmittel und Anlagen gegen äußere und innere Überspannungen.
Er wird vorzugsweise durch Überspannungsschutzgeräte (→ Durchschlagsicherung, Überspannungsableiter, Schutzfunkenstrecke, Überspannungsauslöser, Varistoren) oder durch Isolationskoordination (vorbeugende Maßnahme) realisiert.

Überstromschutz
Gesamtheit aller Maßnahmen zum Schutz

Überstromschutz

elektrotechnischer Betriebsmittel und Anlagen gegen Überlastung und Kurzschluß.
Überstromschutzeinrichtungen sind z. B. Sicherungen, Leitungsschutzschalter, → Motorschutzschalter, Schütze (Überstromschütz) und → Leistungsschalter. Dabei ist zu beachten, daß die Kennwerte der Schutzeinrichtungen und die Querschnitte der Leiter so gewählt werden müssen, daß im Fall eines → Körper- oder → Kurzschlusses innerhalb der festgelegten Zeit (0,2 bzw. 5 s) abgeschaltet wird.
Bei größeren Verbrauchern (elektrische Maschinen, Netze) werden für den Ü. häufig Überstromrelais in Verbindung mit Schaltgeräten eingesetzt.

Übertrager
→ Transformator

Übertragungsfaktor, integraler
Begriff der Regelungstechnik. Übertragungsfaktor von Integrationsgliedern; Quotient aus der 1. Ableitung von Ausgangsgröße und Eingangsgröße.
Integrationsglieder übertragen ein Sprungsignal mit einem allmählichen Anstieg des Ausgangssignals. Der i. Ü. gibt dabei die Anstiegsgeschwindigkeit an und ist der Anstieg der Kennlinie. – Anh.: 42 / 103.

Übertragungsfaktor, proportionaler
Die bei linearen Übertragungsgliedern aus der statischen Kennlinie hervorgegangene Konstante k.
Der p. Ü. ist der Quotient von Ausgangsgröße und Eingangsgröße und ein wichtiger Kennwert des Übertragungsglieds. Es ist der Tangens der statischen Kennlinie und Maß für die Verstärkung (→ statisches Verhalten). – Anh.: 42 / 103.

Übertragungsglieder, zusammengesetzte
Bezeichnung für Grundglieder der Regelungstechnik, die in unterschiedlicher Weise zusammengeschaltet sind, um das für einen Regelkreis erforderliche Übertragungsverhalten zu erreichen.
Mehrere Grundglieder (Proportional-, Integrations-, Differential-Glieder) werden dazu in Reihen-, Parallel- oder in gemischter Schaltung zusammengesetzt, in besonderen Fällen werden auch Rückführschaltungen verwendet. Das neue Übertragungsverhalten, durch den Frequenzgang ausgedrückt, ergibt sich bei Reihenschaltungen aus dem Produkt der Einzel-Frequenzgänge, bei der Parallelschaltung aus deren Summe. Bei gemischten Schaltungen sind mehrere Rechengänge notwendig.
Bei Schaltungen mit Rückführung wird der Eingang des Rückführglieds an den Ausgang des Übertragungsglieds gelegt und der Ausgang des Rückführungsglieds mit dem Eingang des Übertragungsglieds verbunden (Gegenparallel-Schaltung, Gegenkopplung).
Z. Ü. werden nach ihrem sich aus der Zusammensetzung ergebenden Verhalten benannt, also PI- (Proportional-Integrations-), PD-, PID-Glied usw. – Anh.: 42 / 103.

Umformer
Rotierende elektrische → Maschine, die elektrische Energie in elektrische Energie mit anderen Parametern wie Spannung, Frequenz und Phasenzahl umwandeln.
Gebräuchliche U. sind → Motorgeneratoren → Einankeru. und Leonardu. (→ Leonardschaltung).

Umgruppierungsschaltung
Sonderschaltung eines Drehstrom-Käfigläufermotors, um eine in Stufen steuerbare Drehzahl zu erreichen.
Bei der U. dienen die galvanisch getrennten Mittelpunkte einer dreifach parallel in Stern geschalteten Grundwicklung als Anschlüsse für die zweite Polpaarzahl. Es sind drei zusätzliche, parallel oder in Reihe angeschlossene sog. Nullzweige vorhanden, die nur in einer Polzahlstufe wirksam sind. Diese Nullzweige sind notwendig, um eine vollständige Wicklungssymmetrie ohne Ausgleichsströme in den Parallelzweigen zu erreichen.
Der Vorteil der U. besteht darin, daß sie, wie die → PAM-Motoren, mit sechs Klemmen auskommt, jedoch bei einer kontaktbehafteten Umschaltung kein Sternpunktschütz erforderlich ist.

Umspanner
→ Transformator

Umsteller
Stelleinrichtung zum Anpassen eines Verteilungstransformators an die Spannungsverhältnisse des Netzes.

Umsteller

Im Hochspannungsnetz entstehen bei Belastung Spannungsabfälle. Dadurch liegen an der Oberspannungswicklung der Verteilungstransformatoren je nach Aufstellungsort vom Nennwert abweichende Spannungen an. Der Verbraucher kann dann auch niederspannungsseitig nicht mit seiner Normspannung versorgt werden. Die Oberspannungswicklung des Verteilungstransformators erhält deshalb Anzapfungen. Durch den U. können Windungen zu- oder abgeschaltet werden. Dadurch ist ein Anpassen in drei Schaltstufen von max. ±4 %, ab einer Leistung von 400 kVA und einer Oberspannung von 30 kV von ±5 % möglich.
U. werden als → Sternpunktu. oder → Mittenu. gefertigt. Sie sind an verschiedenen Stellen im Transformatorkessel angebracht. Geringer Raumbedarf ist für den Zwickelu. erforderlich, der zwischen zwei bewickelten Schenkeln an der Längsseite des Kessels sitzt. Über eine Welle werden die U. im spannungslosen Zustand vom Deckel aus auf eine der drei Schaltstufen eingestellt. – Anh.: – / 59.

UND-Glied
→ *Logisches Grundglied, Konjunktion; Übertragungsglied, das nur dann ein Ausgangssignal 1 hat, wenn die Eingangssignale 1 sind. Elektromechanisch läßt sich das U. durch in Reihe geschaltete Schließer aufbauen (Bild).*
–Anh.: 42 / 103.

x_1	x_0	y
0	0	0
0	1	0
1	0	0
1	1	1

$y = x_0 x_1$

UND-Glied. Wertetabelle, Formel und Symbol

Universalmotor
→ *Kommutatormaschine, die als Reihenschlußmotor für den Anschluß von Gleich- und einphasiger Wechselspannung geeignet ist.*
Symmetrisch zur Läuferwicklung werden die Feldspulen und Kondensatoren (Bild a) geschaltet. Da das Erregerfeld im Rhythmus der Frequenz ummagnetisiert wird, muß auch der Ständer geblecht werden. Die beiden Pole und der Ständerrücken bilden einen Komplettschnitt (Bild b). Der Läufer entspricht in seinem Aufbau dem der → Gleichstrommaschine.

U. werden für Leistungen von 10 bis 500 W bei einer Nennspannung von 220 V (seltener 110 V) gebaut. Die Motoren kleinerer Leistung erreichen Drehzahlen von 10 000 Umdrehungen je Minute und höher. Dadurch, daß die Wendepole und die Kompensationswicklung fehlen, tritt während des Laufs mehr oder minder starkes Bürstenfeuer auf. Eine ausreichende Entstörung wird durch die Kondensatoren erreicht.

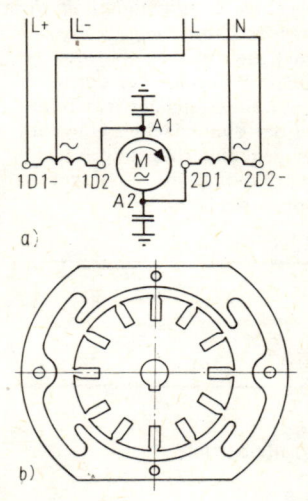

Universalmotor

Die Drehzahl des U. ist aufgrund der Reihenschlußerregung stark lastabhängig. Im Gleichstrombetrieb steigt bei Leistungen über etwa 200 W die Drehzahl gegenüber der des Wechselstrombetriebs an. Deshalb werden durch Anzapfungen der Erregerspule unterschiedliche Windungszahlen für beide Stromarten wirksam. U. werden für die verschiedenen Geräte im Haushalt und Gewerbe eingesetzt.

Unterbelastung
→ Belastung

Unterlage
→ Zweischichtwicklung

Unterspannungswicklung
Bezeichnung einer → *Transformatorenwicklung, die für die kleinste Nennspannung ausgelegt ist.*
Die U. kann sowohl → Primärwicklung als

Unterspannungswicklung

auch → Sekundärwicklung sein. Die Anschlußstellen (Klemmen) der U. und bei Drehstromtransformatoren auch ihre Schaltung werden mit Kleinbuchstaben bezeichnet.
Beispiele: Einphasentransformator: Klemmenbezeichnung u und v, Drehstromtransformator: Sternschaltung y.

Unwucht
Ungleiche Masseverteilung, die außerhalb der Drehachse rotierender Läufer liegt.
Man unterscheidet die statische und die dynamische Unwucht. Während bei der statischen Unwucht nur ein Gleichgewichtsfehler vorliegt, sind bei der dynamischen Unwucht mindestens zwei gegenüberliegende Gleichgewichtsfehler vorhanden, die axial gegeneinander verschoben sind.

V

Verbundbetrieb
→ Generator-Parallelbetrieb

Verbundmaschine
→ Gleichstrom-Doppelschlußgenerator

Verkettung
→ Dreiphasenwechselspannung

Verkettungsfaktor
Faktor $\sqrt{3} = 1,73$, der bei → Dreiphasenwechselspannung die Leiter- und Stranggrößen verknüpft und bei gleichen Spannungs- und Stromwerten das Vielfache der Drehstromleistung im Vergleich zur Wechselstromleistung angibt.

Verlustfaktormessung
Einzelprüfung von Großtransformatoren zum Beurteilen der Isolation vor der → Wicklungsprüfung und → Windungsprüfung über den erreichten Trocknungsgrad.
Hinreichende Isolation ist vorhanden, wenn mit der Hochspannungsbrückenschaltung nach Schering der Verlustfaktor $\tan \delta = 5 \cdot 10^{-3}$ bis $15 \cdot 10^{-3}$ beträgt. − Anh.: − / 116.

Verlustziffer
Werkstoffgröße, die die Güte von → Transformatorenblechen kennzeichnet.
Die V. gibt bei den Flußdichten 1,0 T oder 1,5 T (→ Tesla) die Leerlaufverluste (Eisenverluste) in Watt je Kilogramm an. Richtwerte für warmgewalzte Bleche $v_{1,0} \approx 1,4$ W/kg, $v_{1,5} \approx 3,1$ W/kg, Richtwerte für Texturbleche $v_{1,0} \approx 0,7$ W/kg, $v_{1,5} \approx 1,4$ W/kg.

Verriegelung
→ *Abhängigkeitsschaltung mit zwei oder mehr* → *Schaltschützen (Bild).*

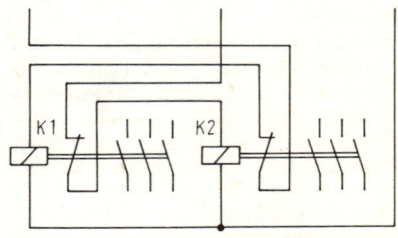

Verriegelung. Schaltungsteil einer Schützschaltung; K1, K2 Schaltschütze mit Hilfskontakten (Öffner), Lastkontakten und Schützspule

Bei der V. kann von zwei Schaltschützen immer nur eines eingeschaltet werden. Sie wird bei Drehrichtungs-Umkehrschaltungen (Kräne, Hebezeuge) angewendet, um ein gleichzeitiges Einschalten der Schütze für beide Drehrichtungen zu verhindern (Kurzschlußentstehung). Die V. wird durch einen vom Schaltschütz betätigten Öffner erreicht, der in die Zuleitung zur Schützspule des anderen Schützes eingebaut ist.

Verschiebeankermotor
Sondermotor, der beim Abschalten selbständig sofort stillsteht.
Beim V. sind Ständer und Läufer konisch ineinandergepaßt. Eine Feder drückt den Läufer bei Stillstand in axialer Richtung etwas aus dem Ständer gegen einen Bremsbelag. Beim Einschalten wird der Läufer in den Ständer hineingezogen. Dabei wird die Bremswirkung aufgehoben und die Feder gleichzeitig gespannt. V. werden für kleine Hebezeuge und Hilfsantriebe eingesetzt.

Verschiebungsfaktor
Physikalische Größe, die das Verhältnis der → *Wirkleistung zur* → *Scheinleistung in einem*

Verschiebungsfaktor

Wechselstromkreis bzw. in einem Bauelement angibt.
Formelzeichen cos φ
$$\cos \varphi = \frac{P}{S},$$
P Wirkleistung;
S Scheinleistung.
Der Winkel kennzeichnet dabei die → Phasenverschiebung zwischen Strom und Spannung. Ein Wechsel- bzw. Drehstromnetz wird um so ökonomischer betrieben, je größer der Leistungsfaktor ist, da der Anteil der Wirkleistung im Vergleich zur → Blindleistung hoch ist. Ein optimaler Zustand mit cos φ = 1 kann durch die → Phasenkompensation erreicht werden.
Werden diese Aussagen nur auf die Grundwellen von Strom und Spannung bezogen, ist der V. gleich dem in der Praxis bevorzugt verwendeten Begriff des Leistungsfaktors λ.

Verschiebungsfluß
Physikalische Größe, die die Fähigkeit zur Ladungsverschiebung im elektrostatischen Feld beschreibt (→ Feld, elektrostatisches).
Formelzeichen ψ
Einheit C (→ Coulomb)
Der V. ist die analoge Größe zur Stromstärke des elektrischen Strömungsfelds. Er ist gleich seiner Ursachengröße, der das elektrostatische Feld erzeugenden Ladungsmenge Q ($\psi = Q$). – Anh.: – / 75, 101.

Verschiebungsflußdichte
Physikalische Größe, die die Verteilung des → Verschiebungsflusses im elektrostatischen Feld beschreibt.
Formelzeichen D
Einheit $\frac{C}{m^2}$ ($\frac{Coulomb}{Meter^2}$)
$$D = \frac{\varphi}{A}$$
Die analoge Größe im elektrischen Strömungsfeld ist die Stromdichte. Im homogenen elektrostatischen Feld ist die V. der auf die Flächeneinheit bezogene Verschiebungsfluß. Der Betrag der V. ist vom Isolierstoff, der durch die → Dielektrizitätskonstante ε gekennzeichnet wird, und von der Feldstärke E abhängig: $D = \varepsilon \cdot E$ – Anh.: – / 75, 101.

Verstärker
Bauteil der Regelungstechnik. V. wandeln mittels Hilfsenergie kleine Energien meist proportional in größere, um Schalt- und Stellvorgänge in Regelungen ausführen zu können.
V. werden nach ihren Informationsträgern unterschieden, d. i. elektrisch, pneumatisch, hydraulisch, jedoch sind auch V. im Einsatz, die gleichzeitig den Informationsträger wandeln, wie Tachogeneratoren (mech.-el.) oder Druckschalter (pneumat.-el.). Verbreitet sind elektrische und elektronische V., aber auch pneumatische (Prinzip Düse – Prallplatte) und hydraulische (Prinzip Stahlrohr – Kolben), seltener mechanische (→ Magnetpulverkupplungen). Die elektrischen V. werden in elektro-mechanische (Relais), → Maschinenv. und → Magnetv. (Transduktoren) unterschieden. V. können ein- oder mehrstufig aufgebaut werden.

Verstärker, elektronischer
Verstärker, deren Verstärkerwirkung auf Eigenschaften von Halbleitermaterialien oder von Elektronen- und Ionenströmen beruht.
Verstärker mit Transistoren und Schaltkreisen verarbeiten kleine Signale. Sie dienen zum Ansteuern von Großsignalverstärkern (Thyristoren), die sehr hohe Stromstärken schalten und regeln können. Die Schaltungen dazu sind äußerst vielfältig. Als Hilfsenergie dienen bei Transistoren und Schaltkreisen Gleichspannung, bei Thyristoren auch Wechselspannungen oder Spannungsimpulse. Neben diesen Verstärkerbauelementen werden seltener gittergesteuerte Vakuumröhren mit beheizter Glühkatode verwendet, deren Regelung fast leistungslos erfolgt. Weitere e. V. der Starkstromtechnik sind Thyratrons (mit Edelgas oder Quecksilberdampffüllung) und Quecksilberdampfventile.

Verteilungstransformator
→ *Drehstromtransformator, der in den Verteilungsnetzen der Energieversorgung Hochspannungen von 30, 20 oder 15 kV auf die Niederspannung von 0,4 kV heruntertransformiert.*
Die Energierichtung im V. ist dadurch bestimmt, d. h., die Oberspannungswicklung ist immer Primärwicklung.
Im Leistungsbereich von 100 kVA bis 1 600 kVA werden die V. in Transformatorenstationen aufgestellt. Über → Umsteller erfolgt eine Anpassung an die Spannungsverhältnisse des Netzes. Da eine unsymmetrische Belastung (→ Belastung, unsymmetri-

Verteilungstransformator

sche) häufig auftritt, werden die V. bevorzugt in den Schaltgruppen Dy5 und Yz5 ausgeführt.

Verzögerungsglied
T_1-Glied. Übertragungsglied der Regelungstechnik.
Ein V. überträgt das Eingangssignal zwangsläufig oder gewollt zeitverzögert. Die Verzögerungszeit ist bauelementeabhängig. Gekennzeichnet wird das V. durch die Halbwertzeit, die angibt, nach welcher Zeit das Ausgangssignal die Hälfte seines Endwerts erreicht hat. Die Dämpfung in elektrischen Meßwerten kann als V. angesehen werden. – Anh.: 42 / *103*.

Verzögerungsglied, schwingendes
Übertragungsglied der Regelungstechnik, bei dem das durch ein Sprungsignal erzwungene Ausgangssignal eine sinusförmige Schwingung ist.
S. V. ergeben sich durch das Zusammenschalten unterschiedlicher Grundglieder, darunter auch Zeitglieder. Die Sprungantworten sind je nach → Dämpfungszahl gedämpfte oder ungedämpfte Schwingungen bis zum Doppelten der Ausgangsgröße. Bei gedämpften Schwingungen stellt sich nach einer gewissen Zeit der Ausgangswert ein, bei ungedämpften Schwingungen nicht. – Anh.: 42 / *103*.

Verzögerungszeit
→ Zeitkonstante

Verzugszeit
Zeit, die nach Anlegen eines Sprungsignals an den Eingang eines Übertragungsglieds bis zu einem merkbaren Anstieg des Ausgangssignals (→ Sprungantwort) vergeht.
In der graphischen Darstellung der Übergangsfunktion eines Zeitglieds ist es der Zeitabschnitt zwischen Nullpunkt und Schnittpunkt der Anstiegstangente mit der Zeitachse (→ Ausgleichszeit, Bild). – Anh.: 42 / *103*.

Vibrationsregler
→ Tirrillregler

V-Kurven
→ Phasenschieberbetrieb

Vollpolläufer
Läuferform von → *Innenpolmaschinen.*
Der V. ist zylinderförmig aufgebaut, sehr langgestreckt und im Unterschied zum → Schenkelpolläufer zur Beherrschung der Radialkräfte von relativ kleinem Durchmesser bis etwa 1 200 mm. Durch die großen Läuferlängen biegt sich die Welle leicht durch. Eine stets auftretende Restunwucht kann den V. deshalb bei einer bestimmten Drehzahl (→ kritische Drehzahl) zum Schwingen anregen. Unter Umständen kann der Läufer am Ständer anlaufen, oder es werden die Lager zerstört.

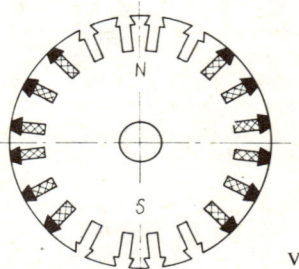

Vollpolläufer

Die Anzahl der Pole, häufig nur ein Polpaar, ist gering. Wie der Querschnitt des V. zeigt (Bild), werden die Mittelteile nicht bewickelt, jedoch aus schwingungstechnischen Gesichtspunkten meist genutet. Da Maschinen mit V. überwiegend für Wechselspannungen von 50 Hz ausgelegt sind, müssen die Läuferdrehzahlen hoch sein.

Volltransformator
Transformator mit der Leistungsübertragung von der Primärseite zur Sekundärseite.
Bei einem V. sind Primär- und Sekundärwicklung galvanisch getrennt. Die gesamte Leistung muß darum, im Unterschied zum → Spartransformator, induktiv übertragen werden. Wicklungen und Eisenkern sind nach dieser Leistung, der Nennleistung des V., auszulegen. – Anh.: 68 / *125*.

Volt
Einheit der Spannung.
Kurzzeichen V
Die Einheit wird mit Hilfe des Leistungsumsatzes der bewegten Ladungsträger bestimmt. Das V. ist die Spannung zwischen zwei Punkten eines homogenen und gleichmäßig temperierten metallischen Leiters, in dem bei ei-

Volt

ner zeitlich konstanten Stromstärke von 1 A (→ Ampere) zwischen beiden Punkten eine Leistung von 1 W (→ Watt) umgesetzt wird.

$$1 \text{ Volt (V)} = \frac{1 \text{ Watt (W)}}{1 \text{ Ampere (A)}}$$

Die Einheit wurde nach dem italienischen Physiker Alessandro *Volta* (1745–1827) benannt. – Anh.: – / 75, *101*.

V-Schaltung
Sonderschaltung von → *Spannungswandlern im Drehstromnetz.*

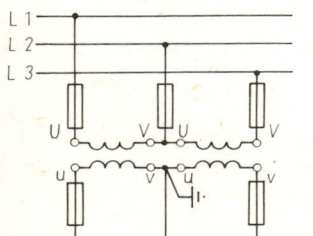

V-Schaltung

Zwei Einphasen-Spannungswandler werden so an das Drehstromnetz geschaltet (Bild), daß sekundärseitig die Meßspannung von 100 V als Drehphasenwechselspannung zur Verfügung steht.

W

Wähler
→ Stufenschalter

Walzenbahnanlasser
→ Anlasser

Walzenschalter
→ *Lastschalter für Gleich- und Wechselstrom im Niederspannungsbereich.*
Bei W. drückt ein entsprechend geformter, federnd gelagerter Kontaktfinger auf ein Kontaktsegment. Beide bestehen aus Kupferlegierungen. Zum Einschalten bewegt sich das Kontaktsegment auf den Finger zu, so daß während des Schaltvorgangs eine schleifende Bewegung entsteht, die vorhandene Oxidschichten aufreißt und eine bessere Kontaktgabe ermöglicht. Beim Abschalten entsteht eine Reiß-(Scher-)Bewegung, die → Kontaktverschweißungen trennen kann. Wälzkontakte und -segmente sind auf Unebenheiten hin zu kontrollieren, weil der sonst entstehende Engewiderstand Wärme verursacht, die auch die Federkraft des Kontaktfingers beeinträchtigt und weitere Störungen verursacht.

Wälzlager
→ *Lagerart, bei der zwischen einem drehbaren und einem festen Stahlring über Stahlkugeln oder Stahlwalzen eine rollende Reibung stattfindet.*
Es gibt Ring- und Rillenlager. Ringlager, auch Radiallager genannt, werden überwiegend bei Belastungen in radialer Richtung in elektrische Maschinen eingebaut. Rillen- oder Axiallager (Scheibenlager) hingegen werden bei Belastungen in axialer Richtung verwendet. Beide W.ausführungen werden als Kugel- und Rollenlager hergestellt. Für kleine und mittlere Radialbelastungen werden Ringkugellager, für hohe Radialbelastungen Zylinder- oder Pendelrollenlager eingesetzt. Für kleine und mittlere Axialbelastungen hingegen eignen sich Axial-Rillenkugellager, während für hohe Axialbelastungen Pendelrollenlager zum Einsatz kommen. Die Lebensdauer der W. ist vom fachgerechten Einbau, dem richtigen Schmiermittel und der Wartung abhängig. Im allgemeinen reicht eine W.fettfüllung für etwa 4 000 ... 8 000 Betriebsstunden aus. Danach sind die W., die keine Nachschmiereinrichtung haben, mit Benzin gründlich zu reinigen und mit einem geeigneten W.fett zu fetten. Die W. sind nur zu zwei Drittel mit W.fett zu füllen, weil eine Überfüllung zur Überhitzung und Zerstörung führen kann. Die Vorteile der W. im Vergleich zu den Gleitlagern liegen im geringen Bedarf an Schmiermitteln, in minimaler Abnutzung, in großer Betriebssicherheit, in der geringen Wartung und leichten Auswechselbarkeit sowie in der geringen Baulänge.

Wälzsektorregler
Elektromagnetischer Regler zum Konstanthalten von Generatorspannungen.
Über kreisförmig angeordneten Kontakten liegen Wälzbügel, die je nach Stellung eines größeren oder kleineren Teils des an den Kontakten angeschlossenen Regelwiderstands kurzschließen und damit den Erreger-

Wälzsektorregler

strom für den Erregergenerator verändern. Die Stellung des Wälzbügels wird durch einen Exzenter verändert, der von einer Spule mit beweglichem Eisenkern verdreht wird (Bild).

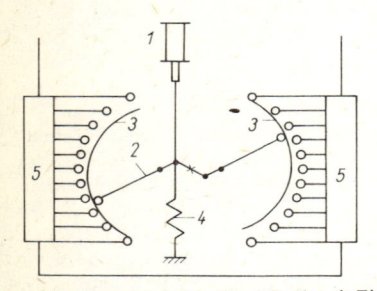

Wälzsektorregler. Prinzip; *1* Spule mit Eisenkern; *2* Antriebsgestänge; *3* federnde Metallbänder; *4* Rückstellfeder; *5* Widerstände

Bei Einzelbetrieb des Generators wird die Wälzbügelstellung von der Spannung bestimmt, bei Parallelbetrieb mehrerer Generatoren bewirkt außerdem eine Stromspule, daß bei höherer Blindlast ein größerer Erregerstrom eingestellt wird.

Wanderfeld
→ *Magnetfeld (→ Feld, magnetisches), bei dem im Unterschied zum → Drehfeld die Pole nicht umlaufen, sondern eine lineare Bewegung ausführen.*
Wird der Ständer eines Drehstrommotors aufgeschnitten und in eine Ebene gestreckt, entstehen durch einen Dreiphasenwechselstrom Nord- und Südpol zeitlich versetzt in benachbarten Spulen, so daß die Pole scheinbar in der Ebene wandern. Dieses Prinzip bildet die Grundlage für die Wirkungsweise des → Linearmotors.
Ein W. wird in Induktionszählern auch durch zwei versetzt angeordnete Eisenkerne erzeugt, die die Spannungs- bzw. Stromspule tragen. Das W. bildet durch die in der Aluminiumscheibe induzierten Wirbelströme ein der elektrischen Arbeit analoges Drehmoment.

Wandler
→ Transformator

Wandlererdung
Schutzerdung des Sekundärkreises von → Meßwandlern.

Die galvanische Verbindung einer sekundären Wandlerklemme mit einem Schutzerdungswiderstand ist notwendig, weil bei einem Isolationsfehler das Hochspannungspotential in den Sekundärkreis übertreten kann.
Der Aufbau eines Wandlers aus Eisenkern, Kernisolation, Sekundärwicklung, Hauptisolation und Primärwicklung entspricht der Anordnung von zwei in Reihe geschalteten Kondensatoren. Die Hochspannung zwischen Primärwicklung und Eisenkern teilt sich so auf, daß bei jedem unbeschädigten Wandler durch elektrostatische Influenz an der Sekundärwicklung gegen Erde eine gefährliche Berührungsspannung auftritt.

Wandlernennleistung
1. In Voltampere ausgedrücktes Produkt aus dem Quadrat der sekundären Nennspannung U_{n2} und der Nennbürde Y_{n2} der Sekundärwicklung eines → Spannungswandlers.
$S_n = U_{n2}^2 \, Y_{n2}$
Gebräuchliche Werte: 10; 25; 50; 100; 200 und 300 VA.
2. In Voltampere ausgedrücktes Produkt aus dem Quadrat des sekundären Nennstroms I_{n2} und der → Nennbürde Z_{n2} eines → Stromwandlers.
$S_n = I_{n2}^2 \, Z_{n2}$
Gebräuchliche Werte: 2,5; 5; 10; 15; 30 und 60 VA. – Anh.: 65 / 49, 50.

Wandlerverhalten
Verhalten eines → Stromwandlers und eines → Spannungswandlers bei Änderung des Sekundärwiderstands.
Die Änderung des Sekundärwiderstands beeinflußt die Primärgrößen der Wandler Spannung bzw. Stromstärke nicht, da sie durch das Netz vorgegeben sind. Wegen des proportionalen Verhaltens der Wandler bleiben Sekundärspannung beim Spannungswandler bzw. Sekundärstrom beim Stromwandler ebenfalls unbeeinflußt.
Eine Erhöhung des Sekundärwiderstands verringert beim Spannungswandler den Sekundär- und Primärstrom. Der Spannungswandler verhält sich wie ein Transformator.
Bei einem Stromwandler führt die Erhöhung des Sekundärwiderstands zu einer Erhöhung des Widerstands zwischen den Primärklemmen, demzufolge auch zu einer Erhöhung

Wandlerverhalten

des darüber entstehenden Spannungsabfalls. Bei extremer Widerstandserhöhung, wie sie bei Unterbrechung des sekundären Stromwandlerkreises auftreten kann, würde durch den großen primären Spannungsabfall der Stromwandler so stark aufmagnetisiert werden, daß die entstehenden Eisenverluste u. U. zum Eisenbrand führen können und sekundär eine gefährliche Berührungsspannung entstehen kann.
Der sekundäre Stromwandlerkreis ist nicht abzusichern und nicht zu unterbrechen! Vor Ausbau des Strommessers sind die Sekundärklemmen k und l kurzzuschließen!

Wärmebeständigkeitsklasse
Gruppe, der ein Isolierstoff hinsichtlich seiner höchstzulässigen Dauertemperatur zugeordnet wird.
Die Funktionsdauer der Wicklungen hängt stark von der thermischen Beanspruchung der Isolierung ab. Ihrem Aufbau bzw. ihrer Zusammensetzung entsprechend muß die Dauertemperatur so begrenzt werden, daß über längere Zeit auftretende Erwärmung zu keiner merklichen Verschlechterung der elektrischen und mechanischen Eigenschaften führt (Tafel).
Im Elektromaschinenbau werden am häufigsten Isolierstoffe folgender W. verwendet:
A getränkte oder in flüssige Isolierstoffe wie Öl getauchte Faserstoffe aus Zellulose (Baumwolle, Papier, Zellwolle) oder Seide;
E einige Folien, Lackfilme oder wärmehärtende Harze
B Materialien auf der Basis von Glimmer, Asbest oder Glasfasern, die mit geeigneten organischen Binde- oder Tränkmitteln verwendet werden. – Anh.: – / *107.*

Zuordnung von Wärmebeständigkeit und Dauertemperatur

Wärmebeständig-keitsklasse	A	E	B	F	H
Höchstzulässige Dauertemperatur °C	105	120	130	155	180

Wärmekreislauf
Weg des Kühlmittels bei Transformatoren, der bei Öltransformatoren aus dem inneren und dem äußeren W. besteht.

Kleine Trockentransformatoren strahlen ihre Verlustwärme von der Oberfläche der Wicklungen und des Eisenkerns nur unmerklich ab. Bei größeren Leistungen bildet sich durch die Dichteänderung eine natürliche Kühlmittelbewegung. Das warme Kühlmittel (Luft oder Öl) steigt nach oben, das kalte wird von unten herangeführt. Der W. hat sich geschlossen.
Bei Öltransformatoren wird die Verlustwärme an die Kesselwände abgegeben, die Wärmeabgabe an die Luft erfolgt durch Strahlung und Konvektion.

Wasserschutz
→ Schutzgrad

Watt
Einheit der elektrischen Leistung (→ Leistung, elektrische)
Kurzzeichen W
Ein Gerät hat die Leistung 1 W, wenn es in der Zeit von 1 s eine elektrische Arbeit von 1 J verrichtet.

$$1 \text{ Watt (W)} = \frac{1 \text{ Joule (J)}}{1 \text{ Sekunde (s)}}$$

Die Einheit wurde nach dem englischen Ingenieurs James *Watt* (1736–1819) benannt. – Anh.: – / *75, 101.*

Weber
Einheit des → Magnetflusses.
Kurzzeichen Wb
Die Einheit wird mit Hilfe der elektromagnetischen → Induktion festgelegt. Eine Spannung von 1 V wird dann in einer Windung induziert, wenn der Magnetfluß von 1 Wb (Weber) ins 1 s geändert wird.
1 Weber (Wb) = 1 Volt (V) · 1 Sekunde (s)
Die Einheit wurde nach dem deutschen Physiker Wilhelm *Weber* (1804–1891) benannt. – Anh.: – / *75, 101.*

Wechselfeld
→ *Magnetfeld (→ Feld, magnetisches), das seine Stärke periodisch ändert, aber seine Form und Lage zur erzeugenden Spule beibehält.*
Eine mit Wechselstrom gespeiste Wicklung, z. B. die Ständerwicklung eines Repulsionsmotors, erzeugt ein W. Jedes W. läßt sich stets in zwei entgegengesetzt umlaufende Drehfelder (→ Drehfeld) von halbem Höchstwert zerlegen (Bild). Sie werden als

Wechselfeld

mitläufiges, im Sinne des gewünschten Vorgangs, und als gegenläufiges oder inverses Drehfeld bezeichnet.

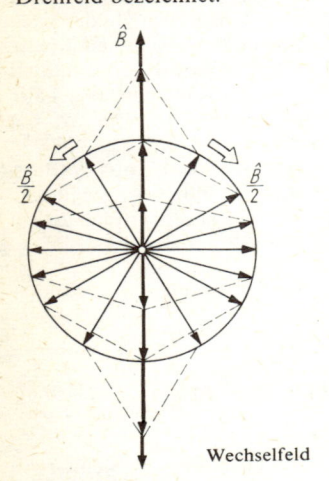

Wechselfeld

Wechselpolbauart
Konstruktionsform eines Polrads von Synchrongeneratoren, bei der die Polarität der Erregerpole von Pol zu Pol wechselt.
Im Unterschied zur → Gleichpolbauart ist neben einem Nordpol ein Südpol. Im Bild sind außer der schematischen Darstellung die Feldkurve und der Verlauf der induzierten Spannung dargestellt.

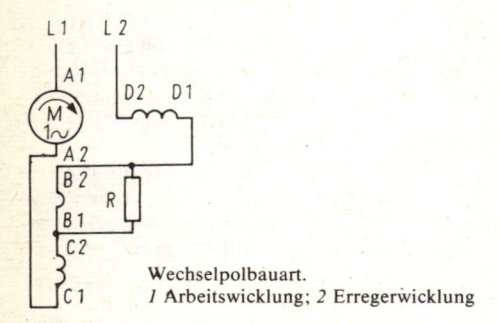

Wechselpolbauart. 1 Arbeitswicklung; 2 Erregerwicklung

Wechselspannung
→ *Spannung, die periodisch ihren Betrag und ihre Richtung ändert.*
Ein über einen längeren Zeitraum gebildeter arithmetischer Mittelwert hat den Wert Null. Die zeichnerische Darstellung der Spannung als Funktion der Zeit ergibt das Liniendiagramm. Entsprechend dieser bildlichen Darstellung werden u. a. dreieckförmige, trapezförmige, rechteckförmige und sinusförmige Wechselspannungen unterschieden. – Anh.: 41 / 75, 101.

Wechselspannung, sinusförmige
→ *Wechselspannung, deren Augenblickswert u sich einer Sinusfunktion entsprechend periodisch nach der Zeit ändert.*
$u = \hat{U} \cdot \sin \omega \cdot t$.
Die s. W. hat folgende Vorzüge: Spannung und Strom ändern sich stetig ohne Spitzen und Sprünge, die Sinusform wird durch die Grundbauelemente ohmscher Widerstand, induktiver und kapazitiver Blindwiderstand nicht verändert, die Transformierung und Übertragung können mit geringsten Verlusten erfolgen, ihr Verlauf, auch der des Stroms und der Leistung, ist grafisch und mathematisch einfach erfaßbar.
Technische Wechselspannungen der Elektroenergieversorgung dürfen nur geringfügig von der idealen Sinusform abweichen.

Wechselstrom-Bahnmotor
→ *Kommutatormaschine zum Antrieb elektrischer Vollbahnen.*
Die Schaltung des W. stimmt weitgehend mit der des → Gleichstrom-Reihenschlußmotors überein. Die Wendepol- und Kompensationsspulen sind jedoch nicht im Innern der Maschine wechselweise in Reihe gelegt, sondern jede der beiden Wicklungen wird für sich getrennt durchgeschaltet. Dadurch werden die Klemmen von außen zugänglich, um zur Verbesserung der Stromwendung parallel zur Wendepolwicklung einen ohmschen Widerstand schalten zu können (Bild).

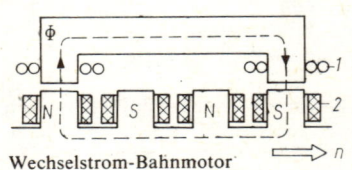

Wechselstrom-Bahnmotor

Die Drehzahlkennlinie entspricht annähernd der des Gleichstrom-Reihenschlußmotors. Das Erregerfeld (Wechselfeld) erzeugt jedoch in den Läuferspulen, die von den Bürsten kurzzeitig kurzgeschlossen werden, zusätzlich zur Selbstinduktionsspannung eine Transformationsspannung. Diese ist nur von der Größe des Erregerflusses, nicht aber von der Drehzahl des Läufers abhängig. Die

Wechselstrom-Bahnmotor

Transformationsspannung (Gegeninduktionsspannung) tritt somit auch im Stillstand auf und ruft einen Strom quer durch die Bürsten hervor. Die Bürstenlauffläche und die darunterliegenden Kommutatorlamellen erwärmen sich besonders bei längerem Anlauf stark. Diese großen Beanspruchungen entstehen im Gleichstrombetrieb nicht und werden beim W. durch die niedrige Frequenz von $16\frac{2}{3}$ Hz herabgesetzt.

Gegenüber dem Gleichstrombetrieb wird die Fahrleitung mit einer relativ hohen Spannung von 15 kV eingespeist, die durch Transformatoren in den Lokomotiven auf die für den W. günstige Spannung von 400 bis 600 V herabtransformiert wird. → Stundenleistungen von 3 000 bis 6 000 kW werden erreicht. – Anh.: 25, 69 / 26.

Wechselstromlichtbogenlöschung

Unterbrechen von Schalt- oder Fehlerlichtbögen in Wechsel-(Dreh-) Stromkreisen.

Jeder Wechselstromlichtbogen verlischt im Nulldurchgang des Wechselstroms. Er zündet erneut, wenn die Strecke ionisiert bleibt. Der Vorgang erfolgt mit doppelter Netzfrequenz. Zweck der W. ist es, ein Wiederzünden dadurch zu verhindern, daß die Strecke im Strom-Nulldurchgang entionisiert und gekühlt oder die den Lichtbogen aufrechterhaltende Energie entzogen wird. Ersteres wird bei → Leistungsschaltern in → Löschkammern erzielt, letzteres bei Fehlerlichtbögen durch automatisches Wiedereinschalten und → Kurzschließen, seltener durch natürliche → Lichtbogenlöschung.

Wechselstromwicklung

Verteilte → Wicklungen, die als Einstrang-, Zweistrang- oder Dreistrangwicklung in → Blechpaketständern oder → Blechpaketläufern untergebracht sind (→ Wicklung, verteilte).

W. sind die erforderlichen Wicklungssysteme zum Einphasen-, Zweiphasen- und Dreiphasenwechselstrom und sollen in → Generatoren Spannungen und in → Motoren → Wechsel- oder → Drehfelder erzeugen. Ein grundsätzlicher Unterschied zwischen Generatoren- und Motorenwicklungen sowie Ständer- und Läuferwicklungen besteht mit Ausnahme der → Käfigwicklung und der Dämpferwicklung (→Polrad) nicht. Nach der Anzahl der bewickelten Nuten je Spulengruppe wird zwischen → Ganzlochwicklungen und → Bruchlochwicklungen unterschieden. Weiterhin wird unterschieden zwischen: → Spulen- und → Stabwicklungen, Einschicht- (→ Wicklungsschicht) und → Zweischichtwicklungen, Durchmesserwicklungen (→ Spule, ungesehnte), gesehnten Wicklungen (→ Spule, gesehnte) und Wicklungen mit Zonenänderung (→Ganzlochwicklung) sowie W. mit Spulen gleicher und ungleicher Weite (→ Spulenweite). Nach der Wickelkopfform unterscheidet man: Überschlag-, Korb-, Zweietagen-, Dreietagen-, Evolventen- und Mehretagenwicklungen. Einstrangwicklungen werden in Hauptwicklungen und Hilfswicklungen, die zuweilen bifilar gewickelt sind, unterteilt.

Wellenstrom-Bahnmotor

→ *Bahnmotor zum Antrieb von elektrischen Vollbahnen, deren Frequenz der Fahrspannung 50 Hz beträgt.*

Der W. wird über Silicium-Gleichrichter mit einem pulsierenden Gleichstrom gespeist, der durch eine Drosselspule etwas geglättet wird. Im Aufbau gleicht der W. einem → Gleichstrom-Reihenschlußmotor mit geblechtem Ständer. – Anh.: 25, 29 / 26.

Wellenwicklung

→ *Kommutatorläuferwicklung, die ab zwei Polpaare ein- oder zweigängig, links- oder rechtsgängig bzw. ungekreuzt oder gekreuzt ausgeführt wird.*

Die Spulen der W. sind etwa im Abstand der doppelten → Polteilung in Wellenform angeordnet und mit den Lamellen des → Kommutators verbunden. Soll eine W. in ihrem Verlauf verfolgt werden, beginnt man mit der

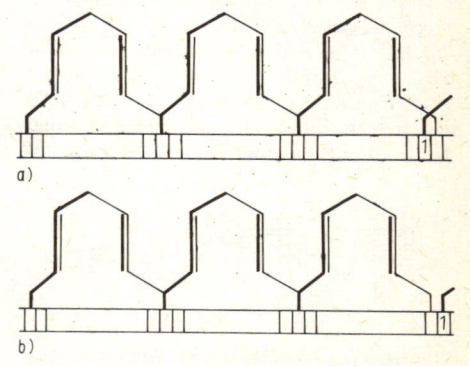

Wellenwicklung. a) rechtsgängig; b) linksgängig

Wellenwicklung

Kommutatorlamelle 1 und der Eingangsseite (→ Schaltendenausführung) der Spule 1. Ist ein Umlauf beendet, so liegt die Ausgangsseite der letzten Spule entweder links oder rechts neben der Anfangs-Kommutatorlamelle 1. Beginnt der zweite Umlauf links neben der Kommutatorwelle 1, so ist es eine linksgängige W.; beginnt er rechts neben der Kommutatorlamelle 1, so handelt es sich um rechtsgängige W (Bild).
Die linksgängige W. wird auch als ungekreuzt, die rechtsgängige W. als gekreuzt bezeichnet. Manche W. können nur gekreuzt ausgeführt werden. Eine gekreuzte W. hat längere Schaltendenausführungen. Bei einem Leiterbruch direkt hinter dem Kommutator besteht die Möglichkeit, eine sonst noch fehlerlose Kommutatorläuferwicklung ungekreuzt auszuführen (Bürstenanschlüsse umpolen). Die W. wird auch Reihenwicklung genannt, da die Spulen in Reihe geschaltet sind. Bei einer zweigängigen W. sind im Unterschied zur eingängigen W. zwei in Reihe liegende Wicklungsgänge über die → Bürsten parallelgeschaltet (Reihenparallelwicklung). Reihenwicklungen werden bei → Kommutatorläufermaschinen niedriger Stromstärke und höherer Spannung eingesetzt. Reihenparallelwicklungen nur bei großen Kommutatorläufermaschinen hoher Spannung.

Wellenwicklung, zweigängige
→ Wellenwicklung

Wendelspule
→ *Transformatorspule, bei der mehrere Drähte gleichzeitig radial, bezogen auf die Richtung der Wickelachse, übereinander entsprechend einer Schraube so gewickelt sind, daß die Windungen axial nebeneinanderliegen.*
Durch den unterschiedlichen Radius der Lagen weisen diese unterschiedliche Widerstände auf, die zu einer ungleichen Stromaufteilung führen. Deshalb werden die Spulen in Abschnitten gewickelt, um Verdrillungsstellen herzustellen. Die Drähte der Lagen werden dabei in die nächst höhere Lage geführt. Diese Spulen werden häufig auch als verdrillte Lagenspulen (Bild) bezeichnet. Teilweise wird durch einen sog. Drilleiter, der für die unteren Lagen die Widerstandsanpassung vornimmt, auf die Verdrillung verzichtet. − Anh.: 68 / 65.

Wendepolwicklung
→ Gleichstrom-Polwicklung

Wendespannung
In den Teilen der Läuferwicklung einer → Gleichstrommaschine zusätzlich induzierte Spannung.
Die W. entsteht durch das Magnetfeld der Wendepolwicklung. Sie ist den Selbstinduktionsspannungen entgegengerichtet, die in den durch die Bürsten kurzgeschlossenen Läuferspulen entstehen. Das → Bürstenfeuer wird beseitigt.

Werkstoff, weichmagnetischer
→ *Ferromagnetischer Stoff, der leicht magnetisierbar ist, aber nach der Entfernung des äußeren Magnetfelds seine magnetische Wirksamkeit nahezu vollständig verliert.*
Durch den kleinen Restmagnetismus und die entsprechend kleine Koerzitivfeldstärke (kleiner als 800 A/m) entsteht eine schmale → Hystereseschleife. W. W. werden als Dynamo- und Transformatorenbleche verwendet, die durch die Wechselströme im Rhythmus der Frequenz ummagnetisiert werden. Der hierzu notwendige Energieaufwand wird in den Eisenkernen der elektrischen Maschinen in Wärme umgewandelt. Es entstehen die sog. Ummagnetisierungsverluste (Hystereseverluste). Ihr Betrag entspricht dem Flächeninhalt der Hystereseschleife.

Wickelkopfisolation
Isolierstoffteile, die durch mechanische Bearbeitung in eine vorgesehene Form gebracht und zwischen die Spulenköpfe (→ Wicklungselement) benachbarter Spulen oder Spulengruppen als Spulenkopf- oder Strangisolation eingebracht werden.
Auch durch das Umbandeln der Wickelköpfe der Teilspulen und Spulengruppen mit Isolier- oder Faserstoffband wird eine gute

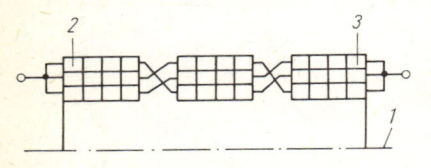

Wendelspule. *1* Wickelachse; *2* 1. Windung; *3* *n*-te Windung

Wickelkopfisolation

Wickelkopfisolierung erzielt. Als Isolierstoffe dienen Preßspan, Duospan, Glasgewebeprodukte und Plastfolien sowie Glasgewebe-, Baumwoll- und Kunstseidebänder unter Beachtung der elektrischen, mechanischen und thermischen Beanspruchungen der elektrischen Maschinen.

Wicklung
Kupfer- oder Aluminiumleiter, die isoliert oder blank auf Eisenkernen befestigt (→ Wicklung, konzentrierte) oder in genuteten Blechpaketen (→ Wicklung, verteilte) untergebracht sind.
Die W. sollen magnetische Felder erzeugen (→ Feldlinienverlauf), aber auch störende Magnetfelder, z. B. bei der → Gleichstrom-Polwicklung beeinflussen oder aufheben. In elektrischen Maschinen sind W. Voraussetzung für die Erzeugung von Kräften (→ Motor) und Spannungen (→ Generator).

Wicklung, konzentrierte
→ Wicklung, die auf ausgeprägten Polen in isolierten Spulenkästen aus Stahl- oder Messingblech untergebracht ist, oder freitragend gewickelt auf isolierte Polkerne geschoben wird.

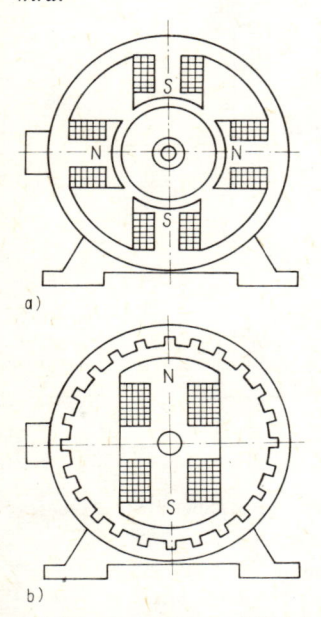

a)

b)

Wicklung, konzentrierte. a) Gleichstrom-Polwicklung; b) konzentrierte Wicklung eines Schenkelpolläufers

Die Befestigung der k. W. am Polkern geschieht mit besonderen Spulenrahmen oder durch Aufkleben mit Epoxidharz. → Gleichstrom-Polwicklung (Bild a). K. W. eines Schenkelpolläufers (Bild b).

Wicklung, ungetreppte
→ Kommutatorläuferwicklung, deren benachbarte gerade Spulenseiten den gleichen → Nutschritt haben (Bild).

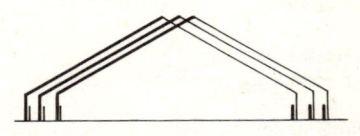

Wicklung, ungetreppte

Wicklung, unsymmetrische
→ Kommutatorläuferwicklung, die von den üblichen Symmetriebedingungen abweicht und bei der Reparatur zuweilen als Notbehelf ausgeführt wird.

Zur Rationalisierung werden auch mit verfügbaren genuteten Läuferblechen oder Kommutatoren anderer Maschinenserien weitere Typenreihen aufgebaut. Nicht selten bedingen solche Ausnahmen unsymmetrische Kommutatorläuferwicklungen. So werden vereinzelt eingängige Schleifenwicklungen mit einer unterschiedlichen Anzahl von Schaltendenausführungen je Nut hergestellt, oder es werden die Schaltendenausführungen zwar gebildet, aber nur zum Teil mit den Lamellen des Kommutators verbunden. Auch Überbrückungen bis zu zwei Lamellen an einer Stelle oder an mehreren Stellen des Kommutators sind machmal unumgänglich. In den genannten Fällen stimmen die Kommutatoren nicht mit den Original-Kommutatoren überein. Eine weitere Kompromißlösung sind Wellenwicklungen mit einer Blindspule oder mit mehreren Blindspulen. Eine solche Kommutatorläuferwicklung ist dann erforderlich, wenn eine Unregelmäßigkeit bei der Wicklungsaufteilung zwischen der Zahl der ausführbaren Kommutatorlamellen und der Zahl der wirksamen Spulen auftritt. Die Blindspule ist meist genauso aufgebaut und isoliert wie alle anderen Spulen der Kommutatorläuferwicklung, ist aber nicht mit den Lamellen des Kommutators verbunden. Sie wird aus Gründen des Masseausgleichs in die Kommutatorläuferwicklung

Wicklung, unsymmetrische

einbezogen. Auch Wellenwicklungen mit künstlichem Schluß sind eine Ausnahme. Über eine leitende Verbindung, die meist hinter dem Kommutator liegt und mit zwei Kommutatorlamellen entsprechend der Schaltungsbedingung verbunden ist, wird die Wellenwicklung künstlich geschlossen. Das geschieht, wenn die vorhandene Lamellenzahl nicht mit der im Wicklungsentwurf ermittelten übereinstimmt (meist eine Kommutatorlamelle zuviel).

Wicklung, verstürzte
Fortlaufend gewickelte → Doppelscheibenspulen.
Die Windungen der zweiten Scheibenspule werden im 1. Arbeitsschritt provisorisch radial von innen nach außen (Bild) gewickelt, um im 2. Arbeitsschritt in axialer Richtung nebeneinander angeordnet zu werden. Im 3. Arbeitsschritt werden dann die Windungen der zweiten Scheibenspule entgegengesetzt dem 1. Arbeitsschritt angeordnet (verstürzt).

→ Wechselstromwicklung oder → Gleichstrom-Polwicklung (Kompensationswicklung).

Wicklungselement
Leiterteile (→ Wicklung), die zu einer Leiterschleife (→ Stabwicklung) der Windung zusammengeschaltet sind.
Als Spule bezeichnet man mehrere in Reihe, seltener parallelgeschaltete Windungen. Manchmal wird schon eine einzige Windung als Spule bezeichnet. Eine Spule besteht aus zwei geraden, im Blechpaket liegenden Spulenseiten und zwei gebogenen Spulenköpfen, welche die geraden Spulenseiten außerhalb des aktiven Eisens verbinden. Bei Stabwicklungen werden die Spulenköpfe auch als vordere und hintere Stirnverbindungen bzw. Stirnseiten bezeichnet. Die linke Spulenseite wird, von der Schaltseite aus betrachtet, als Eingangsseite und die rechte Spulenseite wird als Ausgangsseite bezeichnet. Anfang und Ende einer Spule werden Schaltenden genannt (Bild).

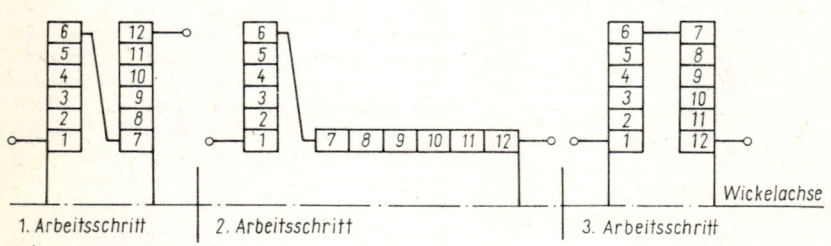

Wicklung, verstürzte

Wicklung, verteilte
Wicklung, die über den Umfang der genuteten Ständer oder Läufer verteilt ist (Bild).
Die v. W. besteht aus Spulen (→ Wicklungselemente) oder Spulengruppen (→ Spulenwicklung) als → Kommutatorläuferwicklung,

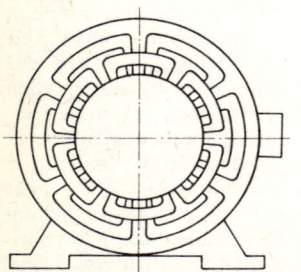

Wicklung, verteilte

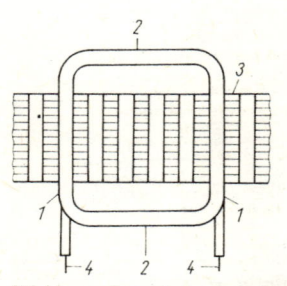

Wicklungselement. *1* gerade Spulenseite; *2* gebogener Spulenkopf; *3* Blechpaket; *4* Schaltenden

Wicklungsfaktor
Verkleinerungsfaktor der induzierten Gesamtspannung in einem Strang einer verteilten Wechselstromwicklung.
Der W. wird von der Windungszahl je Spule,

Wicklungsfaktor

der Anzahl der geraden Spulenseiten (→ Wicklungselemente) je → Wicklungszone, dem Maß der Sehnung (→ Spule, gesehnte) der Wicklungszonenänderung und der Größe der Ganzlochwicklung bestimmt. Im Unterschied zur konzentrierten Wicklung (→ Wicklung, konzentrierte) oder einer Einzelspule mit Polteilungsweite (→ Spule, ungesehnte) ist bei der verteilten Wicklung die induzierte Gesamtspannung in einem Strang etwas kleiner. Diese Spannungsdifferenz wird in der Gleichung $E = 4{,}44 \cdot f \cdot N \cdot \xi \cdot \Phi$ durch den Wicklungsfaktor ξ berücksichtigt. Er wird aus den drei Teilfaktoren Zonenfaktor ξ_z, Sehnungsfaktor ξ_s und dem Unterschiedsfaktor ξ_u gebildet.
$\xi = \xi_z \cdot \xi_s \cdot \xi_u$
Der W. hat bei dem Entwurf von Wechselstromwicklungen für die Erzeugung einer möglichst sinusförmigen Spannung im Generator und eines möglichst oberwellenfreien Wechsel- bzw. Drehfelds eines Asynchronmotors eine wesentliche Bedeutung.

Wicklungsisolation
Isolierstoffe in → Wicklungen, die den auftretenden elektrischen, mechanischen und thermischen Beanspruchungen unter Berücksichtigung der Bedingungen am Einsatzort standhalten müssen.
Man unterscheidet feste, bearbeitungsfähige Formstoffe und Fertigungsteile, Hüllstoffe, die stromführende Teile umgeben, sowie Füllstoffe, die Hohlräume schließen und den Wicklungen vor allem mechanische Festigkeit verleihen sollen.

Wicklungsprüfung
Einzelprüfung eines Transformators zum Nachweis der elektrischen Festigkeit der Wicklungen gegen Eisenkern, Konstruktionsteile, Kessel und Nachbarwicklungen.
Die W. ist mit einer sinusförmigen Prüfspannung zwischen 40 und 62 Hz durchzuführen, deren Betrag von der Nennspannung des Transformators abhängt. Die Anfangsspannung darf dabei nicht mehr als die Hälfte der Prüfspannung betragen, deren Wert nach 10 Sekunden erreicht werden muß und 60 Sekunden an jeder Wicklung anliegen soll (Tafel).
Während der W. wird der Prüfling optisch auf Glimmentladungen oder Kriechwege kontrolliert. Isolationsdefekte führen zu plötzlichem Stromanstieg im Prüftransformator. – Anh.: 68 / 69, 116.

Wicklungsschicht
Anordnung mehrerer gerader Spulenseiten (→ Wicklungselemente) in einer Nut.
Die W. sind entweder nebeneinander oder übereinander angeordnet. Man unterscheidet Einschichtwicklungen und Mehrschichtwicklungen in → Kommutatorläuferwicklungen und → Wechselstromwicklungen.

Wicklungsverlust
→ Kurzschlußverlust

Wicklungsverteilung
Art und Weise der Unterbringung der → Wicklung auf magnetisch wirksamen Bauteilen (→ Wicklung, konzentrierte) oder in magnetisch wirksamen Bauteilen (→ Wicklung, verteilte).

Wicklungszone
Teilabschnitt einer geometrisch als Kreisring dargestellten → Wechselstromwicklung, den eine Spule bzw. Spulengruppe (→ Wicklungselemente) mit ihren geraden Spulenseiten einnimmt.
Jeder Wicklungsstrang einer Einschichtwicklung (→ Wicklungsschichten) hat je Polpaar eine Spule bzw. Spulengruppe mit zwei W. Jeder Wicklungsstrang einer → Zweischicht-

Zusammenhang von Nennspannung der Wicklung und Prüfspannung

Kleintransformatoren (Auswahl)		Großtransformatoren (Auswahl)	
Nennspannung der Wicklung	Prüfspannung	Nennspannung der Wicklung	Prüfspannung
bis 42 V	1 000 V	0,5 kV	2,5 kV
42 bis 250 V	1 500 V	20 kV	50 kV
250 bis 380 V	2 000 V	110 kV	220 kV

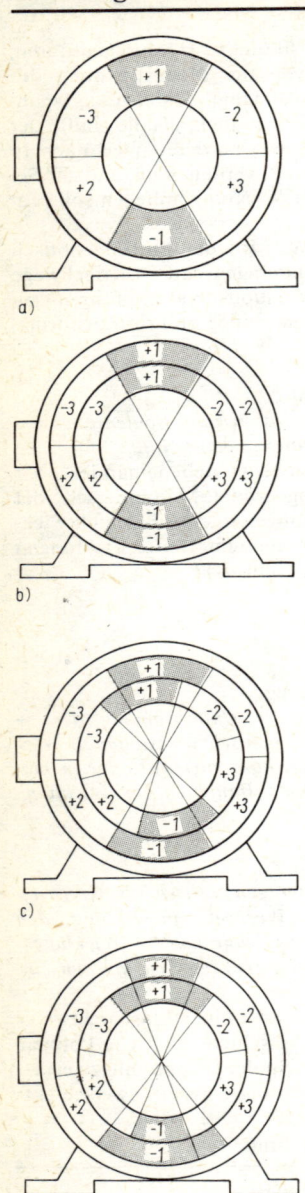

Wicklungszone

Wicklungszone. a) Ganzloch-Einschichtwicklung (Durchmesserwicklung); b) Ganzloch-Zweischichtwicklung (Durchmesserwicklung); c) Ganzloch-Zweischichtwicklung (gesehnte Wicklung); d) Ganzloch-Zweischichtwicklung (mit Zonenänderung)

wicklung dagegen hat je Polpaar zwei Spulengruppen mit vier W. Eine Besonderheit der Zweischichtwicklung ist, daß jede Wicklungsschicht ihre eigenen W. hat und für ihre geometrische Darstellung zwei ineinanderliegende Kreisringe erforderlich sind. W.pläne sind für den Entwurf und die Überprüfung von Wechselstromwicklungen von Bedeutung (Bilder a–d).

Widerstand

1. *Eigenschaft der Stoffe, stromhemmend zu wirken.*
2. *Physikalische Größe als Maß für die Behinderung eines Stromflusses.*

Formelzeichen R
Einheit Ω ($\rightarrow$ Ohm)

$$R = \frac{U}{I},$$

U Spannung; I Stromstärke.
Der W. ist als Konstruktionsgröße durch den Werkstoff des Leiters ($\rightarrow$ Widerstand, spezifischer ϱ), durch die Länge l des Leiters und durch seinen Querschnitt A vorausbestimmbar.

$$R = \frac{\varrho \cdot l}{A}$$

3. *Industriell mit einem bestimmten Widerstandswert gefertigtes Bauelement des elektrischen Strömungsfelds.*

Die Widerstände werden als Festwiderstände oder veränderbare (Schiebe-, Dreh-, Stellwiderstände) u. a. als $\rightarrow$ Feldsteller oder Anlaßwiderstände verwendet. – Anh.: – / 75, 101.

Widerstand, linearer

$\rightarrow$ *Widerstand, dessen Kennlinie der Spannungs-Strom-Charakteristik geradlinig verläuft (Bild).*

$U_{AB} = f(I)$

Bei Metallen und Metallegierungen ist unter gleichbleibenden Bedingungen, insbesondere bei gleicher Temperatur, das Verhältnis von

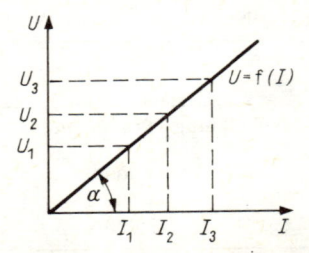

Widerstand, linearer

Widerstand, linearer

Spannung zur Stromstärke konstant:
$\frac{U_1}{I_1} = \frac{U_2}{I_2} = \frac{U_3}{I_3}$ = konstant. Daher gilt am l. W. das Ohmsche Gesetz
$U \sim I$; d. h. $\frac{U}{I}$ = konstant = R
Am l. W. ändert sich der Spannungsabfall stets proportional zur Stromstärke. Der Widerstandswert bestimmt die Steilheit der Kennlinie, also den Anstiegswinkel.

Widerstand, magnetischer

1. Eigenschaft der Stoffe, dem Ausbreiten des magnetischen Flusses entgegenzuwirken.
2. Physikalische Größe, die analog der physikalischen Größe → Widerstand des elektrischen Strömungsfelds als Verhältnis von magnetischer → Durchflutung Θ zum → Magnetfluß Φ des elektromagnetischen → Felds definiert ist.
Formelzeichen R_m
Einheit $\frac{1 A}{1 Vs} = \frac{1}{\Omega \cdot s} = \frac{1}{H}$
$R_m = \frac{\Theta}{\Phi} = \frac{l}{\mu \cdot A}$
Der m. W. ist als Konstruktionsgröße durch den Werkstoff (→ Permeabilität, magnetische μ), durch die mittlere Feldlinienlänge l und durch die vom Magnetfluß durchsetzte Querschnittsfläche A vorausbestimmbar.

Widerstand, nichtlinearer

→ Widerstand, dessen Kennlinie der Spannungs-Strom-Charakteristik gekrümmt verläuft (Bild).
$U_{AB} = f(I)$
Am n. W. ändert sich der Spannungsabfall nicht proportional zur Stromstärke. Die Ursache besteht darin, daß der Widerstandswert eines Bauelementes von der Spannungsrichtung abhängig (z. B. Diode) oder, wie bei einem Kalt- oder Heißleiter, stark temperaturabhängig ist.

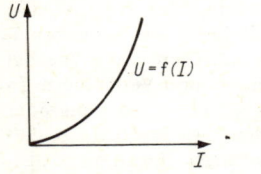

Widerstand, nichtlinearer.
U Spannung; I Stromstärke

Widerstand, ohmscher

1. Physikalische Eigenschaft eines idealen Grundelements des Wechselstromkreises, bei dem Strom und Spannung direkt proportional sind. Sie erreichen zu gleichen Zeiten ihre Nulldurchgänge bzw. ihre Scheitelwerte. Strom und Spannung sind phasengleich (liegen „in Phase").
Der o. W. ist frequenzunabhängig, d. h., sein Betrag ist im Wechselstromkreis genausogroß wie im Gleichstromkreis. Alle Leitungselemente, bei denen ein Teil der elektrischen Energie in Wärmeenergie umgewandelt wird, haben die Eigenschaft eines o. W.
2. Bauelement, das die o. g. physikalische Eigenschaft hat. – Anh.: 41 / 75, 101.

Widerstand, spezifischer

Werkstoffgröße zur Kennzeichnung des Widerstandsverhaltens.
Formelzeichen ϱ
Einheit $\frac{\Omega \cdot m^2}{m}, \frac{\Omega \cdot mm^2}{m}, \Omega \cdot cm$
$\varrho = \frac{R \cdot A}{l}$,
R Widerstand; A Querschnitt; l Länge des Leiters.
Der s. W. ist der Widerstand eines Leiters, bezogen auf die Länge 1 m und den Querschnitt 1 mm². Für Kupfer beträgt der s. W. 0,0178 $\frac{\Omega \cdot mm^2}{m}$,
für Aluminium 0,0286 $\frac{\Omega \cdot mm^2}{m}$.

Widerstandsgerät

Bauelement der Leistungs-Elektrotechnik zum Verändern (Vergrößern) des wirksamen Widerstands von Stromkreisen.
W. werden bei Motoren zum Ändern der Drehzahl und Verringern des Anlaßstroms (→ Anlasser, → Steller) verwendet, bei Generatoren zum Einstellen der Klemmenspannung. In besonderen Schaltungsvarianten werden festeingestellte Widerstände für Anlaßschaltungen und als Schutzwiderstände bei Drosseln und Kondensatoren verwendet. Die W. liegen im Stromkreis von Betriebsmitteln der Leistungs-Elektronik und sind dadurch hohen Wärmebelastungen ausgesetzt. Als Isolier- und Befestigungswerkstoffe für die Widerstandsdrähte werden häufig Keramik- oder Porzellanformteile auf metallenen Trägergerüsten angebracht. Während des Be-

Widerstandsgerät

treibens der W. muß der Wärmeabfuhr besondere Aufmerksamkeit gewidmet werden. W. sollen nur in unumgänglich notwendigen Fällen eingesetzt werden oder kurzzeitig eingeschaltet sein, da ihr Betreiben immer zu Leistungsverlusten führt.

Widerstandsmoment
Drehmoment, das die Höhe der Belastung eines Motors kennzeichnet.
Arbeitsmaschinen und Vorrichtungen wirken belastend auf den Motor. Sie setzen ihm das W. entgegen, das durch das → Motormoment überwunden werden muß. Das W. kann von verschiedenen Betriebsgrößen der Arbeitsmaschine abhängig sein (drehzahlabhängiges W., winkelabhängiges W., wegabhängiges W.).

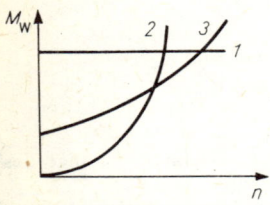

Widerstandsmoment

Im Bild ist die vorherrschende Geschwindigkeits- bzw. Drehzahlabhängigkeit $M_w = f(n)$ dargestellt. Im einfachsten Fall ist das W. von der Drehzahl unabhängig (Verlauf 1). Beispiele hierfür sind Antriebe kleiner Geschwindigkeit, die reine Hubarbeit verrichten, wie Kranhubwerke, Aufzüge und Schachtförderanlagen. Muß ein merklicher Luft- oder Flüssigkeitswiderstand überwunden werden, kann das W. in weiten Bereichen dem Quadrat der Drehzahl proportional gesetzt werden. Verlauf 2 gilt deshalb z. B. für Schiffschraubenantriebe, Lüfter und Zentrifugalpumpen. Weisen diese Antriebe jedoch größere Reibungsmomente auf, z. B. bei Bahnen und Fahrzeugen, gilt Verlauf 3.

Widerstandsmoment, drehzahlabhängiges
→ *Widerstandsmoment, das sich mit der Drehzahl verändert.*
Bei d. W. kann der Zusammenhang zwischen Drehzahl und Widerstandsmoment linear sein. Bei anderen steigt das Widerstandsmoment quadratisch mit der Drehzahl an. In seltenen Fällen wird durch Regeleinrichtungen eine reziproke Zuordnung angestrebt.

Ein lineares Widerstandsmoment erfordert eine quadratisch ansteigende Leistung, wie das bei Generatoren der Fall ist, die auf einen Widerstand arbeiten. Quadratisch ansteigende Widerstandsmomente, z. B. bei Lüftern, Schiffsschrauben, Zentrifugalpumpen, benötigen eine kubisch ansteigende Leistung des Motors. In der Praxis überlagert sich den quadratisch ansteigenden Momenten noch ein konstanter Betrag, der durch Reibung hervorgerufen wird.

Widerstandsmoment, konstantes
Während der Betriebszeit einer Arbeitsmaschine sich nicht veränderndes → Widerstandsmoment.
Ein k. W. tritt bei Arbeitsmaschinen mit ständig gleichmäßiger Belastung auf, z. B. bei Hubarbeit, Zerspanung mit konstantem Vorschub, Lüftern und Kreiselpumpen. Der Leistungsbedarf von Arbeitsmaschinen mit k. W. steigt linear mit der Drehzahl an.

Widerstandsmoment, wegabhängiges
→ *Widerstandsmoment, das von topographischen Gegebenheiten bestimmt wird.*
Das w. W. hängt von der Trassenführung elektrischer Bahnen und Fördereinrichtungen ab. Es wird vom Streckenverlauf, dessen Steigungen, Gefällen und Krümmungen hervorgerufen und belastet die Antriebsmaschine zusätzlich zu anderen Widerstandsmomenten. Bei der Projektierung und Auswahl der Antriebsmaschinen müssen maximale Steigungen und Mindestgeschwindigkeiten berücksichtigt werden.

Widerstandsmoment, winkelabhängiges
→ *Widerstandsmoment, das nur bei einer bestimmten Drehstellung (Drehwinkel) der Arbeitswelle auftritt.*
Arbeitsmaschinen mit sich ständig wiederholenden Arbeitsvorgängen haben ein w. W. Die Belastung erfolgt bei ihnen nur bei einer bestimmten Drehstellung der Arbeitswelle; in der Zwischenzeit läuft die Antriebsmaschine leer oder ist stark entlastet, wie bei Pressen, Kolbenpumpen und Verdichtern. In solchen Antrieben sind → Schwungräder oder Schwungmassen zweckmäßig, so daß Antriebsmotoren geringer Leistung eingesetzt werden können. Der Motor dient dabei nur zum Antrieb des Schwungrads, das die eigentliche Arbeit übernimmt.

Widerstandsmoment

Widerstandsmoment, zeitabhängiges
Widerstandsmoment der Arbeitsmaschine, das nur in Zeitintervallen die Antriebsmaschine belastet.
Durch ein z. W. wird die Antriebsmaschine in gleichen Zeitintervallen gleicher oder unterschiedlicher Dauer belastet. In den dazwischenliegenden Leerlaufphasen kann der Motor wieder abkühlen.
Abfüll- und Transportanlagen, bei denen das Fördergut nach dem Füllvorgang schrittartig transportiert wird, und nach Programm arbeitende Werkzeugmaschinen und Automaten haben z. W.

Widerstandsübersetzung
Mathematische Beziehung eines Transformators, die die Abhängigkeit der Widerstände von den Windungszahlen der Wicklungen kennzeichnet.
Der Scheinwiderstand des Primärkreises Z_1 und des Sekundärkreises Z_2 verhalten sich wie das Quadrat der entsprechenden Windungszahlen: $Z_1 : Z_2 = (N_1 : N_2)^2$. Der Belastungswiderstand Z_2 wirkt somit am Primärnetz als Widerstand Z_1, dessen Betrag sich nach der Gleichung $Z_1 = Z_2 \cdot (N_1/N_2)^2$ berechnet.

Wiedereinschaltung, automatische
AWE-Vorrichtung zum Löschen von Fehlerlichtbögen, die durch Vogelflug oder Fremdschichtübertragung (Verschmutzung) auf Hochspannungsfreileitungen entstanden sind.
Für die a. W. wird der Leistungsschalter im Umspannwerk, bis der Lichtbogen verlöscht, mehrmals automatisch aus- und eingeschaltet. Die Ausschaltzeit muß lang genug sein, um die Lichtbogenstrecke zu entionisieren, jedoch so kurz, daß die angeschlossenen Verbraucher ohne Störungen weiterarbeiten können. Verlöscht der Lichtbogen nach mehrfachem Schalten nicht, kann auf einen ständigen Fehler geschlossen werden, und die Leitung bleibt ausgeschaltet (→ Kurzschließer).

Windung
→ Wicklungselement

Windungsprüfung
Einzelprüfung eines Transformators zum Nachweis einer ausreichenden Isolation zwischen benachbarten Windungen, Lagen, Spulen und Schaltverbindungen.

Bei der W. wird im Leerlauf eine Spannung von mindestens der 2fachen Nennspannung mit erhöhter Frequenz angelegt. Die erhöhte Frequenz soll eine übermäßige Sättigung des Eisenkerns, einen hohen Leerlaufstrom und hohe Leerlaufverluste vermeiden. Die Prüfdauer wird folgendermaßen berechnet:

$$t = 10 \text{ min} \cdot \frac{\text{Nennfrequenz}}{\text{Prüffrequenz}}.$$

Sie darf zwei Minuten nicht unterschreiten. Während der W. ist die Stromaufnahme des Prüflings oder des Prüftransformators zu kontrollieren. Eine Zunahme oder Schwankungen der Ströme bei konstanter Spannung deutet auf Entladungen im Prüfling hin. – Anh.: 68 / 69, 116.

Windungsstelltransformator
→ *Stelltransformator, dessen Spannungseinstellung durch Ändern der wirksamen Primär- und Sekundärwindungszahl erreicht wird.*
Die Stromabnahme erfolgt über Gleit-, Roll- oder Springkontakte an blanken Wicklungsteilen.
Bei Trockenw. und Ölw. werden folgende Einstellbereiche erreicht:
- ein Einstellbereich von Null bis zur höchsten Ausgangsspannung (Bild a)
- ein Einstellbereich oder zwei miteinander gekuppelte Einstellbereiche, einstellbar von der höchsten Ausgangsspannung bestimmter Phasenlage (+) bis Null und weiter mit um 180° gewechselter Phasenlage (–) bis zur höchsten Ausgangsspannung (Bild b)
- zwei voneinander unabhängige Einstellbereiche von Null bis zur höchsten Ausgangsspannung (Bild c).

W. werden als Säulenstelltransformatoren, Ringstelltransformatoren oder als eine Kombination aus beiden hergestellt. – Anh.: 28, 29, 30, 31, 33 / 65.

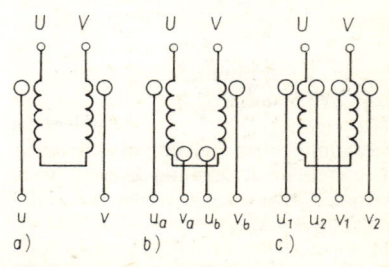

Windungsstelltransformator

Wirbelstrom

Wirbelstrom
Eine in massiven Metallkörpern durch die elektromagnetische → Induktion hervorgerufene Bewegung von Elektronen, die sich auf geschlossenen Bahnen um die Feldlinien bewegen.
W. entstehen durch → Bewegungsinduktion in rotierenden elektrischen Maschinen und durch → Ruheinduktion in den Eisenkernen der Transformatoren. Sie verursachen wegen ihres Kurzschlußcharakters starke Erwärmungen und starke Magnetfelder. Diese Wirkungen sind in den Kernen elektrischer Maschinen unerwünscht. Sie wirken deshalb als W.verluste, die durch das Lammellieren der Kerne herabgesetzt werden. Technisch werden W. zum Abbremsen elektrischer Maschinen oder zur Dämpfung des Zeigerausschlags bei elektrischen Meßwerken genutzt.

Wirbelstrombremse
→ Induktionsbremse

Wirbelstromverlust
→ Leerlaufverlust; → Wirbelstrom

Wirklastverteilung
→ Generator-Parallelbetrieb

Wirkleistung
→ *Leistung im Wechselstromkreis, die von der Spannungsquelle an ein Bauelement abgegeben und in Wärme- oder mechanische Energie umgewandelt wird.*
Formelzeichen P
Einheit W (→ Watt)

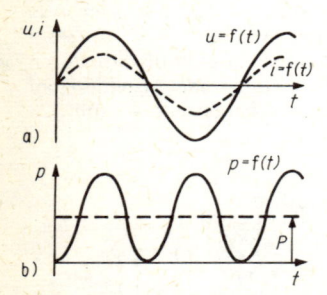

Wirkleistung

Sind Spannung und Strom phasengleich (Bild a), haben ihre Augenblickswerte stets die gleiche positive oder negative Richtung. Dadurch sind die Augenblickswerte der Leistung $p = u \cdot i$ stets ≥ 0 (Bild b). Die sich ebenfalls sinusförmig ändernde Leistung hat somit die doppelte Frequenz wie Strom bzw. Spannung. Die im zeitlichen Mittel wirkende Leistung wird dabei als W. abgegeben. Das Bauelement wird aufgrund dieser Eigenschaft als Wirkwiderstand bezeichnet. Elektrodynamische Meßwerke zeigen die W. als physikalische Größe an. – Anh.: 41 / 75, 101.

Wirkspannungsabfall, relativer
(auch relativer ohmscher Spannungsabfall). Spannungsgröße eines Transformators, die Teil der relativen → Kurzschlußspannung ist.
Formelzeichen u_R

$$u_R = \frac{U_R}{U_1} \cdot 100\,\%,$$

U_R ohmscher (Gesamt-)Spannungsabfall; U_1 primäre Nennspannung.
Der r. W. ist der auf die primäre Nennspannung bezogene ohmsche (Gesamt-)Spannungsabfall.
Der Betrag des r. W. wird konstruktiv vom Drahtquerschnitt, der Drahtlänge (Windungszahl) und dem Leiterwerkstoff der Spulen bestimmt. Physikalische Ursache des r. W. ist der ohmsche Widerstand, über dem durch den Primär- und Sekundärstrom die ohmschen Spannungsabfälle U_{R1} und U_{R2} entstehen. Sie werden zum ohmschen (Gesamt-)Spannungsabfall zusammengefaßt: $U_R = U_{R1} + ü \cdot U_{R2}$. Der reale sekundäre ohmsche Spannungsabfall durch das Übersetzungsverhältnis $ü$ ist auf die Primärseite umzurechnen.
Da der ohmsche Widerstand der Spulen auch die Größe der Kurzschlußverluste bestimmt, kann der r. W. auch wie folgt berechnet werden:

$$u_R = \frac{P_K}{S_n} \cdot 100\,\%,$$

P_K Kurzschlußverluste, S_n Nennleistung.

Wirkstrom
→ Scheinstrom

Wirkungsgrad
Größe zur Kennzeichnung der gewünschten Energieumwandlung in Geräten, Maschinen und Anlagen.
Formelzeichen η

$$\eta = \frac{P_N}{P_{zu}},$$

P_N Nutzleistung; P_{zu} zugeführte Leistung.
Bei der Umwandlung elektrischer Energie in

Wirkungsgrad

andere Energieformen entstehen neben der gewünschten Energie auch unerwünschte, sog. Verluste. Die Wirtschaftlichkeit dieser Umwandlung wird durch den W. als Verhältnis der Nutzleistung zur zugeführten Leistung angegeben. Nach dem Energieerhaltungssatz kann der W. höchstens 1 bzw. 100 % betragen (Tafel). − Anh.: − / 38.

Wirkungsgrad einiger Geräte (Richtwerte)

Gerät	Wirkungsgrad
Glühlampe	≈ 10 %
Spaltpolmotor	≈ 40 %
Kurzschlußläufermotor	≈ 82 %
Transformator	≈ 96 %

Wirkungsweise
Zusammenspiel physikalischer Gesetzmäßigkeiten, nach denen elektrische Maschinen ihre geforderte Funktion in einem System (Gesamtanlage) erfüllen.
Die W. ist grundsätzlich vom Aufbau der entsprechenden elektrischen Maschinen abhängig bzw. bestimmt ihren Aufbau und ist entweder auf das → Generatorprinzip, das Transformatorprinzip oder auf das Motorprinzip zurückzuführen.

Wirkwiderstand
→ Wirkleistung

Z

Zahnradgetriebe
Getriebe zum Übertragen von Drehmomenten mittels Zahnrädern.
Z. ermöglichen große Übersetzungen bei kleinen Achsabständen und arbeiten schlupffrei. Manche Z. ermöglichen das Verändern der Übersetzung (Getriebeschaltung) und die Drehrichtungsumkehr. Sonderform: → Schneckenradgetriebe.

Zeigerdarstellung
Zeichnerische Darstellung sich sinusförmig ändernder Größen.
Da durch die Projektion eines mit konstanter Winkelgeschwindigkeit ω umlaufenden Zeigers auf die Bezugsachse das Liniendiagramm einer Sinusgröße als Funktion der Zeit (Bild a) entsteht, kann die Sinusgröße selbst durch den umlaufenden Zeiger dargestellt werden. Die Länge des Zeigers entspricht dem Scheitelwert $\hat{A}$ der Sinusgröße, ihre Frequenz der Winkelgeschwindigkeit des Zeigers. Die Drehrichtung ist entgegen dem Uhrzeigersinn festgelegt.
Der Umlauf der Zeiger wird weggelassen, wenn in einer Z. alle Sinusgrößen die gleiche Frequenz haben. Die Länge der (ruhenden) Zeiger kann dann dem Effektivwert der Sinusgröße entsprechen, und der Winkel zwischen zwei Zeigern ist ein Maß für die Phasenverschiebung zwischen den Sinusgrößen (Bild b). Die Z. geben eine anschauliche Übersicht über die Phasen- und Amplitudenverhältnisse der Ströme und Spannungen einer Schaltung und ermöglichen auch das Berechnen dieser Größen. Zum Beispiel kann die Addition (Subtraktion) von Sinusgrößen vektoriell mit dem durch die Zeiger gebildeten Parallelogramm vorgenommen werden.

Zeitglied
Bauglied der Regelungstechnik, mit dem es möglich ist, das Zeitverhalten von Regeleinrichtung und Regelstrecke einander anzugleichen.

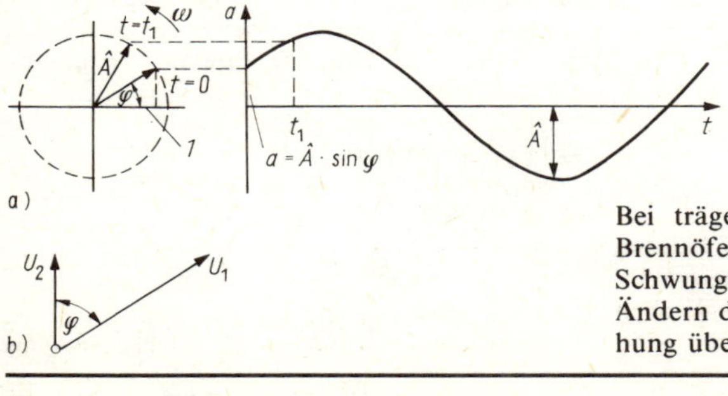

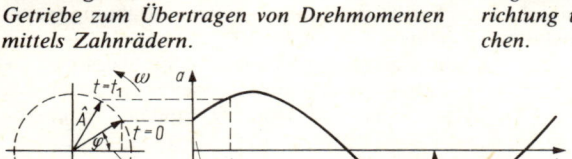

Zeigerdarstellung.
a) Scheitelwert; *1* Bezugsachse;
b) $U_2 < U_1$, U_2 eilt U_1 um den Winkel φ voraus

Bei träge arbeitenden Regelstrecken, z. B. Brennöfen oder Antrieben mit großen Schwungmassen, verursacht ein schnelles Ändern der Energiezufuhr eine Energieerhöhung über das notwendige Maß hinaus. An-

Zeitglied

dererseits kann eine zu geringe Energie ein ständiges Nachlaufen der Regeleinrichtung hinter dem geforderten Wert zur Folge haben. Ein dem Objekt angepaßtes Z. soll die Energiezufuhr in der vorgesehenen Weise beeinflussen. Z. werden durch → zusammengesetzte Übertragungsglieder geschaffen. – Anh.: 42 / 103.

Zeitkonstante
Maß für die Änderungsgeschwindigkeit der Ausgangsgröße (→ Sprungantwort) bei Anlegen eines Sprungsignals.
Von der Z. wird die Zeitspanne angegeben, nach der das Ausgangssignal das 0,63fache seines Endwerts erreicht hat. Sie ist ein wichtiger Faktor bei der rechnerischen Erfassung von Regelungssystemen und läßt sich aus der Ortskurve ermitteln. – Anh.: 42 / 103.

Zeitplanregelung
Regelungsart, bei der sich die Führungsgröße nach einem Zeitplan selbsttätig ändert.
Der Regelvorgang muß Störgrößen ausgleichen, sowie die Regelgröße dem sich nach Zeitplan verändernden Sollwerten anpassen, z. B. bei Temperaturregelungen in Abhängigkeit von Tageszeit und Wochentag. – Anh.: 42 / 103.

Zickzackschaltung
Sonderform der Sternschaltung, die Teil der bevorzugten Schaltgruppe (→ Schaltgruppe, bevorzugte) Yz5 eines → Verteilungstransformators ist.
Bei der Z. wird eine einphasige Belastung auf zwei Schenkel des Drehstromtransformators verteilt, da die in Reihe geschalteten Spulen eines Strangs auf zwei Schenkeln angeordnet sind. Eine → Sternpunktverschiebung tritt nicht auf. Der Sternpunkt kann voll belastet werden (→ Sternpunktbelastbarkeit).

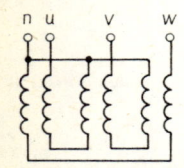

Zickzackschaltung

Neben einer relativ komplizierten Schaltung (Bild) ist bei der Z. eine 15,6 % höhere Windungszahl als bei einer spannungsgleichen Sternschaltung erforderlich. Dadurch sind

Kurzschlußspannung und Kurzschlußverluste höher.

Zusatzerregerwicklung
→ Konstantspannungsgenerator

Zusatztransformator
Bezeichnung eines → Volltransformators, bei dem eine Wicklung in Reihe zu einem Stromkreis und die andere parallel zu einem Energiesystem liegt (Bild).

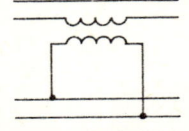

Zusatztransformator

Zusatzwicklung
Wicklungsteil eines → Spartransformators, das in Reihe zur → Stammwicklung geschaltet und Teil des Sekundärkreises ist.
Durch Reihenschaltung der Z. wird die primärseitig anliegende Unterspannung auf die Oberspannung erhöht. Ihre Windungszahl wird von der geforderten Spannungserhöhung (Differenz zwischen Ober- und Unterspannung) bestimmt. Der Drahtquerschnitt ist nach dem Strom der Oberspannungsseite zu bemessen.

Zweischenkelkern
→ Transformatorkern

Zweischichtwicklung
→ *Wicklung, bei der in jeder Nut zwei übereinander angeordnete gerade Spulenseiten (→ Wicklungselemente) untergebracht sind.*
Bei der Z. laufen die aus der gleichen Nut kommenden gebogenen Spulenköpfe (→ Wicklungsschichten) außerhalb des aktiven Eisens in entgegengesetzter Richtung weiter (Bild).
Die im Nutgrund liegende Spulenseite ist die Unterlage und Eingangsseite, die im oberen Teil der Nut liegende Spulenseite ist die

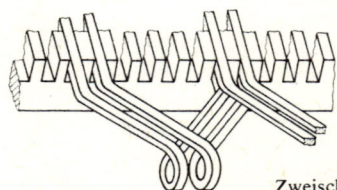

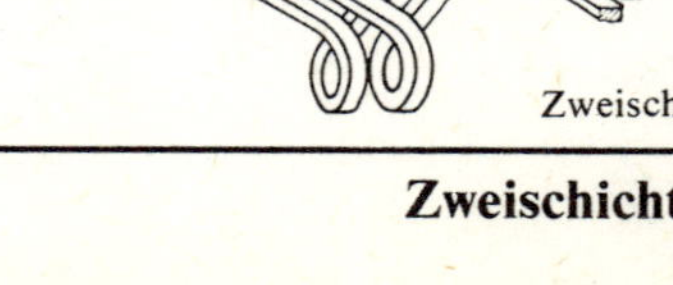

Zweischichtwicklung

Zweischichtwicklung

Oberlage und Ausgangsseite der Spule. Der Höhenunterschied zwischen Ober- und Unterlage wird bei Z. mit kleineren Leiterquerschnitten durch Ausformen der Wickelköpfe überbrückt. Bei Z. mit größeren Leiterquerschnitten wird der Höhenunterschied zwischen Ober- und Unterlage durch eine Kröpfung (Spulenauge) der gebogenen Spulenköpfe überwunden. Häufig ist bei der Z. der → Nutschritt verkürzt als gesehnte → Spule in → Kommutatorläuferwicklungen und → Wechselstromwicklungen ausgeführt.

Zweischwimmerrelais
→ Buchholzschutz

Zweistrangwicklung
→ Wechselstromwicklung

Zwickelumsteller
→ Umsteller

Zwischenbürsten
→ Gleichstrom-Querfeldmaschine

Zwischenläufermotor
→ Doppelläufermotor

Zwischentransformator
→ Drehstrom-Reihenschlußmotor

Zylinderwicklung

Bezeichnung von → Transformatorenwicklungen, bei denen die → Primär- und die → Sekundärwicklung konzentrisch ineinanderstehen.

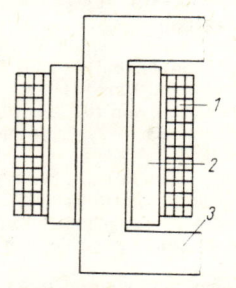

Zylinderwicklung. *1* Oberspannungswicklung; *2* Unterspannungswicklung; *3* Kern

Die Spulen sind in radialer Richtung, bezogen auf die Wickelachse, übereinander angeordnet. Die Isolation zwischen der Primär- und Sekundärwicklung besteht aus einer zylindrischen Trennfläche. Die Anordnung richtet sich nach dem Vorhandensein von Anzapfungen und nach einem günstigen Potentialverlauf. Dieser wird erreicht, wenn die Unterspannungswicklung unmittelbar am Kern angeordnet ist (Bild). – Anh.: 68 / 65.

Anhang

Normen, Bestimmungen

1	DIN 40001	Nennspannungen unter 100 V
2	DIN 40002	Nennspannungen von 100 V bis 380 kV
3	DIN 40003	Nennströme von 1 bis 10 000 A
4	DIN 40005	Nennfrequenzen von 16 2/3 bis 10 000 Hz
5	DIN 40030	Nennspannungen für Gleichstrommotoren; direkt gespeist über steuerbare Stromrichter aus dem Netz
6	DIN 40050	Schutzarten; Berührungs-, Fremdkörper- und Wasserschutz
7	DIN 40100	Bildzeichen der Elektrotechnik
8	DIN 40108	Elektrische Energietechnik; Stromsysteme, Begriffe, Größen, Formelzeichen
9	DIN 40711	Starkstrom- und Fernmeldetechnik; Schaltzeichen, Leitungen und Leitungsverbindungen
10	DIN 40712	Starkstrom- und Fernmeldetechnik; Schaltzeichen, Allgemeine Schaltungsglieder
11	DIN 40713	Starkstrom- und Fernmeldetechnik; Schaltzeichen, Schaltgeräte
12	DIN 40714	Starkstrom- und Fernmeldetechnik; Schaltzeichen, Transformatoren und Drosselspulen
13	DIN 40710	Starkstrom- und Fernmeldetechnik; Schaltzeichen Wechselstrommaschinen
14	DIN 40613	Glimmer-Erzeugnisse für die Elektrotechnik; Isolierlamellen für Kommutatoren
15	DIN 42022	Kommutatoren für elektrische Maschinen
16	DIN 42905	Bürstenbolzen für Kohlebürstenhalter
17	DIN 42965	Schleifringe für elektrische Maschinen
18	DIN 43000	Kohlebürsten für elektrische Maschinen
19	DIN 40719	Schaltungsunterlagen
20	DIN 42005	Umlaufende elektrische Maschinen; Begriffe
21	DIN 42401	Anschlußbezeichnungen und Drehsinn von umlaufenden elektrischen Maschinen
22	DIN 42950	Kurzzeichen für Bauformen elektrischer Maschinen
23	DIN 42961	Leistungsschilder für elektrische Maschinen
24	DIN 42962	Klemmenanordnungen für umlaufende elektrische Maschinen
25	DIN 43210	Elektrische Bahnen und Fahrzeuge
26	DIN 42500	Transformatoren; Öltransformatoren
27	DIN 42530	Transformatoren; Durchführungen für Innenraum und Freiluft
28	DIN 42590	Stelltransformatoren; Begriffe
29	DIN 42591	Stelltransformatoren; technische Werte
30	DIN 42592	Stelltransformatoren; Klemmenbezeichnungen
31	DIN 42593	Kontaktrollen für Stelltransformatoren
32	DIN 42594	Stelltransformatoren; Ausrüstung für Öl-Stelltransformatoren
33	DIN 42595	Entwurf Stelltransformatoren; Ringkern-Stelltransformatoren, 220/0 bis 220 V, 50 bis 60 Hz, bis 10 A, Maße
34	DIN 46400	Dynamo- und Transformatorenbleche, warmgewalzt
35	DIN 46434	Wickeldrähte, Flachdrähte, papierisoliert
36	DIN 46435	Wickeldrähte, Runddrähte aus Kupfer, isoliert, einfach und doppelt lackisoliert
37	DIN 41300	Kleintransformatoren
38	DIN 41302	Kleintransformatoren; Übertrager und Drosseln, Kernbleche
39	DIN 41309	Kleintransformatoren; Übertrager und Drosseln, Schnittbandkerne
40	DIN 41303	Kleintransformatoren; Übertrager und Drosseln, Spulenkörper
41	DIN 40110	Wechselstromgrößen
42	DIN 19226	Regelungstechnik und Steuerungstechnik; Begriffe und Benennungen
43	DIN 57100 Teil 100/VDE 0100 Teil 100	Errichten von Starkstromanlagen mit Nennspannungen bis 1000 V; Anwendungsbereich, Allgemeine Anforderungen
44	DIN 57200 Teil 100/VDE 0100 Teil 200	Errichten von Starkstromanlagen mit Nennspannungen bis 1000 V; Allgemeingültige Begriffe
45	E DIN 57100 Teil 410/VDE 0100 Teil 410	Errichten von Starkstromanlagen mit Nennspannungen bis 1000 V; Schutzmaßnahmen; Schutz gegen gefährliche Körperströme
46	DIN 57100 Teil 430/VDE 0100 Teil 430	Errichten von Starkstromanlagen mit Nennspannungen bis 1000 V; Schutz von Leitungen und Kabeln gegen zu hohe Erwärmung

Normen

47	**E DIN 57100 Teil 516/VDE 0100 Teil 516**	Errichten von Starkstromanlagen mit Nennspannungen bis 1000 V; Gleichstrombeeinflussung von FI-Schaltern
48	**E DIN 57100 Teil 540/VDE 0100 Teil 540**	Errichten von Starkstromanlagen mit Nennspannungen bis 1000 V; Auswahl und Errichtung elektrischer Betriebsmittel; Erdung, Schutzleiter, Potentialausgleichsleiter
49	**DIN 57103/VDE 0103**	VDE-Leitsätze für die Bemessung von Starkstromanlagen auf mechanische und thermische Kurzschlußfestigkeit
50	**DIN 57110/VDE 0110**	Bestimmung für die Bemessung der Luft- und Kriechstrecken elektrischer Betriebsmittel
51	**DIN 57111 Teil 1/VDE 0111 Teil 1**	Isolationskoordination für Betriebsmittel in Drehstromnetzen über 1 kV; Isolation Leiter gegen Erde
52	**DIN 57115 Teil 1/VDE 0115 Teil 1**	Bahnen; Allgemeine Bau- und Schutzbestimmungen
53	**DIN 57112/VDE 0112**	Elektrische Ausrüstung von Elektro-Straßenfahrzeugen
54	**DIN 57141/VDE 0141**	VDE-Bestimmungen für Erdungen in Wechselstromanlagen für Nennspannungen über 1 kV
55	**VDE 0201**	Vorschriften für Kupfer in der Elektrotechnik
56	**DIN 6741/VDE 0311**	VDE-Bestimmungen für Isolierpapiere; Anforderungen, Typen, Prüfung
57	**DIN 7735 Teil 1/VDE 0318 Teil 1**	VDE-Bestimmungen für die Schichtpreßstoff-Erzeugnisse Hartpapier, Hartgewebe und Hartmatte; Prüfverfahren
58	**DIN 40685 Teil 1/VDE 0335 Teil 1**	VDE-Bestimmungen für keramische Isolierstoffe; Einteilung, Anforderung, Typen
59	**DIN 46456 Teil 1/VDE 0360 Teil 1**	VDE-Bestimmungen für Isolierlacke und Isolierharze der Elektrotechnik; Tränklacke
60	**DIN 57370 Teil 1/VDE 0370 Teil 1**	Isolieröle; Neue Isolieröle für Transformatoren, Wandler und Schaltgeräte
61	**DIN IEC 216/VDE 0304**	Bestimmung für thermische Beständigkeit von Elektroisolierstoffen
62	**E DIN IEC 464/VDE 0360**	Isolierlacke und Isolierharze der Elektrotechnik
63	**DIN 57410/VDE 0410**	VDE-Bestimmung für elektrische Meßgeräte
64	**DIN 57413/VDE 0413**	Messen, Steuern, Regeln; Geräte zum Prüfen der Schutzmaßnahmen in elektrischen Anlagen
65	**DIN 57414/VDE 0414**	Bestimmungen für Meßwandler
66	**DIN 57510/VDE 0510**	VDE-Bestimmung für Akkumulatoren und Batterie-Anlagen
67	**DIN 57530/VDE 0530**	VDE-Bestimmung für umlaufende elektrische Maschinen
68	**DIN 57532/VDE 0532**	Transformatoren und Drosselspulen
69	**DIN 57535/VDE 0535**	Elektrische Maschinen, Transformatoren und Drosseln auf Schienen- und Straßenfahrzeugen
70	**DIN 57536/VDE 0536**	Belastbarkeit von Öltransformatoren
71	**DIN 57543a/VDE 0543a**	Lichtbogen-Kleinschweißtransformatoren für Kurzschweißbetrieb
72	**E DIN 57544/VDE 0544**	Schweißeinrichtungen und Betriebsmittel für das Lichtbogenschweißen und verwandte Verfahren
73	**E DIN 57551/VDE 0551**	VDE-Bestimmung für Sicherheitstransformatoren und Trenntransformatoren
74	**VDE 0534**	Bestimmungen für Transduktoren
75	**VDE 0550**	Bestimmungen für Kleintransformatoren
76	**VDE 0552**	Bestimmungen für Stelltransformatoren mit quer zur Windungsrichtung bewegten Stromabnehmern
77	**VDE 0560**	Bestimmungen für Kondensatoren
78	**VDE 0632**	Vorschriften für Schalter bis 750 V 63 A
79	**VDE 0660**	Bestimmungen für Niederspannungsschaltgeräte
80	**VDE 0670**	Bestimmungen für Wechselstromschaltgeräte für Spannungen über 1 kV
81	**VDE 0674**	Regeln für Isolierkörper und Isolatoren für Wechselstromgeräte und -Anlagen mit Nennspannungen über 1 kV
82	**VDE 0675**	Leitsätze für den Schutz elektrischer Anlagen gegen Überspannungen

Standards

1	TGL RGW 168-75	Rotierende elektrische Maschinen; Drehstromasynchronmotoren; Prüfverfahren
2	TGL RGW 246-76 –;	Kurzzeichen für Bauformen nach konstruktiver Ausführung und Montageart
3	TGL RGW 247-76 –;	Schutzgrade
4	TGL RGW 1093 –;	Kommutatoren und Schleifringe; Durchmesserreihen
5	TGL RGW 1095 –;	Kommutatorlamellen; Anzahl und Winkel; Berechnung der Querschnittsmaße
6	TGL RGW 1096 –;	Drehstrom-Asynchronmotoren 6 kV, 20 bis 1000 kW Leistungsreihen und Anbaumaße
7	TGL 5565 –;	Gleichstromlichtmaschinen
8	TGL 7274 –;	Kleinstmotoren bis 500 W für allgemeine Zwecke; Technische Forderungen, Prüfung
9	TGL 8394 –;	Getriebemotoren Reihe 2 G; Asynchrone Drehstromgetriebemotoren
10	TGL 8503	Drehstromerzeuger, Hauptkennwerte
11	TGL 9385	Luftgekühlte Drehstrom-Turbogeneratoren; Leistung ab 2,5 MVA; Technische Lieferbedingungen
12	TGL 11856	Rotierende elektrische Maschinen; Asynchrone Drehstrommotoren mit Käfigläufer
13	TGL 16070/02 –;	Anschlußstellenbezeichnung
14	TGL 20675/01 –;	Begriffe
15	TGL 20675/02 –;	Allgemeine technische Forderungen
16	TGL 24085 –;	Amplitudengesteuerter Zweiphasen-Asynchronmotor mit unmagnetischem Hohlläufer oder mit Käfigläufer
17	TGL 24696 –;	Außenläufermotoren
18	TGL 24995 –;	Begriffe und Benennungen für Bauteile, Übersicht, Richtlinien
19	TGL 25503 –;	Maßbezeichnungen
20	TGL 25774 –;	Schutzart S; Begriffe, Technische Forderungen, Prüfung, Kennzeichnung
21	TGL 26632 –;	Asynchrone Drehstrommotoren mit Schleifringläufer
22	TGL 27124 –;	Drehstromlichtmaschinen unter 1,2 kW
23	TGL 28418 –;	Spaltpolmotoren bis 12 W
24	TGL 29993 –;	Gleichstrom-Kommutatormotoren
25	TGL 31778 –;	Kühlarten
26	TGL 31912	Rotierende elektrische Maschinen auf Fahrzeugen
27	TGL 31915	Rotierende elektrische Maschinen; Einphasen-Asynchronmotoren mit Kurzschlußläufer für allgemeine Verwendung; Technische Forderungen, Prüfung
28	TGL 32141 –;	Auswuchten der Läufer
29	TGL 32348 –;	Motoren kleiner Leistung für allgemeine Verwendung, Technische Forderungen, Prüfung, Lieferung
30	TGL 32349 –;	Synchron-Kleinstmotoren; Normale Betriebsbedingungen ohne Getriebe
31	TGL 32351–;	Motoren für Elektro-Handwerkzeuge
32	TGL 32706 –;	Drehstrom-Reluktanzmotoren
33	TGL 33223	Turbogeneratoren; Technische Forderungen
34	TGL 33231	Rotierende elektrische Maschinen; Kommutatoren, formstoffisoliert
35	TGL 34281 –;	Gleichstrom-Tachogeneratoren
36	TGL 35866 –;	Gleichstrom-Kleinstmotor permanenterregt mit genutetem Läufer
37	TGL 36543	Lineare elektrische Maschinen; Flache asynchrone Drehstromlinearmotoren
38	TGL 38542	Rotierende elektrische Maschinen; Bestimmung der Verluste und des Wirkungsgrades
39	TGL 38543 –;	Reihen der Nennspannungen und Nennleistungen
40	TGL 9832/01	Hochspannungsgeräte; Drehstrom-Öltransformatoren 100 bis 1600 kVA
41	TGL 9832/03	Hochspannungsgeräte; Drehstrom-Öltransformatoren über 1600 bis 10 000 kVA
42	TGL 9832/04	Hochspannungsgeräte; Drehstrom-Öltransformatoren über 10 000 bis 63 000 kVA
43	TGL 9873	Kleintransformatoren; Übertrager und Drosseln; Aufbauformen mit M-Kernen
44	TGL 9997	Einphasen-Trocken-Windungsstelltransformatoren; Typen, Technologische Forderungen, Prüfung
45	TGL 9998	Drehstrom-Trocken-Windungsstelltransformatoren; Typen, Technologische Forderungen, Prüfung
46	TGL 10274	Kleintransformatoren; Übertrager und Drosseln; Aufbauformen mit E-I-Kernen
47	TGL 10814	Einphasen-Schubtransformatoren
48	TGL 10815	Drehstrom-Schubtransformatoren
49	TGL 14151/01	Strom- und Spannungswandler, Begriffe
50	TGL 14151/02 –;	Nennwerte

Standards

51	TGL 14151/03	–; Fehlergrenzen
52	TGL 14151/04	–; Belastbarkeit, Isoliervermögen
53	TGL 14151/05	–; Prüfung
54	TGL 14151/06	–; Klemmenbezeichnung und Kennzeichnung
55	TGL 20822	Kleintransformatoren; Übertrager und Drosseln; Aufbauformen mit E-E-Kernen
56	TGL 27640	Hochspannungsgeräte; Transformatoren; Forderungen
57	TGL 27641	–; –; Prüfung
58	TGL 29968	Kleintransformatoren; Steuertransformatoren; Begriffe, Allgemeine technische Forderungen, Prüfung
59	TGL 51-006	Transformatoren; Umsteller
60	TGL 51-017	Hochspannungsgeräte; Motorantriebe für Stufenschalter
61	TGL 190-167/02	Transformatoren und Drosseln; Inbetriebnahme
62	TGL 190-167/03	–; Betrieb; Instandsetzung
63	TGL 190-167/06	–; Schutz von Transformatoren bis 630 kVA durch Sicherungen
64	TGL 200-1041/03	Elektrotechnische Anlagen; Schutz und Messung; Drehstromtransformatoren bis 250 MVA; Drehstromanlagen über 1 bis 380 kV, 50 Hz
65	TGL 200-1557	Transformatoren und Drosseln; Begriffe
66	TGL 200-1620/01	Hochspannungsgeräte; Drehstrom-Trockentransformatoren über 1 kV bis 10 kV; Verteilungstransformatoren 63 bis 1000 kVA
67	TGL 200-1629	Drehstrom-Trockentransformatoren bis 1 kV, 6,3 bis 400 kVA
68	TGL 200-1643/01	Kleintransformatoren und Drosseln; Allgemeine technische Forderungen, Lieferung
69	TGL 200-1643/02	Kleintransformatoren und Drosseln; Prüfung
70	TGL 200-1652	Transformatoren; Luftentfeuchter; Typen, Hauptabmessungen
71	TGL 200-1731	Kleintransformatoren; Klingeltransformatoren
72	TGL 200-1743/01	Kleintransformatoren; Spartransformatoren; Begriffe, Allgemeine technische Forderungen; Prüfung, Lieferung
73	TGL 200-1772	Stromrichtertransformatoren; Allgemeine technische Forderungen, Prüfung
74	TGL RGW 778	Elektrotechnik; Schutzgrade, die durch Gehäuse gewährleistet werden; Bezeichnung, Prüfung
75	TGL 22112	Elektrotechnik, Elektronik; Größen, Formelzeichen, Einheiten
76	TGL 17556	Bürsten für rotierende elektrische Maschinen
77	TGL 200-0758	Grundschaltungen für Drehstromantriebe
78	TGL 17872	Elektrotechnik; Nennspannungen
79	TGL 11128	Elektrotechnik; Nennströme
80	TGL 15217	Elektrotechnik; Nennfrequenzen bis 10 000 Hz
81	TGL 16001	Elektrotechnik; Schaltzeichen, Begriffe
82	TGL 16006	Schaltzeichen der Elektrotechnik; Kennzeichen für Spannungs-, Strom- und Schaltarten
83	TGL 16010/01	–; Spulen und Transformatoren, allgemein
84	TGL 16010/02	–; –; Wandler
85	TGL 16010/03	–; –; Transduktoren
86	TGL 16025	–; Rotierende elektrische Maschinen
87	TGL 16070/02	Rotierende elektrische Maschinen; Anschlußstellenbezeichnung
88	TGL 16080	Schaltpläne der Elektrotechnik; Übersicht
89	TGL 16081	–; Arten, Begriffe, Allgemeine technische Forderungen
90	TGL 16083	–; Ausführung von Schaltplänen der Elektrotechnik Gruppe 1
91	TGL 16084	–; Ausführung von Schaltplänen der Elektrotechnik Gruppe 2
92	TGL 16091	–; Bezeichnungen elektrischer Leiter
93	TGL 16082/01	Einheitliches System der Konstruktionsdokumentation des RGW; Kurzbezeichnungen auf Schaltplänen der Elektrotechnik; Begriffe; Systematik
94	TGL 1188	Einheitliches System der Konstruktionsdokumentation des RGW; Grundlagen für Schaltpläne der Elektrotechnik, Allgemeine Forderungen
95	TGL 200-0600	Begriffe für elektrotechnische Anlagen
96	TGL 200-0603/01	Erdung in elektrotechnischen Anlagen; Begriffe
97	TGL 200-0603/02	Erdung in elektrotechnischen Anlagen; Grundforderungen, Bemessung, Ausführung
98	TGL 200-0603/03	–; Starkstromanlagen
99	TGL 20445/01	Elektrotechnik; Isolationskoordinaten, Begriffe
100	TGL 16428/01	Überspannungsableiter; Begriffe, Bezeichnung
101	TGL 31548	Einheiten physikalischer Größen
102	TGL 200-0653	Akkumulatoranlagen

Standards

103	TGL 14591	Automatische Steuerung; Begriffe, Kurzzeichen
104	TGL 21645	Relais und Auslöser; Begriffe
105	TGL 21646 –;	Technische Forderungen
106	TGL 200-1671	Hochspannungsgeräte; Transformatoren und Drosseln; Leistungsschild, Angaben
107	TGL 8958	Isolierstoffe; Klassifizierung von Isolierstoffen nach ihrer Wärmebeständigkeit
108	TGL 13322	Isolierstoffe; Isolierschlauch gewebehaltig
109	TGL 14888	Isolierstoffe; Lackgewebe
110	TGL 10475	Dynamo- und Transformatorenstahlblech warm gewalzt; Technische Lieferbedingungen
111	TGL 0-41302	Kleintransformatoren; Übertrager und Drosseln; Kernbleche
112	TGL 0-41304	Kleintransformatoren; Übertrager und Drosseln; Spulenkörper in Schachtelbauweise
113	TGL 3015	Kleintransformatoren; Übertrager und Drosseln; Kerngrößen
114	TGL 14656/01	Transformatoren; Nennspannungen
115	TGL 16559	Kriech- und Luftstrecken
116	TGL 200-1584	Prüfung von Transformatoren ab 6,3 kVA
117	TGL 29968	Kleintransformatoren; Steuertransformatoren; Begriffe, Allgemeine technische Forderungen, Prüfungen
118	TGL 20675/03	Rotierende elektrische Maschinen; Prüfung
119	TGL 14095 –;	Drehstrom-Turbogeneratoren
120	TGL 200-3080 –;	Synchron-Kleinstmotoren
121	TGL 200-0602/01	Schutzmaßnahmen in elektrotechnischen Anlagen; Begriffe
122	TGL 200-0602/02 –;	Schutz gegen Berühren betriebsmäßig unter Spannung stehender Teile
123	TGL 200-0602/03 –;	Schutz beim Berühren betriebsmäßig nicht unter Spannung stehender Teile
124	TGL 21366	Elektrotechnik; Schutzklassen; Einteilung und Kennzeichnung elektrotechnischer Betriebsmittel
125	TGL 14655	Transformatoren; Voll- und Spartransformatoren ab 6,3 kVA, Nennleistungen
126	TGL 14656/01	Transformatoren; Nennspannungen
127	TGL 200-1559/01	Schaltgruppen für Transformatoren; Leistungstransformatoren
128	TGL 20478	Anlasser; Allgemeine technische Forderungen, Prüfung